纺织新技术书库

新型纺织浆料

金恩琪　陆浩杰　乔志勇　李曼丽　吕福菊　编著

U0242032

中国纺织出版社有限公司

内 容 提 要

在纺织行业大力提倡"效率"与"环保"兼顾的时代背景下，本书为满足迅速发展的纺织工业对纺织化学品的新要求，较为系统地介绍了新型纺织浆料的制备、物化性能及其在织造过程中的应用概况。本书以纺织浆料中具有代表性的新型主浆料（即黏着剂）为探讨对象，将高分子材料学、界面化学、织造学等相关领域理论和实验的最新成果引入纺织浆料开发的研究中，简明扼要地阐述各种新型浆料的制备关键技术和主要应用领域。

本书可供纺织、轻化、高分子材料等相关行业的科研人员和工程技术人员阅读。

图书在版编目（CIP）数据

新型纺织浆料 / 金恩琪等编著. -- 北京：中国纺织出版社有限公司, 2025.1. --（纺织新技术书库）.
ISBN 978-7-5229-1657-6

Ⅰ. TS103. 84

中国国家版本馆 CIP 数据核字第 2024KM8960 号

责任编辑：由笑颖 范雨昕 责任校对：高 涵
责任印制：王艳丽

中国纺织出版社有限公司出版发行
地址：北京市朝阳区百子湾东里 A407 号楼 邮政编码：100124
销售电话：010—67004422 传真：010—87155801
http://www.c-textilep.com
中国纺织出版社天猫旗舰店
官方微博 http://weibo.com/2119887771
三河市宏盛印务有限公司印刷 各地新华书店经销
2025 年 1 月第 1 版第 1 次印刷
开本：787×1092 1/16 印张：17
字数：282 千字 定价：88.00 元

凡购本书，如有缺页、倒页、脱页，由本社图书营销中心调换

前　言

自历史的车轮驶入 21 世纪，纺织科技的发展更加日新月异。根据市场需要，纺织机械向高速化、自动化、智能化方向发展的趋势日益显著。其中，无梭织机较传统的有梭织机在优质、高产和多品种方面展现出明显的优越性。至 2022 年年底，我国纺织企业的无梭织机达到 80 余万台，已超过织机总台数的 40%。无梭织机的运转速度较有梭织机有数倍的增长，有梭织机的速度为 150~200r/min，无梭织机中速度较低的机型也可达 300~400r/min，先进的喷气织机的速度甚至高达 1000r/min，因而纺织企业的生产效率大幅提升。然而，随着织机运转速度的增加，开口、打纬所造成的经纱反复拉伸、摩擦的频率也呈数倍增加。经纱之间以及经纱与综丝、钢筘、引纬器件的挤压、摩擦频数大幅增加，因而要求经纱具备更高的强力、更好的弹性以及更加坚固的耐磨性能，这就迫切要求纺织浆料能更有效地发挥出"增强、保伸、耐磨、贴服毛羽"等作用，以保护经纱。

进入工业化社会以来，自然环境不断受到破坏。随着工业化程度的加深，印染行业排放的高分子废弃物成为污染环境的主要源头之一。我国是纺织大国，纺织品的生产量和出口量多年来稳居世界第一。浆料是纺织企业消耗量位居第二的生产原料，仅我国的年消耗量就已高达数百万吨，而退浆则是纺织品印染加工前的一个必要步骤。可以预见，消耗量如此巨大的纺织浆料如果没有良好的生物可降解性能，退浆废水会对自然环境造成很大的危害。现阶段我国印染企业的利润很低，在环保方面的投入极其有限，退浆废水大多直接排入自然界，严重影响生态环境。据报道，退浆废水中浆料的化学需氧量（COD）占整个纺织品印染污水中废弃物 COD 的 50%~80%。因此，唯有从污染源头出发，大力研发环境友好型纺织浆料才能从根本上解决退浆废水造成的水污染问题，才能从工业生产上真正响应践行"绿色环保"的可持续发展理念。

在纺织业大力提倡"效率"与"环保"兼顾的时代背景下，本书为满足新时期纺织工业对纺织化学品的要求，从近年来涌现出的多种新型纺织浆料中遴选出代表性品种进行系统介绍，其中既包括接枝淀粉、羽毛蛋白、壳聚糖等生物基浆料，也包括脂肪族—芳香族水溶性共聚酯、溶聚型聚丙烯酸酯、水性聚氨酯等合成浆料。此外，对最新研制成功的浆纱质量检测用荧光浆料也进行了描述。本书着重阐述各新型浆料的制备、物化性能及其在织造过程中的应用概况，将高分子材料学、界面化学、织造学等相关领域理论和实验的最新成果引入纺织浆料开发的探讨中，对相关行业人员广泛关注的有关问题进行了深入讨论。

本书由金恩琪副教授、陆浩杰实验师、乔志勇副教授、李曼丽副教授和吕福菊工程师编著。全书共分为 9 章。第 1、第 2、第 4、第 6、第 9 章由金恩琪编写，第 3 章由李曼丽编写，

第 5 章由陆浩杰编写，第 7 章由乔志勇编写，第 8 章由吕福菊编写，全书由金恩琪统一定稿和审稿。此外，在本书的编写过程中，绍兴文理学院纺织服装学院的硕士研究生王双双和季志浩同学在资料收集、画图制表等方面做了大量的工作。本书还参考了江南大学、绍兴文理学院纺织工程专业部分研究生和本科生的毕业论文和近期发表的中外期刊、图书等文献资料，在每章后列出了主要参考文献，在此对参考文献的作者和为本书编写提供过帮助的所有同仁表示诚挚的谢意！

尽管纺织浆料古已有之，但在科技昌明的 21 世纪此领域仍然存在太多的未知之域。在学科边界日益模糊的今天，正是相关学科点滴进步的积累带动了纺织浆料持续向前发展。由于本书涉及的范围广、内容新，加之编著者的学识水平有限，书中难免存在一些疏漏之处，希望读者给予批评、指正。

编著者

2024 年 5 月

目　录

第1章　不饱和官能化预处理型接枝淀粉浆料 ·· 001

1.1　概述 ·· 001

1.2　国内外研究现状 ··· 002

1.3　烯丙基醚化预处理型接枝淀粉 ··· 005

1.4　丙烯酰氧基酯化预处理型接枝淀粉 ··· 019

参考文献 ·· 029

第2章　接枝改性羽毛蛋白浆料 ·· 034

2.1　概述 ·· 034

2.2　国内外研究现状 ··· 034

2.3　接枝羽毛蛋白浆料的制备方法 ··· 037

2.4　羽毛蛋白的结构表征 ··· 039

2.5　不同接枝率改性羽毛蛋白的使用性能 ·· 040

2.6　FK-g-PAA 与明胶共混浆的使用性能 ··· 045

2.7　不同乙烯基单体配伍下接枝羽毛蛋白的使用性能 ··· 047

参考文献 ·· 052

第3章　接枝改性壳聚糖浆料 ·· 055

3.1　概述 ·· 055

3.2　国内外研究现状 ··· 056

3.3　壳聚糖—丙烯酰胺接枝共聚物浆料的制备、表征与使用性能 ························· 057

3.4　壳聚糖—丙烯酰胺—丙烯酸甲酯接枝共聚物浆料的制备、表征与使用性能 ······ 071

参考文献 ·· 077

第4章　接枝改性田菁胶浆料 ·· 080

4.1　概述 ·· 080

4.2 国内外研究现状 ·· 080

4.3 接枝田菁胶浆料的制备方法 ····························· 083

4.4 田菁胶的结构表征 ·································· 084

4.5 不同接枝率改性田菁胶的使用性能 ····················· 086

4.6 接枝不同碳链长度丙烯酸酯单体的改性田菁胶的使用性能 ······· 092

参考文献 ··· 100

第5章 接枝改性槐豆胶浆料 ···························· 103

5.1 概述 ·· 103

5.2 国内外研究现状 ······································ 104

5.3 接枝不同碳链长度丙烯酸酯单体的改性槐豆胶浆料的制备 ······· 105

5.4 接枝不同碳链长度丙烯酸酯单体的改性槐豆胶的结构表征 ······· 106

5.5 接枝不同碳链长度丙烯酸酯单体的改性槐豆胶的使用性能 ······· 108

5.6 不同乙烯基单体配伍下接枝槐豆胶浆料的制备 ············· 115

5.7 不同乙烯基单体配伍下接枝槐豆胶浆料的使用性能 ·········· 115

参考文献 ··· 120

第6章 含脂肪族二羧酸酯链段的水溶性共聚酯浆料 ············ 123

6.1 概述 ·· 123

6.2 国内外研究现状 ······································ 125

6.3 含脂肪族二羧酸酯链段的水溶性共聚酯浆膜的制备 ·········· 127

6.4 含脂肪族二羧酸酯链段的水溶性共聚酯浆料的使用性能与环保性能 ····· 131

参考文献 ··· 154

第7章 溶液共聚型聚丙烯酸酯浆料 ······················ 157

7.1 概述 ·· 157

7.2 国内外研究现状 ······································ 159

7.3 溶液共聚型聚丙烯酸酯浆料的制备 ····················· 160

7.4 聚丙烯酸酯与淀粉浆料的共混性能 ····················· 166

7.5 聚丙烯酸酯浆料的生物可降解性能 ····················· 191

参考文献 ··· 197

第 8 章　水性聚氨酯浆料 ·· 202

8.1　概述 ·· 202

8.2　制备方法发展概况 ·· 202

8.3　制备原料发展概况 ·· 204

8.4　国内外研究现状 ·· 205

8.5　水性聚氨酯浆料的制备 ·· 208

8.6　水性聚氨酯的结构表征 ·· 210

8.7　水性聚氨酯浆料的使用性能测试 ·· 211

8.8　水性聚氨酯/淀粉混合浆料的使用性能测试 ·· 219

参考文献 ·· 221

第 9 章　荧光纺织浆料 ·· 225

9.1　概述 ·· 225

9.2　荧光标记浆料用聚合物的国内外研究进展 ·· 226

9.3　苝系衍生物标记壳聚糖与 PVA 荧光浆料的分子结构设计、制备及性能研究 ··· 230

9.4　异硫氰酸标记壳聚糖与 PVA 荧光浆料的分子结构设计、制备及性能研究 ··· 243

9.5　基于 AIE 效应的 CS-TPE 荧光浆料的分子结构设计、制备及性能研究 ·········· 252

参考文献 ·· 260

第1章 不饱和官能化预处理型接枝淀粉浆料

1.1 概述

接枝共聚改性是目前施之于淀粉的最有效方法之一，在制备时一般通过物理或化学的引发方式，首先在淀粉大分子上产生初级自由基，随后引发乙烯基单体与之进行接枝共聚反应，在淀粉分子链上引入具有一定聚合度的合成聚合物分子支链而制得。在制备接枝改性淀粉时，淀粉可与两种或多种乙烯基单体同时进行接枝共聚反应，制得的改性淀粉的接枝支链便具有不同的分子结构。因而，可根据浆料生产的实际需要，对改性淀粉接枝支链的分子结构进行合理的设计，使其兼有天然淀粉与合成聚合物的优点。目前，淀粉接枝共聚物在纺织浆料、造纸、皮革、水处理及生物基塑料等领域得到了广泛的使用。特别是纺织浆料用淀粉—丙烯酸酯—丙烯酸接枝共聚物产品的成功开发，使接枝改性淀粉具备取代消耗量巨大且环境污染严重的 PVA 浆料的潜力，因此，越来越多的学者将注意力转向了对淀粉的接枝改性研究上。

在淀粉大分子与乙烯基单体发生接枝共聚的过程中，单体转化率、接枝率及接枝效率是共聚反应的基本参数，它们直接决定了接枝产物的使用性能，其表述方法在高分子学界已基本达成共识，如式（1-1）~式（1-3）所示：

$$MC = \frac{W_T - W_R}{W_T} \times 100\% \tag{1-1}$$

式中：MC 为单体转化率；W_T 为接枝共聚反应中投入单体的总质量；W_R 为接枝共聚反应后残留单体的质量。

$$GR = \frac{W_G}{W_0} \times 100\% = \frac{W_T - W_R - W_H}{W_0} \times 100\% \tag{1-2}$$

式中：GR 为接枝率；W_0 为接枝共聚反应基质（即淀粉）的质量；W_G 为接枝共聚物上接枝支链的质量；W_H 为均聚物质量。

$$GE = \frac{W_G}{W_1} \times 100\% = \frac{W_T - W_R - W_H}{W_T - W_R} \times 100\% \tag{1-3}$$

式中：GE 为接枝效率；W_1 为合成聚合物（接枝支链+均聚物）质量。

一般说来，当乙烯基单体对淀粉原料的投量比一定时，接枝共聚反应的接枝效率越高，接枝产物的接枝率就会越大，产物的使用性能也会越好。然而，淀粉与乙烯基单体的接枝共聚反应不可避免地伴随着乙烯基单体间的均聚反应，该副反应的存在降低了接枝共聚反应的接枝效率。在整个接枝共聚反应的过程中，接枝共聚与均聚反应始终同时存在，并且相互竞争、相互转化。因此，一些研究者试图通过探索适宜的引发剂、对淀粉进行预糊化处理或选择有机溶剂为反应介质等方法来提高接枝共聚反应的接枝效率。

令人遗憾的是，上述方法在付诸实践的过程中出现了成本增幅大、接枝产物脱水困难以及环境污染严重等问题，因此并未在工业界得以广泛推广。目前，接枝改性淀粉在常规生产中出现的主要问题仍是均聚反应大量发生，接枝共聚反应的接枝效率低，这直接导致接枝产物中含有大量的均聚物组分，产物性能与预期相比差距明显，无形中提高了接枝改性淀粉的制备成本。

鉴于此，在淀粉与乙烯基单体进行接枝共聚反应之前，若能在淀粉大分子上引入可聚合的碳碳双键，原本在接枝共聚反应中可能形成均聚物的活性分子链碰撞到淀粉大分子上的碳碳双键，就会与双键进行链增长反应，从而形成接枝改性淀粉。在这种情况下，部分均聚物会被转化成为接枝共聚物，接枝共聚反应的接枝效率即有望获得大幅提高，接枝淀粉的使用性能也会随之获得显著改善。

1.2　国内外研究现状

对纺织加工经纱上浆来说，接枝变性可提高淀粉浆料的使用价值，使之用于疏水性纤维上浆，部分或全部代替合成浆料，接枝淀粉浆料的研究和应用在国内外都有报道。

穆斯塔法（Mostafa）利用 $KMnO_4$/柠檬酸作为引发剂，研究了玉米原淀粉及玉米酸解淀粉与丙烯酰胺的接枝共聚反应，考察了引发剂浓度、单体用量、聚合温度以及聚时间对接枝共聚反应的影响，并将此淀粉接枝共聚物用于棉纱上浆。结果表明，以酸解淀粉为原料制得的淀粉接枝共聚物用于棉纱上浆后，纱线的强力、断裂伸长、耐磨性等力学性能得到大幅的改善，而以原淀粉为原料合成的淀粉接枝共聚物用于棉纱上浆后，其力学性能较差。另外，Mostafa 等还利用 $KMnO_4$/柠檬酸作为引发剂，在淀粉上接枝丙烯酸制得接枝变性淀粉浆料并用于棉纱上浆。实验结果表明，接枝淀粉浆料对棉纱的上浆效果较原淀粉有所改善。与原淀粉浆料相比，接枝淀粉浆料浆纱效果较好，具有较高的拉伸强力、断裂伸长和较好的耐磨性。

基特林格（Kightlinger）等将乙酰化淀粉或氰乙基化淀粉糊化后，与甲基丙烯酸甲酯、丙烯腈、丙烯酸乙酯及丙烯酸丁酯等烯类单体在 Ce^{4+} 引发下接枝共聚，对涤/棉（50 / 50）混纺经纱上浆，实验结果表明该接枝淀粉在一定黏度范围内能提高混纺纱的耐磨性能，且接枝共聚物的黏度稳定。

哈巴什（Hebeish）等采用过硫酸盐氧化还原体系引发甲基丙烯酸与淀粉进行接枝共聚反应，研究的重点是促进淀粉接枝共聚物的形成，减少均聚物的生成。他们研究了淀粉的状态、引发体系中氧化还原剂的比例、单体及引发剂的浓度、反应的温度及时间等对接枝共聚合的影响。实验结果表明，这些因素对淀粉接枝共聚反应具有重要影响，其中，淀粉经预糊化处理后有利于淀粉接枝共聚反应的进行。

　　赫贝什语（Hebeish）等还于 1992 年研究了淀粉与丙烯酸的接枝共聚反应，并考察了一些因素对接枝共聚反应的影响，例如淀粉种类、引发剂浓度、聚合反应温度及时间等。研究结果显示，丙烯酸接枝淀粉对纯棉织物的上浆性能远好于原淀粉的上浆性能。

　　另外，耶伦贝格（Dennenberg）和达莫达（Damodar）等报道了在 Ce^{4+} 引发下，玉米淀粉与丙烯酸甲酯单体的接枝共聚反应，接枝效率达到 55% ~ 60%；特里姆内尔（Trimnell）等采用 Fe^{2+}/H_2O_2 和 Ce^{4+} 分别引发淀粉颗粒与丙烯酸甲酯单体的接枝共聚反应，并对两种引发剂的引发规律进行探讨和比较。芬达（Fanta）等将丙烯酸甲酯-醋酸乙烯酯单体混合后与淀粉的接枝共聚反应进行了研究，提出淀粉接枝共聚在许多方面优于物理混合，其制品在淀粉与合成聚合物之间提供紧密结合的可能性。

　　在国内也有很多研究者对淀粉与乙烯基单体的接枝共聚反应进行了研究。沈艳琴、尹思棉以玉米淀粉为原料，通过与丙烯酸单体的接枝共聚反应，合成了丙烯酸接枝淀粉浆料，并测试了它的黏附性能、浆膜性能以及浆纱性能等，认为该接枝淀粉浆料可能是苎麻纱上浆的理想浆料。董薇、刘永山研究了将淀粉与丙烯酸酯类单体进行接枝共聚反应的工艺过程，探索了不同工艺条件对浆料性能的影响。祝志峰在 20 世纪 90 年代初对淀粉与乙烯基单体的接枝共聚反应做了系统的研究，并用于涤/棉混纺纱上浆。

　　应该指出的是，接枝效率是提高接枝淀粉应用性能、降低生产成本的重要参数。然而在淀粉与乙烯基单体的接枝共聚反应过程中，均聚反应常常伴随着接枝共聚反应，淀粉直接接枝的效果不甚理想，接枝效率和单体转化率不高。

　　国内外已有许多学者在如何提高淀粉接枝效率方面做过研究，主要集中在最佳接枝工艺参数的探索方面。其中，卓仁禧等探讨了相关单体结构与淀粉接枝效率之间的内在规律性，选择 5 种不同结构的乙烯基单体——丙烯腈（AN）、甲基丙烯酸甲酯（MMA）、丙烯酸甲酯（MA）、丙烯酸丁酯（BA）和甲基丙烯酸丁酯（BMA），在相同反应条件下，研究了乙烯基单体取代基团的极性和位阻对淀粉接枝效率的影响。李永红等指出，淀粉经糊化再与烯类单体接枝，其接枝效率比颗粒淀粉直接接枝高。这是因为淀粉经糊化后，分子链在水中充分伸展，便于单体与淀粉的接枝共聚反应，但糊化接枝淀粉的最大缺点是最终产物为糊化淀粉的水分散液体，脱水困难，若以醇沉淀或烘燥的方法来获取干态制品，不仅会使成本提高，而且对产品的性能影响也很大，因此接枝淀粉作为浆料使用时，应该选择在反应前后保持其颗粒状形态不变。

　　在以往的研究中，淀粉接枝共聚物的制备一般是通过将乙烯基单体接枝到原淀粉或不含有碳碳双键的变性淀粉上。除祝志峰、李曼丽课题组外，国内外尚未有人在接枝共聚反应之前，将经纱上浆用淀粉浆料进行烯丙基醚化预处理，从而在淀粉大分子上引入可聚合的碳碳双键；同时也未见这种预处理方法对接枝淀粉浆料接枝效率及使用性能的影响方面的报道；亦未有关于烯丙基醚化淀粉的变性深度与接枝淀粉浆料黏附性能及浆膜性能内在规律性的文献。

　　不饱和官能化预处理型接枝淀粉是指淀粉在经过不饱和官能化预处理后，继续与乙烯基单体进行接枝共聚反应而制得的淀粉接枝共聚物。淀粉不饱和官能化预处理则是指在淀粉与乙烯基单体进行接枝共聚反应之前，通过一定的变性手段，在淀粉大分子上引入一定量含有可聚合碳碳双键的基团。在随后进行的接枝共聚反应过程中，利用所引入碳碳双键的可聚性，将部分均聚物转化成为接枝共聚物，以期提高接枝共聚反应的接枝效率，进而达到改善接枝淀粉使用性能的目的。迄今为止，关于饱和性淀粉与乙烯基单体接枝共聚反应的研究较多，但很少有关于含不饱和键的改性淀粉与乙烯基单体接枝共聚反应的研究报道。

威尔汉姆（Wilham）等以具有不同分子量的糊精为原料，通过与烯丙基卤化物的醚化反应，制得了烯丙基衍生物。随后，以过氧化苯甲酸叔丁酯为引发剂，在烯丙基糊精上分别接枝丙烯酸、丙烯酰胺及丙烯腈单体，制得了一系列糊精接枝共聚物，并尝试将其应用于工业涂料。Wilham 的研究结果表明，所制备的糊精接枝共聚物并不适用于涂料行业。

布尼亚（Bhuniya）等将淀粉通过预糊化处理后，在缚酸剂吡啶及相转移催化剂十六烷基三甲基溴化铵的作用下，通过与烯丙基卤化物的醚化反应，制得了具有不同取代度（0.2~0.5）的烯丙基醚化淀粉。在过硫酸钾引发剂的作用下，将烯丙基醚化淀粉与甲基丙烯酸及丙烯酰胺进行接枝共聚反应，利用淀粉分子上引入的碳碳双键可能会发生交联反应的原理，制得了接枝效率较高的网状淀粉接枝共聚物。研究结果表明，所制备的淀粉接枝共聚物具有较强的吸水能力及较好的生物可降解性。

方（Fang）等将淀粉与丙烯酰氯进行酯化反应，制得了具有不同取代度的丙烯酰氧基酯化淀粉。随后，以过硫酸钾为引发剂，水相中制备了丙烯酰氧基酯化淀粉与苯乙烯的接枝共聚物。Fang 的研究结果表明，丙烯酰氧基酯化淀粉的取代度、引发剂的浓度及苯乙烯单体的浓度对接枝共聚反应存在着显著影响，其中，丙烯酰氧基酯化预处理对于提高改性淀粉的接枝效率具有显著的促进作用。

涂克华等将淀粉与丙烯酰氯进行酯化反应，制得了丙烯酰氧基酯化淀粉。随后，在二甲基亚砜有机溶剂中，以偶氮二异丁腈为引发剂，将其分别与聚乳酸大分子单体及醋酸乙烯酯单体进行接枝共聚反应，成功制备了接枝支链为疏水性聚乳酸或接枝支链为聚醋酸乙烯酯的淀粉接枝共聚物，并对所制备的淀粉接枝共聚物进行了结构表征。

李（Li）等先将反应体系调节至碱性，然后使淀粉与烯丙基氯发生醚化反应，制得取代度在 0.0046~0.068 的烯丙基醚化淀粉。在双氧水-硫酸亚铁铵氧化还原体系引发作用下，将丙烯酸/丙烯酸酯分别接枝到烯丙基醚化淀粉及原淀粉的分子链上。经过测试发现经烯丙基醚化预处理（取代度为 0.037）的接枝改性淀粉的接枝效率为 73.7%，而在相同条件下，以原淀粉为基质制备出的常规接枝改性淀粉的接枝效率仅为 53.2%。

接枝效率是接枝淀粉浆料的一个重要参数。在接枝单体的用量相同时，提高接枝效率可以增大接枝率，减少产品中均聚物的含量，虽然均聚物也有一定的上浆性能，但由于接枝淀粉中淀粉与接枝支链间的共价键会显著改进这两种不相似聚合物间的相容性，所以接枝淀粉浆料通常优于同等数量的淀粉与均聚物的共混浆料，从而提高接枝效率，减少均聚物的含量就可以提高接枝淀粉浆料的上浆性能；同时在特定产品性能指标下，即要求有一定的接枝率时，提高接枝效率则能减少单体用量，降低成本。因此，开发不饱和官能化预处理型接枝淀粉对提高接枝淀粉浆料的接枝效率、开发高性能变性淀粉浆料都具有极其重要的意义。

1.3　烯丙基醚化预处理型接枝淀粉

1.3.1　制备方法

1.3.1.1　烯丙基醚化淀粉的制备

（1）反应机理

淀粉是由 α-葡萄糖缩聚而成的一种高分子化合物，其化学结构特征是在每个葡萄糖残基（AGU）中都含有 3 个醇羟基。在碱性条件下，淀粉大分子中的羟基能够与醚化试剂（如烯丙基氯）反应形成淀粉醚。烯丙基淀粉经淀粉碱化及淀粉烯丙基醚化两个阶段而制得，反应方程式如图 1-1 所示。

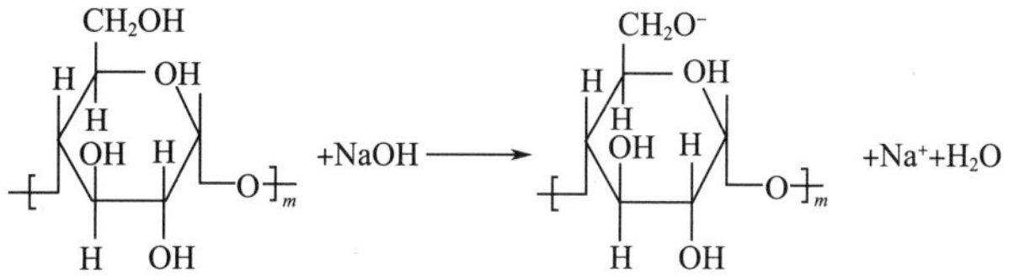

(a)碱化

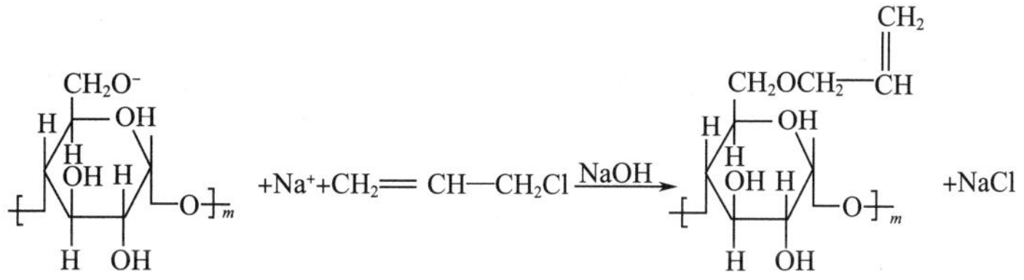

(b)醚化

图 1-1　淀粉碱化和醚化反应示意

（2）合成方法

将精制酸解后的淀粉分散于异丙醇—蒸馏水介质中（异丙醇与蒸馏水的质量比为 80：20），配制成质量浓度为 30% 的淀粉乳。淀粉乳搅拌均匀后移入三口烧瓶中，升温至 30℃，开始滴加 1mol/L 氢氧化钠溶液，完成滴加后，继续搅拌碱化 0.5h。向反应体系中加入烯丙基氯—异丙醇溶液，在 30℃搅拌反应 24h。醚化反应结束之后，将淀粉过滤，重新分散于乙醇—蒸馏水介质中（乙醇与蒸馏水的体积比为 82：18），以稀盐酸中和至 pH 为 6~7，抽滤，再以上述乙醇—蒸馏水洗涤产物数次，干燥过筛获得烯丙基醚化淀粉产品。

1.3.1.2　烯丙基醚化预处理型接枝淀粉的制备

（1）反应机理

H_2O_2-Fe^{2+} 氧化还原体系是淀粉接枝共聚反应的常用引发剂，本节以芬顿（Fenton）引发剂为例，阐述烯丙基醚化预处理型接枝淀粉的制备方法。在 Fenton 引发剂的作用下，当烯丙基醚化淀粉与乙烯基单体进行接枝共聚反应时，除了会发生图 1-2 中的接枝共聚反应外，还会在淀粉分子链引入碳碳双键的位置上发生如图 1-3 所示的接枝共聚反应。

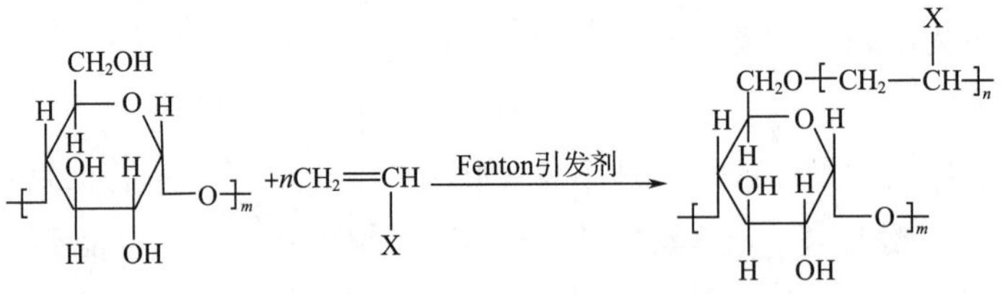

图 1-2　通过夺取淀粉羟基上的氢原子形成接枝支链的示意

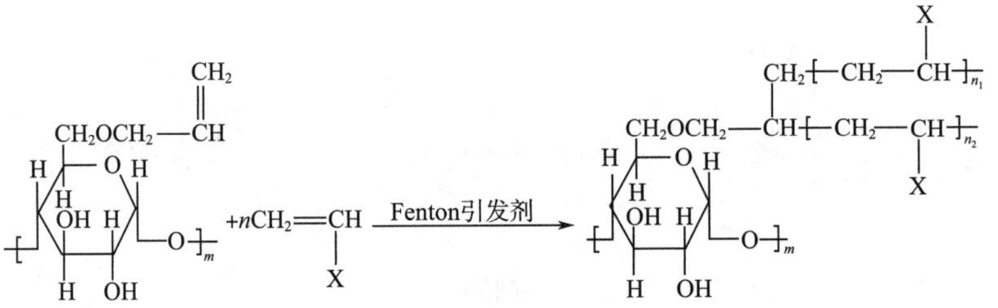

图 1-3　烯丙基醚化淀粉分子上的碳碳双键形成接枝支链

由于烯丙基醚化淀粉大分子中含有可聚合的碳碳双键，在烯丙基淀粉与乙烯基单体进行接枝共聚反应的过程中，由于烯丙基基团链长较长的缘故，与羟基相比，烯丙基会较突出地伸展在淀粉分子主链之外，所以正在增长的活性链与烯丙基淀粉分子链上的碳碳双键发生有效碰撞的概率就会增加。当采用饱和性淀粉做原料时，上述的这种正在增长的活性链很有可能发生均聚反应而形成均聚物，可见，由可聚合的碳碳双键而引起的有效碰撞具有将部分均聚反应转化成为接枝共聚反应的作用，因此，淀粉烯丙基醚化预处理十分有利于提高接枝共聚反应的接枝效率。

（2）合成方法

将烯丙基淀粉分散于蒸馏水中，以稀 HCl 调节反应介质的 pH 到 3~4，将淀粉乳移入四口烧瓶中，四口烧瓶装置有温度计、搅拌器、氮气通入管及滴液漏斗。加热反应体系到所需的温度，通入氮气并开始搅拌，30min 后，同时滴加 $FeSO_4 \cdot (NH_4)_2SO_4$ 水溶液、接枝单体（如丙烯酸、甲基丙烯酸或衣康酸）以及 H_2O_2 水溶液，H_2O_2 及 $FeSO_4 \cdot (NH_4)_2SO_4$ 配制成质量浓度为 0.5%~1.0% 的水溶液。在机械搅拌及氮气的保护下，接枝共聚反应到预先设定的时间后，加入浓度为 2% 的对苯二酚溶液终止反应。用 NaOH 溶液调节产物的 pH 为 6~7，抽滤，洗涤数次，干燥过筛获得烯丙基醚化预处理型接枝淀粉产品。

1.3.2　烯丙基醚化预处理型淀粉接枝共聚反应影响因素分析

1.3.2.1　烯丙基醚化预处理型接枝淀粉的红外光谱分析

本节以接枝了丙烯酸（AA）、甲基丙烯酸（MAA）和衣康酸（IA）单体的烯丙基醚化预处理型接枝淀粉为例，对改性淀粉的红外光谱进行分析。根据国际纯粹与应用化学联合会（IUPAC）的化学命名规则，酸解淀粉可记为 HS，烯丙基醚化淀粉可记为 AS，烯丙基醚化预处理型淀粉-丙烯酸接枝共聚物可记为 AS-g-PAA，下文相关改性淀粉的命名规则相同。经纯化处理后的 AS、AS-g-PAA、AS-g-PMAA 及 AS-g-PIA 的红外光谱图如图 1-4 所示。

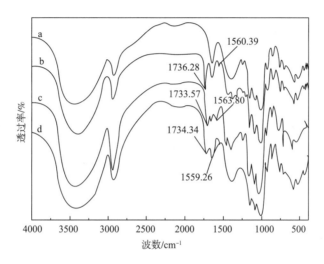

图 1-4　傅里叶变换红外吸收光谱图

a—AS　b—AS-g-PAA　c—AS-g-PMAA　d—AS-g-PIA

由图 1-4 可知，与 AS 的红外吸收光谱图（曲线 a）相比，AS-g-PAA 的红外吸收光谱图（曲线 b）、AS-g-PMAA 的红外吸收光谱图（曲线 c）及 AS-g-PIA 的红外吸收光谱图（曲线 d）除了保留有淀粉的特征吸收峰之外，还出现了两个新的吸收峰。其中一个新的吸收峰出现在 $1735cm^{-1}$ 附近，该峰显然为接枝支链中羰基 $\left(\begin{array}{c} \diagdown \\ \diagup \end{array} C{=}O\right)$ 的伸缩振动吸收峰，而另一个新的吸收峰出现在 $1560cm^{-1}$ 附近，该峰对应于接枝支链羧酸盐中羰基的不对称伸缩振动吸收峰，由此可证明淀粉接枝共聚物中接枝支链的存在。由于影响频带位移的因素不同，导致了在不同淀粉试样的红外光谱图中，吸收峰的位置稍有变化。

1.3.2.2　淀粉烯丙基醚化预处理及单体类型对接枝共聚反应的影响

淀粉烯丙基醚化预处理与单体类型对接枝共聚反应的影响见表 1-1。可知，在接枝共聚反应之前，将淀粉进行烯丙基醚化预处理可以显著提高接枝共聚反应的接枝效率以及接枝产物的接枝率，而对单体转化率没有产生明显的影响。显然，在烯丙基醚化淀粉与乙烯基单体的接枝共聚反应过程中，正在增长的活性链自由基有可能会遇到烯丙基淀粉分子链上可聚合的碳碳双键而发生有效碰撞，在这种情况下，碳碳双键就会键入上述增长链中形成新的接枝支链，反应方程式如图 1-3 所示。此时，图 1-2 所示的接枝共聚反应也在同时进行。若采用饱和性淀粉（例如酸解淀粉）作为反应原料，上述正在增长的活性链自由基很有可能发生均聚反应而形成均聚物。可见，淀粉烯丙基醚化预处理具有将部分均聚反应转化成接枝共聚反应的作用，从而使得部分均聚物转化成为接枝共聚物。因此，在淀粉与乙烯基单体进行接枝共聚反应之前，将淀粉原料经过烯丙基醚化预处理可以显著提高接枝共聚反应的接枝效率以及产物的接枝率。

表 1-1　淀粉烯丙基醚化变性与单体结构对接枝共聚反应的影响

淀粉基质类型	接枝单体	接枝参数		
		单体转化率/%	接枝效率/%	接枝率/%
酸解淀粉	丙烯酸	98.0	53.2	5.21
	甲基丙烯酸	96.3	51.8	4.99
	衣康酸	95.5	42.9	4.10
烯丙基醚化淀粉	丙烯酸	99.6	64.9	6.46
	甲基丙烯酸	98.1	62.4	6.12
	衣康酸	96.4	52.5	5.06

注　烯丙基醚化淀粉的取代度为 0.012；接枝单体占淀粉干重的 10%；$Fe^{2+}/H_2O_2/AGU$ 的摩尔比为 1:20:1000；聚合反应温度为 30℃；聚合反应时间为 3h。

本节共选择了三种含羧基乙烯类单体与淀粉进行接枝共聚反应，分别为丙烯酸、甲基丙烯酸和衣康酸，三者的化学结构式如图 1-5 所示。

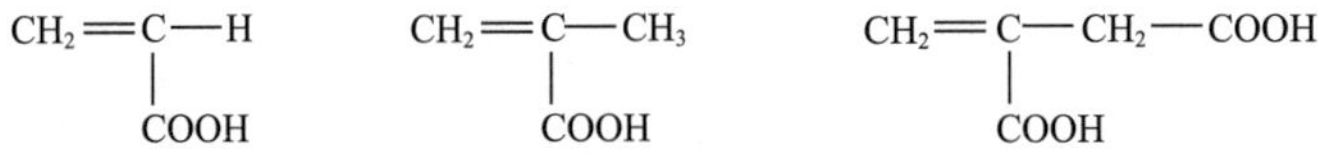

$$CH_2{=}C{-}H \qquad CH_2{=}C{-}CH_3 \qquad CH_2{=}C{-}CH_2{-}COOH$$
$$|\qquad\qquad\qquad | \qquad\qquad\qquad\quad |$$
$$COOH \qquad\quad COOH \qquad\qquad COOH$$

AA　　　　　**MAA**　　　　　**IA**

图 1-5　丙烯酸、甲基丙烯酸和衣康酸的化学结构式

由表 1-1 可知，含羧基乙烯类单体类型对接枝共聚反应也存在明显影响，随着含羧基乙烯类单体中碳原子数的增加，接枝共聚反应的接枝效率及接枝产物的接枝率逐渐降低。根据接枝共聚反应原理，在淀粉与乙烯基单体进行接枝共聚反应时，接枝支链的形成是通过淀粉大分子自由基与单体的结合实现的。随着含羧基乙烯类单体中烷基碳原子数的增加，接枝单体在空间的排列体积增大，从而所形成的空间位阻也随之增大。即甲基丙烯酸中 α-甲基的空间体积大于丙烯酸中氢原子的空间体积，衣康酸中羧甲基的空间体积大于甲基丙烯酸中 α-甲基的空间体积。因此，当接枝单体靠近淀粉大分子自由基时，由于空间位阻效应，甲基丙烯酸单体的反应概率比丙烯酸单体小，衣康酸单体的反应概率要比甲基丙烯酸单体小。由此可以推测出，空间位阻越大，接枝共聚反应的接枝效率越低。因此，随着含羧基乙烯类单体中碳原子数的增加，接枝效率和接枝率逐渐降低。无论淀粉是否经过烯丙基醚化预处理，当采

用丙烯酸作为接枝单体时，均可获得较高的接枝效率。

1.3.2.3　引发体系还原剂与氧化剂配比对接枝共聚反应的影响

Fenton 引发体系是当前引发淀粉与乙烯基单体接枝共聚反应的最常用引发剂之一。本节以 Fenton 引发体系为例，探讨还原剂与氧化剂配比对接枝共聚反应的影响（图 1-6）。由图 1-6 可知，当 Fe^{2+} 与 H_2O_2 的摩尔比从 1∶40 增加到 1∶20 时，接枝共聚反应的接枝效率与产物的接枝率均随着 Fe^{2+} 与 H_2O_2 的摩尔比的增加而增大。然而，继续增加 Fe^{2+} 与 H_2O_2 的摩尔比会导致接枝效率与接枝率的降低。此外，由图 1-6 还可观察到，Fe^{2+} 与 H_2O_2 的摩尔比的改变对单体转化率没有产生明显影响。

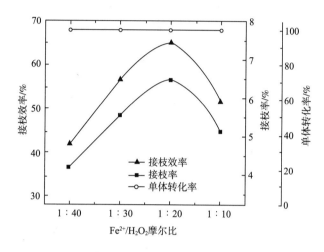

图 1-6　Fe^{2+}/H_2O_2 摩尔比对接枝共聚反应的影响

(烯丙基醚化淀粉的取代度为 0.012；丙烯酸单体占淀粉干重的 10%；H_2O_2/AGU 的摩尔比为 20∶1000；聚合反应温度为 30℃；聚合反应时间为 3h)

在烯丙基醚化淀粉与丙烯酸单体进行接枝共聚反应的过程中，少量还原剂的加入能够降低 H_2O_2 的分解活化能，可见少量 Fe^{2+} 的存在有利于 HO·（羟基自由基）的生成。Fe^{2+} 与 H_2O_2 的反应方程式如下所示：

$$H_2O_2 + Fe^{2+} \longrightarrow HO \cdot + OH^- + Fe^{3+}$$

当 Fe^{2+} 与 H_2O_2 的摩尔比小于 1∶20 时，随着反应体系中 Fe^{2+} 数目的增加，羟基自由基的产量与产率均随之增大，这显然有利于烯丙基淀粉大分子自由基的产生，从而促进了淀粉与丙烯酸单体接枝共聚反应的发生。因此，随着 Fe^{2+} 与 H_2O_2 摩尔比的初始增加，接枝效率与接枝率不断增大。然而，当 Fe^{2+} 与 H_2O_2 的摩尔比超过 1∶20 时，过量的 Fe^{2+} 与 HO· 的反应概率明显增加。Fe^{2+} 与 HO· 的反应方程式如下所示：

$$HO \cdot + Fe^{2+} \longrightarrow Fe^{3+} + OH^-$$

显然，过量的 Fe^{2+} 会消耗有效的羟基自由基而导致羟基自由基的数目显著降低，这不利于接枝共聚反应的发生。因此，当 Fe^{2+} 与 H_2O_2 的摩尔比超过 1∶20 时，接枝共聚反应的接枝效率与产物的接枝率显著降低。在烯丙基醚化淀粉与丙烯酸单体进行接枝共聚反应时，Fe^{2+}

与 H_2O_2 的摩尔比以 1∶20 为宜。

1.3.2.4　H_2O_2/AGU 摩尔比对接枝共聚反应的影响

在淀粉接枝共聚反应中，引发剂浓度也是不容忽视的因素之一。引发剂的浓度可采用 Fenton 引发体系的氧化剂 H_2O_2 与 AGU 的摩尔比表示，其影响如图 1-7 所示。由图 1-7 可知，引发剂的浓度对接枝共聚反应的接枝效率及产物的接枝率均有显著影响。随着引发剂浓度的增加，接枝效率与接枝率呈现先增大后减小的趋势，当 H_2O_2 与 AGU 的摩尔比在 (2~3)∶100 时，接枝效率与接枝率达到最大值，而单体转化率则随着引发剂浓度的增加稍有增长。

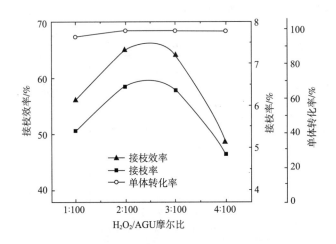

图 1-7　H_2O_2/AGU 摩尔比对接枝共聚反应的影响

（烯丙基醚化淀粉的取代度为 0.012；丙烯酸单体占淀粉干重的 10%；Fe^{2+}/H_2O_2 的摩尔比为 1∶20；

聚合反应温度为 30℃；聚合反应时间为 3h）

随着引发剂浓度的增加，羟基自由基生成的数目增多，羟基自由基会通过链引发反应产生烯丙基淀粉大分子自由基，因此，羟基自由基数目的增多显然会提高烯丙基淀粉大分子自由基的数量，这有利于烯丙基淀粉与乙烯基单体接枝共聚反应的进行。因而，随着引发剂浓度的初始增加，接枝效率与接枝率不断增大。然而，当 H_2O_2 与 AGU 的摩尔比超过 3∶100 时，接枝效率与接枝率反而呈现下降的趋势。这可归咎于以下两个方面的原因：①当引发剂的浓度过高时，反应体系中羟基自由基的数目会过多，羟基自由基与正在增长的活性链自由基碰撞发生终止反应的概率也就会随之增加，在这种情况下会导致正在增长的活性链自由基失去活性而发生链终止反应。②随着引发剂浓度的增加，羟基自由基的数目增多，这在增加接枝共聚反应概率的同时，也会增大乙烯基单体间均聚反应的概率。当引发剂的浓度过高时，乙烯基单体间发生均聚反应的概率会高于淀粉与乙烯基单体间的接枝共聚反应的概率。以上所述的链终止反应概率与均聚反应概率的增加均不利于接枝效率与接枝率的提高，因此，反应过程中引发剂的浓度不宜过高。在烯丙基醚化淀粉与乙烯基单体进行接枝共聚反应时，H_2O_2 与 AGU 的摩尔比在 (2~3)∶100 为宜。

1.3.2.5　反应温度对接枝共聚反应的影响

反应温度对接枝共聚反应的影响如图 1-8 所示。温度对接枝共聚反应的接枝效率及产物的接枝率均影响显著，而对单体转化率的影响则不明显。由图 1-8 可知，当反应温度从 20℃ 提高至 35℃ 时，接枝效率及接枝率都随着温度的提高而逐渐增大；若继续提高反应的温度，会导致接枝效率与接枝率均明显下降。

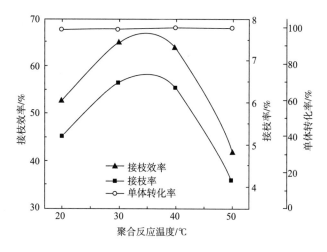

图 1-8　聚合反应温度对接枝共聚反应的影响

（烯丙基醚化淀粉的取代度为 0.012；丙烯酸单体占淀粉干重的 10%；$Fe^{2+}/H_2O_2/AGU$ 的摩尔比为 1∶20∶1000；

聚合反应时间为 3h）

随着聚合反应温度的提高，烯丙基淀粉颗粒的溶胀程度增加，这有利于引发剂与丙烯酸单体向淀粉颗粒内部的扩散。而且，随着聚合反应温度的增加，烯丙基淀粉大分子自由基的活动性增强，引发剂与丙烯酸单体的分子运动也同时加剧，这显然提高了三者之间有效碰撞的概率。因此，随着聚合反应温度的初始增加，接枝效率与接枝率逐渐增大。然而，当聚合反应的温度过高时，升高反应体系的温度对丙烯酸单体间均聚反应速率的提高幅度超过了对淀粉接枝共聚反应速率的提高幅度，从而导致了均聚物的生成量过多，降低了接枝效率及接枝率。另外，正在增长的活性链自由基由于发生链终止反应而失去活性，同样也导致了接枝效率及接枝率的下降。在进行烯丙基醚化淀粉与乙烯基单体的接枝共聚反应时，聚合反应的温度应控制在 30~35℃。

1.3.2.6　反应时间对接枝共聚反应的影响

反应时间对接枝共聚反应的影响如图 1-9 所示。由该图可知，当反应时间达到 3h 时，继续延长聚合反应的时间，接枝参数的增幅已不明显，且测得的单体转化率的数值也接近 100%，这表明几乎全部的乙烯基单体都参与了聚合反应。当反应时间超过 3h 后，反应体系中可用接枝单体的消耗殆尽使得接枝参数几乎没有变化，继续延长反应时间对接枝共聚反应的作用不大。因此，在进行烯丙基醚化淀粉与乙烯基单体的接枝共聚反应时，聚合反应的时间以 3h 为宜。

1.3.2.7　单体用量对接枝共聚反应的影响

乙烯基单体（以丙烯酸为例）用量对接枝共聚反应的影响如图 1-10 所示。由该图可知，

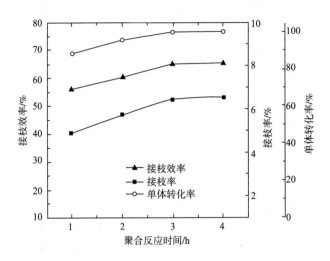

图 1-9　聚合反应时间对接枝共聚反应的影响

（烯丙基醚化淀粉的取代度为 0.012；丙烯酸单体占淀粉干重的 10%；$Fe^{2+}/H_2O_2/AGU$ 的摩尔比为 1∶20∶1000；
聚合反应温度为 30℃）

随着丙烯酸单体用量的增加，接枝共聚反应的接枝效率呈现先增大后减小的趋势，在单体用量为 10% 时达到最大值，而产物的接枝率则随着单体用量的增加呈上升的趋势。此外，单体转化率与单体用量没有明显的依赖关系。

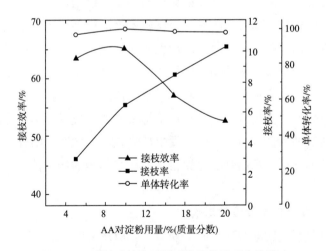

图 1-10　丙烯酸单体用量对接枝共聚反应的影响

（烯丙基醚化淀粉的取代度为 0.012；丙烯酸单体占淀粉干重的 10%；$Fe^{2+}/H_2O_2/AGU$ 的摩尔比为 1∶20∶1000；
聚合反应温度为 30℃；聚合反应时间为 3h）

随着丙烯酸单体用量的增加，在烯丙基淀粉大分子自由基附近区域内可用的丙烯酸分子就会增多。与丙烯酸分子相比，淀粉大分子自由基的运动相对来说较困难，因此，淀粉大分子自由基与丙烯酸单体的共聚反应主要取决于淀粉大分子自由基周围的单体浓度。丙烯酸单体的用量越多，单体的浓度就越大，淀粉大分子自由基附近的丙烯酸分子就会越多，产物的接枝率也就会越高。在初始阶段，随着丙烯酸单体用量的增加，接枝效率的增加也是基于同样的原因。然而，反应体系中丙烯酸单体浓度的增加也同样会导致单体分子间的均聚反应概率增大。随着接枝共聚反应的进行，淀粉分子上的反应活性点会逐步被接枝支链占据，而反应介质中还未参与接枝共聚反应的丙烯酸单体会更趋向于发生均聚反应。因此，当丙烯酸单体的用量过多时，接枝共聚反应的接枝效率反而下降。

1.3.3　烯丙基醚化预处理型接枝淀粉的使用性能

1.3.3.1　表观黏度及其稳定性

在接枝共聚反应时亲水性乙烯基单体投入量相同的条件下，烯丙基醚化预处理型接枝淀粉的黏度稳定性高于未经预处理的常规接枝淀粉，故利用此类改性淀粉浆纱，可获得更加稳定的上浆率。以 AS-g-PAA 为例，在烯丙基醚化预处理过程中，淀粉的聚合度降低，表观黏度也随之下降。因此，若 AS-g-PAA 的取代度不高（≤0.03），其表观黏度低于未经醚化预处理的接枝淀粉。随着烯丙基醚化淀粉取代度的增加，AS-g-PAA 浆液的表观黏度及黏度稳定性逐渐增大（表1-2）。

表 1-2　不同淀粉烯丙基醚化度 AS-g-PAA 的表观黏度及稳定性

淀粉类型	烯丙基醚化取代度	接枝率/%	表观黏度/(mPa·s)	黏度稳定性/%
HS-g-PAA	—	5.21	15	86.7
AS-g-PAA	0.0046	6.19	13	92.3
	0.011	6.38	14	92.9
	0.025	6.53	14	92.9
	0.037	7.04	17	94.1
	0.068	7.18	26	94.2

AS-g-PAA 上述性能的产生可归结为以下两个原因：在 AS-g-PAA 接枝支链中含有大量亲水性并带有负电荷的羧基基团。接枝支链中羧基基团的亲水性增强了淀粉接枝共聚物与水介质间的分子间作用力，这有利于提高 AS-g-PAA 浆液的表观黏度；由于羧基基团间静电斥力的作用，使得淀粉大分子无规线团在水介质中更加扩展，无规线团的体积变大，从而导致淀粉大分子运动时受到的内摩擦阻力增大，因此，浆液的表观黏度随之增加。显然，烯丙基淀粉的取代度越高，AS-g-PAA 的接枝率会越大，接枝支链中含有的羧基数目就会越多，AS-g-PAA 浆液的表观黏度也就会越大。因此，PAA 接枝支链的存在增大了水相介质中接枝淀粉浆液的表观黏度，且随着烯丙基醚化淀粉取代度的增加，AS-g-PAA 浆液的表观黏度逐渐增大。

此外，当反应试剂中有一种试剂的官能度大于 2 时，交联反应就会发生而生成支化或交联的网状聚合物。当以 $H_2O_2/FeSO_4 \cdot (NH_4)_2SO_4$ 作为引发剂时，在烯丙基淀粉与丙烯酸进行接枝共聚反应的过程中，由于淀粉分子链上可聚合碳碳双键的存在，很有可能会导致一个接枝支链键入两个不同的淀粉分子主链中。在这种情况下，烯丙基淀粉可以看作是一种多官能度的反应试剂，可能形成的交联淀粉的示意如图 1-11 所示。

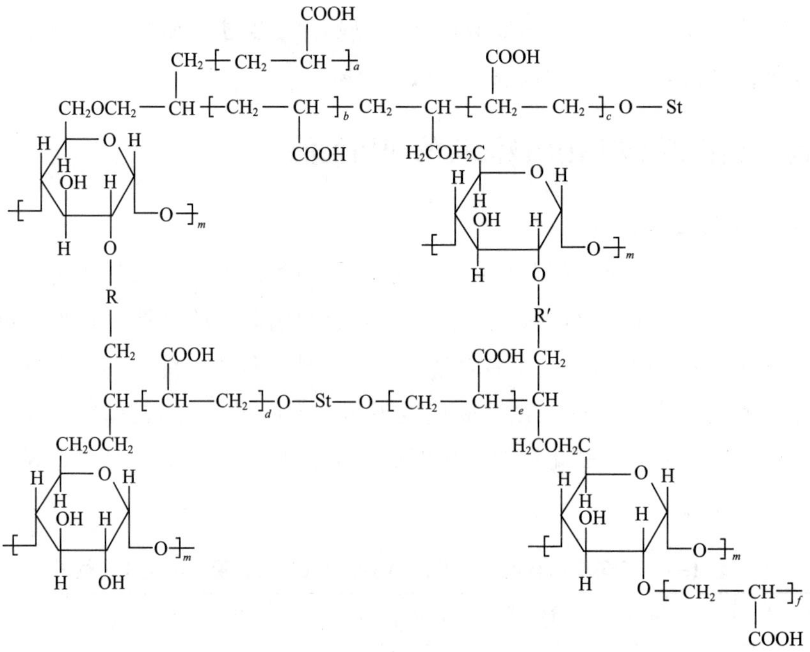

图 1-11　烯丙基淀粉与丙烯酸单体接枝共聚反应中淀粉交联后的分子结构

St—淀粉主链　R、R′—PAA 接枝支链

淀粉分子链之间交联反应的发生，提高了所制备的 AS-g-PAA 的分子量，这有利于提高 AS-g-PAA 浆液的表观黏度。显然，烯丙基醚化淀粉的取代度越高，淀粉分子链上含有碳碳双键的数目会越多，淀粉分子链之间发生交联反应的概率就会越高，AS-g-PAA 浆液的表观黏度也就随之增大。因此，随着烯丙基醚化淀粉变性程度的增加，AS-g-PAA 浆液的表观黏度逐渐增大。此外，随着烯丙基醚化淀粉取代度的增加，AS-g-PAA 浆液的黏度稳定性也逐渐提高，这可能同样是因为淀粉分子链之间发生化学交联的缘故，由此可以说明，淀粉分子链间的化学交联有利于提高淀粉浆液的黏度稳定性。

1.3.3.2　浆膜力学性能

与未经预处理的接枝淀粉浆膜相比，淀粉烯丙基醚化预处理可以显著提高浆膜的力学性能。随着淀粉烯丙基醚化变性程度的增加，AS-g-PAA 浆膜的断裂强度、断裂伸长率、断裂功及耐磨性能呈现先增大后减小的趋势，当烯丙基淀粉的取代度在 0.011~0.025 范围内时，浆膜的力学性能较好（表 1-3）。

在淀粉大分子主链上引入 PAA 接枝支链之后，由于 PAA 产生的空间位阻效应，导致淀粉大分子之间羟基的缔合受到干扰，淀粉大分子堆砌松散而不能形成有序的排列。此外，相对于淀粉大分子主链而言，PAA 接枝支链较为柔顺。又由于 PAA 接枝支链上羧基基团的亲水性，使得接枝淀粉浆膜在平衡过程中能够吸收少量的水分，吸收的水分子对接枝淀粉的浆膜会起到一定程度的增塑作用。上述的这些因素都有助于提高接枝淀粉浆膜的断裂伸长率。显然，接枝淀粉的接枝率越大，PAA 接枝支链的含量越多，接枝淀粉浆膜的柔韧性就会越好。因此，AS-g-PAA 的浆膜比 HS-g-PAA 的浆膜更加柔韧，随着烯丙基淀粉取代度的初始增加，AS-g-PAA 浆膜的断裂伸长率逐渐增大。

表 1-3　不同淀粉烯丙基醚化度 AS-g-PAA 的浆膜力学性能

淀粉类型	烯丙基醚化取代度	断裂强度		断裂伸长率		断裂功		磨耗	
		N/mm^2	CV/%	%	CV/%	mJ	CV/%	mg/cm^2	CV/%
HS-g-PAA	—	28.3	5.55	1.78	14.2	31.3	7.38	0.49	6.94
AS-g-PAA	0.0046	28.7	6.10	2.55	14.1	42.6	7.28	0.48	7.92
	0.011	35.0	5.71	2.70	13.7	55.8	6.65	0.39	8.89
	0.025	37.1	5.47	2.82	13.5	50.3	6.96	0.46	6.96
	0.037	25.6	6.33	2.71	12.6	35.8	7.40	0.58	8.52
	0.068	24.8	6.74	2.01	14.4	21.5	8.81	0.62	8.06

注　CV 为变异系数。

随着烯丙基醚化淀粉取代度的增加，AS-g-PAA 的接枝率逐渐增大，AS-g-PAA 的分子量也随之提高。而且，在烯丙基淀粉与丙烯酸单体进行接枝共聚反应的过程中，淀粉大分子之间还可能会发生少量的化学交联，这同样也会提高 AS-g-PAA 的分子量，接枝淀粉分子量的增大显然有利于提高其浆膜的断裂强度。可见，淀粉烯丙基醚化预处理可以明显提高接枝淀粉浆膜的断裂强度。显然，接枝淀粉的接枝率越大，其分子量会越高，接枝淀粉浆膜的断裂强度也会随之提高。因此，AS-g-PAA 浆膜比 HS-g-PAA 浆膜的断裂强度高，随着烯丙基淀粉取代度的初始增加，AS-g-PAA 浆膜的断裂强度不断增大。然而，当烯丙基醚化淀粉的取代度进一步增大时，在淀粉大分子之间发生交联反应的概率也会随之增加。淀粉大分子间发生的交联过多时会影响淀粉在水介质中的分散性，而淀粉在水介质中的分散性变差，不利于其在成膜过程中分子链在颗粒间的扩散与缠结，从而损害了淀粉浆膜的力学性能。因此，淀粉烯丙基醚化预处理的程度不能过大。

浆膜的断裂功是浆膜的断裂强度及断裂伸长率的综合值，浆膜的耐磨性则是浆料内聚力及其分子链柔顺性的综合表现。一般而言，浆料的内聚力越高，其浆膜的断裂强度会越大。浆料分子链的柔顺性越好，浆膜的断裂伸长率就会越高。随着烯丙基醚化淀粉取代度的增加，由于 AS-g-PAA 浆膜的断裂强度及断裂伸长率先提高后降低，因此，其浆膜的断裂功及耐磨性能也呈现先增大后减小的趋势。当烯丙基醚化淀粉的取代度在 0.011~0.025 范围内，AS-g-PAA 浆膜的力学性能较好，表现为 AS-g-PAA 浆膜的断裂强度、断裂伸长率、断裂功及耐磨性均达到最大值。

1.3.3.3　黏附性能

经纱上浆实践表明，浆料的应用性能与其对纤维的黏附性密切相关。早在 1966 年，弗兰林（Faasen）等就采用了粗纱法评估浆料对棉纤维的附着力。目前，该方法已成为我国纺织行业评估浆料黏附性能的标准（中国棉纺织行业协会标准 FZ/T 15001—2017）。该标准使用轻浆后的粗纱进行拉伸试验，以粗纱的破坏载荷来显示黏附力。未上浆粗纱的低捻度和低拉伸强度为准确评估浆料对纤维的黏附性提供了基础。本节以棉纤维为黏附对象，由图 1-12 可知，与未经预处理的接枝淀粉相比，淀粉烯丙基醚化预处理可明显提升淀粉对纤维的黏附性。当烯丙基醚化淀粉的取代度为 0.025 时，纯棉粗纱的断裂强度及断裂功均达到最大值，即此取代度下 AS-g-PAA 对纤维的黏附性能较为优异。

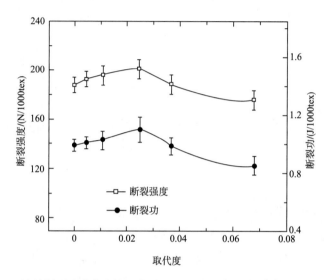

图 1-12　淀粉烯丙基醚化变性程度对 AS-g-PAA 与纯棉纤维黏附性能的影响

在外力的作用下，黏合的破坏形式可以分为以下 3 种类型：①在黏合胶层的内部发生破坏，称其为内聚破坏；②黏合胶层与被黏物发生分离而产生的破坏，称其为界面破坏；③同时发生内聚破坏和界面破坏，称其为混合破坏。一般情况下，纤维间黏合胶层的机械强度决定了内聚破坏发生的概率。然而，通过剥离纤维之间的黏合胶层以评价胶层真实的力学性能是很难实现的。已有研究文献报道，通过采用同样的浆料浇铸而成的薄膜是可以用来评价它的力学性能的。可见，浆膜的力学性能越好、浆料胶层与纤维界面间的作用力越大，黏合发生破坏的可能性会越小，此种浆料对纤维的黏附性能就会越好。

由表 1-3 可观察到，AS-g-PAA 浆膜的断裂强度及断裂功均高于 HS-g-PAA 浆膜的断裂强度及断裂功，这表明接枝淀粉中 PAA 接枝支链的含量越多越有利于提高黏合胶层的强度与韧性。显然，强而韧的黏合胶层有助于提高淀粉浆料对纤维的黏附性能。因此，AS-g-PAA 对纤维的黏附性能高于 HS-g-PAA，而且，随着淀粉烯丙基醚化预处理程度的增加，AS-g-PAA 对纤维的黏附性能不断提高。然而，在烯丙基醚化淀粉与丙烯酸单体进行接枝共聚反应的过程中，由于在淀粉分子链上引入了可聚合的碳碳双键，淀粉大分子之间还可能会发生化学交联，如图 1-11 所示。当淀粉分子间交联过多时，会导致淀粉在水介质中的分散性及淀粉分子链的柔顺性显著下降，这显然不利于淀粉浆液及其分子链向纤维的扩散，从而导致浆液对纤维的润湿不完全，产生界面缺陷。在这些界面缺陷处极易产生应力集中而发生界面破坏，损害了 AS-g-PAA 对纤维的黏附性能。此外，由表 1-3 还可观察到，当烯丙基醚化淀粉的取代度超过 0.025 时，AS-g-PAA 浆膜的断裂强度及断裂功显著降低，这表明纤维间的 AS-g-PAA 胶层发生内聚破坏的可能性明显增加，从而损害了其对纤维的黏附性能。因此，淀粉烯丙基醚化预处理的变性程度不宜过高，取代度以 0.020~0.025 为宜。

1.3.3.4　与 PVA 浆料共混使用性能

（1）AS-g-PMA/PVA 的共混浆膜性能

淀粉和 PVA 是纺织经纱上浆的两大常用浆料，PVA 浆料因其水溶性良好，上浆性能优良，解决了上浆过程中出现的许多问题，曾经被视为纺织浆料的一次革命。但 PVA 价格较高，生物降解性差，退浆废水对环境污染严重，已被纺织界视为"不洁浆料"。在经纱上浆中完全或大部分取代 PVA 业已成为国内外纺织浆料发展的一大共同趋势。因此，对淀粉和 PVA 混合浆性能展开研究具有比较重要的意义。

AS-g-PMA 与 PVA 混合浆的浆膜性能如表 1-4 所示。由表可知，AS-g-PMA 与 PVA 混合比例对浆膜性能有较大的影响。随着 AS-g-PMA 用量的增加，浆膜的断裂强度增大，但断裂伸长率和断裂功下降。

表 1-4　不同比例 AS-g-PMA/PVA 共混浆膜的力学性能

淀粉：PVA（质量分数）	断裂强度/（N/mm²）	断裂伸长率/%	断裂功/J
HS：PVA（40：60）	20.12	38.34	189.47
AS-g-PMA：PVA（50：50）	21.82	27.02	142.02
AS-g-PMA：PVA（60：40）	22.48	19.70	114.42
AS-g-PMA：PVA（70：30）	25.09	14.07	97.18
AS-g-PMA：PVA（80：20）	26.14	10.32	72.56
纯 AS-g-PMA	32.83	3.36	56.69

注　AS-g-PMA 的取代度为 0.011，接枝率为 6.15%，表 1-5 和表 1-6 同。

淀粉大分子链由环状结构的葡萄糖残基组成，大分子链的柔顺性差，玻璃化温度高，所以成膜性差，浆膜"硬而脆"。PVA 成膜性良好，浆膜力学性能优异，被誉为"坚而韧"。随着混合浆中接枝淀粉比例的增大，AS-g-PMA/PVA 浆膜的断裂伸长率逐渐减小，这显然是由于混合浆中淀粉组分及其比例的缘故，淀粉质量分数的增加必定会给浆膜的断裂伸长率带来不利影响，导致浆膜的断裂伸长率下降，所以增加接枝淀粉的比例，会使混合浆膜的断裂伸长率减小。

AS-g-PMA/PVA 浆膜断裂强度的增加有利于提高浆纱质量，但其断裂伸长率的降低势必会损害浆纱的质量，从而限制了 AS-g-PMA 对 PVA 取代量的提高。当 AS-g-PMA/PVA 混合浆中接枝淀粉浆料的比例超过 70% 时，虽然浆膜的断裂强度比目标配方略高，但断裂伸长率和断裂功显著低于目标配方，这显然会给浆纱质量带来负面影响。

（2）AS-g-PMA /PVA 混合浆料的黏附性能

通过轻浆粗纱法的断裂强力和断裂功可以得知，AS-g-PMA 与 PVA 的混合比例显著影响着混合浆对涤/棉纤维的黏附性能（表1-5）。随着接枝淀粉含量的增大，混合浆对涤/棉纤维的黏附性能呈现出先增加后降低的趋势，在 AS-g-PMA/PVA 混合物中接枝淀粉的比例为 60%时，黏附性能达到最大值。

表1-5 不同比例 AS-g-PMA/PVA 共混浆料的黏附性能

淀粉：PVA（质量分数）	断裂强度/（N/mm²）	断裂伸长率/%	断裂功/J
HS：PVA（40：60）	20.12	38.34	189.47
AS-g-PMA：PVA（50：50）	21.82	27.02	142.02
AS-g-PMA：PVA（60：40）	22.48	19.70	114.42
AS-g-PMA：PVA（70：30）	25.09	14.07	97.18
AS-g-PMA：PVA（80：20）	26.14	10.32	72.56
纯 AS-g-PMA	32.83	3.36	56.69

在淀粉大分子链上引入 PMA 的接枝支链后，根据扩散理论的"相似相溶"原理，有利于提高浆料胶层与涤/棉纤维界面上的分子作用力，减小了界面破坏的可能性。随着混合浆中淀粉含量的增大，PMA 上酯基功能团随之增多，淀粉大分子与涤/棉纤维之间的作用力进一步增强，从而提高了对涤/棉纤维的黏附性能。当 AS-g-PMA 与 PVA 的混合比例为 60：40 时，对涤/棉纤维的黏附性能优于目标配方。当接枝淀粉的用量超过 70%时，共混浆膜的韧性变差，导致黏附性能的降低。由此可见，从浆料黏附性能方面考虑，AS-g-PMA 能够降低混合浆中 PVA 组分的含量。

（3）AS-g-PMA /PVA 共混浆料的浆纱性能

表1-6反映了 AS-g-PMA/PVA 共混浆料的浆纱性能。由表可知，当 AS-g-PMA 与 PVA 的质量比为 60：40 时，浆纱性能的各项指标均已达到或接近目标浆料，这说明 AS-g-PMA/PVA 共混浆料完全可以大幅度取代对环境污染严重的 PVA。

综合考虑浆膜、对涤/棉粗纱的黏附性能及浆纱性能的各项指标，AS-g-PMA 对 PVA 的取代比例可以为 60%~70%。

表1-6 AS-g-PMA/PVA 共混浆料的浆纱性能

性能	HS：PVA＝40：60	AS-g-PMA：PVA＝60：40（质量分数）
上浆率/%	12.24	12.12
增强率/%	29.19	32.79
减伸率/%	4.87	4.90
浆纱耐磨次数	103	98
毛羽数量（3~4mm）	10.2	8.4

注 原纱强力 2.81N，断裂伸长率 9.34%，耐磨次数 31 次，毛羽数量（3~4mm）17.7。

1.4　丙烯酰氧基酯化预处理型接枝淀粉

1.4.1　制备方法

1.4.1.1　丙烯酰氧基酯化淀粉（ALS）的制备

（1）反应机理

丙烯酰氧基酯化淀粉是由酸解淀粉与丙烯酰氯反应而制得，在淀粉与丙烯酰氯生成酯的反应过程中，本章采用三乙胺作为缚酸剂，反应方程式如图 1-13 所示。

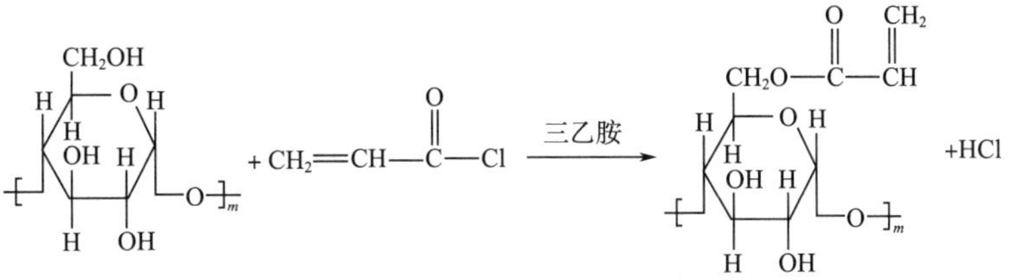

图 1-13　淀粉酯形成反应

（2）制备方法

将烘至绝干的精制酸解淀粉用乙酸乙酯配制成 30% 的淀粉乳悬浮液，搅拌均匀后移入四口烧瓶中。通入干燥的氮气，待反应体系的温度冷却至 5℃ 以下，滴加三乙胺（三乙胺与丙烯酰氯的摩尔比为 2∶1）。完成滴加后，在剧烈的机械搅拌下，缓慢滴加酯化剂丙烯酰氯。将反应体系的温度升至 20℃，并在 20℃ 下搅拌反应 6h 后结束反应。将产物过滤，重新分散于蒸馏水中，并以稀 HCl 中和至 pH 为 6~7，经数次抽滤、洗涤之后，干燥过筛获得丙烯酰氧基酯化淀粉产品。

1.4.1.2　丙烯酰氧基酯化预处理型接枝淀粉的制备

（1）反应机理

在淀粉与乙烯基单体进行接枝共聚反应之前，由于淀粉通过丙烯酰氧基酯化预处理，已在淀粉大分子上引入了可聚合的碳碳双键，因此，在引发剂作用下，当丙烯酰氧基酯化淀粉与乙烯基单体发生接枝共聚反应时，除了会在淀粉大分子羟基的位置上形成接枝支链外（图 1-2），还会在淀粉大分子引入碳碳双键的位置上形成新的接枝支链（图 1-14）。

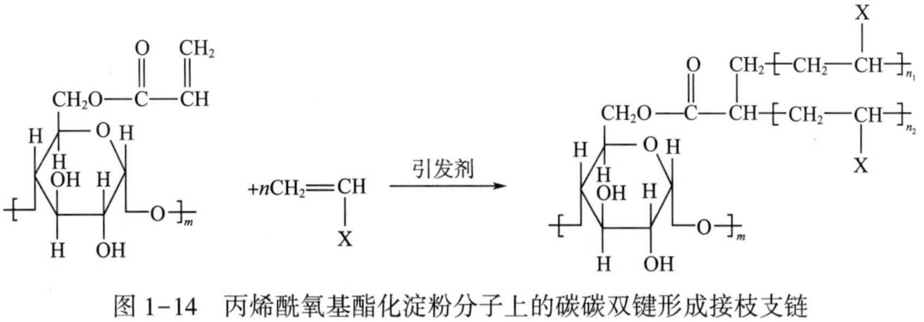

图 1-14　丙烯酰氧基酯化淀粉分子上的碳碳双键形成接枝支链

（2）制备方法

将丙烯酰氧基酯化淀粉分散于蒸馏水中，配成浓度为30%的淀粉乳悬浮液。按表1-7将反应介质调节至所需的pH后，将其转移至装有温度计、搅拌器、氮气管及滴液漏斗的四口烧瓶中。加热反应体系到所需的温度，通入氮气并开始搅拌。30min后，同时滴加接枝单体（单体占淀粉干重的10%）及引发剂溶液。完成滴加后，在机械搅拌及氮气的保护下，整个枝共聚合反应到预先设定的时间，加入浓度为2%的对苯二酚溶液，终止聚合反应。用氢氧化钠溶液调节产物的pH为6~7，经数次抽滤、洗涤之后，干燥过筛获得丙烯酰氧基酯化接枝淀粉产品。

表1-7 接枝共聚反应过程中各常用引发剂的用量及采用的反应参数

引发剂类型	引发剂浓度/（mmoL/L）	反应介质的pH	反应温度/℃	反应时间/h
H_2O_2/$FeSO_4 \cdot (NH_4)_2SO_4$	40/2.0	3~4	30	3
$Ce(NH_4)_2(NO_3)_6$	23	2~3	45	3
$K_2S_2O_8$/ $NaHSO_3$	5.0/15	6~7	50	3

1.4.2 丙烯酰氧基酯化预处理型淀粉接枝共聚反应影响因素分析

1.4.2.1 丙烯酰氧基酯化预处理型接枝淀粉的红外光谱分析

本节以接枝了丙烯酸（AA）和丙烯酸甲酯（MA）单体的丙烯酰氧基酯化预处理型接枝淀粉为例，对改性淀粉的红外光谱进行分析。由图1-15可知，除保留有淀粉的特征吸收峰之外，ALS的红外吸收光谱图不仅在1630cm^{-1}处出现了碳碳双键的伸缩振动吸收峰，还在1736cm^{-1}处出现了羰基（$\diagdown C = O$）的特征吸收峰，由此可以证明，ALS大分子上确实存在着丙烯酰氧基基团（$\overset{O}{\underset{\|}{-C}} \overset{CH_2}{\underset{\|}{-CH}}$）。此外由图1-15还可观察到，与ALS的红外吸收光谱图相比，ALS-g-PAA以及ALS-g-PMA的红外吸收光谱图在1736cm^{-1}处的羰基（$\diagdown C = O$）的特征吸收峰增强，在1630cm^{-1}处的碳碳双键的伸缩振动吸收峰消失，ALS-g-PAA的谱图在1561cm^{-1}处还出现了羰基（$\diagdown C = O$）的不对称伸缩振动吸收峰，由此不仅可以证明PAA接枝支链以及PMA接枝支链的存在，还可以说明ALS分子链上引入的碳碳双键几乎完全参与了淀粉与乙烯基单体的接枝共聚反应。

1.4.2.2 引发剂类型对接枝共聚反应的影响

本节以三种常用的氧化还原引发体系即H_2O_2/$FeSO_4 \cdot (NH_4)_2SO_4$、$Ce(NH_4)_2(NO_3)_6$以及$K_2S_2O_8$/$NaHSO_3$为例，探讨了引发剂种类对丙烯酰氧基酯化淀粉与丙烯酸单体的接枝共聚反应的影响（表1-8）。以接枝效率、接枝率及单体转化率为评价指标，引发剂在各自适宜的

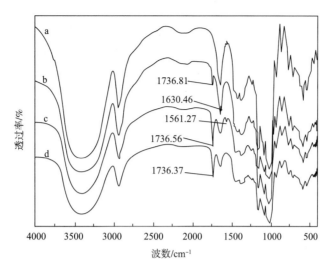

图 1-15　傅里叶变换红外吸收光谱图

a—HS　b—ALS　c—ALS-g-PAA　d—ALS-g-PMA

引发条件下，对丙烯酰氧基酯化淀粉与丙烯酸接枝共聚反应的引发效果从高到低依次为：$Ce(NH_4)_2(NO_3)_6$，$H_2O_2/FeSO_4 \cdot (NH_4)_2SO_4$，$K_2S_2O_8/NaHSO_3$。

表 1-8　引发剂类型对丙烯酰氧基酯化淀粉与丙烯酸单体接枝共聚反应的影响

引发剂类型	接枝效率/%	接枝率/%	单体转化率/%
$H_2O_2/FeSO_4 \cdot (NH_4)_2SO_4$	72.1	7.15	99.2
$Ce(NH_4)_2(NO_3)_6$	84.2	8.36	99.3
$K_2S_2O_8/NaHSO_3$	68.8	6.82	99.2

注　丙烯酰氧基酯化淀粉的取代度为 0.015；乙烯基单体占淀粉干重的 10%。

在淀粉与乙烯基单体进行接枝共聚反应的过程中，高铈离子（Ce^{4+}）的引发机理如图 1-16 所示，Ce^{4+} 先与淀粉葡萄糖基环上的羟基形成络合物，随后在适宜的温度下所形成的络合物发生分解，此时，Ce^{4+} 被还原成 Ce^{3+}，而淀粉分子中羟基上的氢原子同时变成 H^+，淀粉葡萄糖基环中 C2 与 C3 间的化学键也随之断裂，生成了两个碳自由基（C·）。随后，当这些碳自由基遇到丙烯酸单体时，就会引发丙烯酸单体与淀粉的接枝共聚反应，并通过链增长形成 PAA 接枝支链。可见，采用 $Ce(NH_4)_2(NO_3)_6$ 作为引发剂的主要优势是，Ce^{4+} 直接在丙烯酰氧基酯化淀粉大分子主链上形成碳自由基，随后与单体进行接枝共聚反应。在以 $Ce(NH_4)_2(NO_3)_6$ 作为引发剂的淀粉接枝共聚反应过程中，均聚物主要是由活性链自由基发生链转移反应造成的，均聚物的生成量一般较少。与之相比，当采用 $H_2O_2/FeSO_4 \cdot (NH_4)_2SO_4$ 或 $K_2S_2O_8/NaHSO_3$ 作为引发剂时，这两种引发剂首先会通过自身的氧化还原反应产生初级自由基，所产生的初级自由基除了会引发淀粉与丙烯酸单体进行接枝共聚反应外，同时也会引发丙烯酸单体间的均聚反应，而此时也无法避免上述由链转移而造成的均聚反应。因此，与 $H_2O_2/FeSO_4 \cdot (NH_4)_2SO_4$ 或 $K_2S_2O_8/NaHSO_3$ 引发剂相比，当采用 $Ce(NH_4)_2(NO_3)_6$ 为引发剂时，丙烯酰氧基酯化淀粉与丙烯酸单体接枝共聚反应的接枝效率较高。

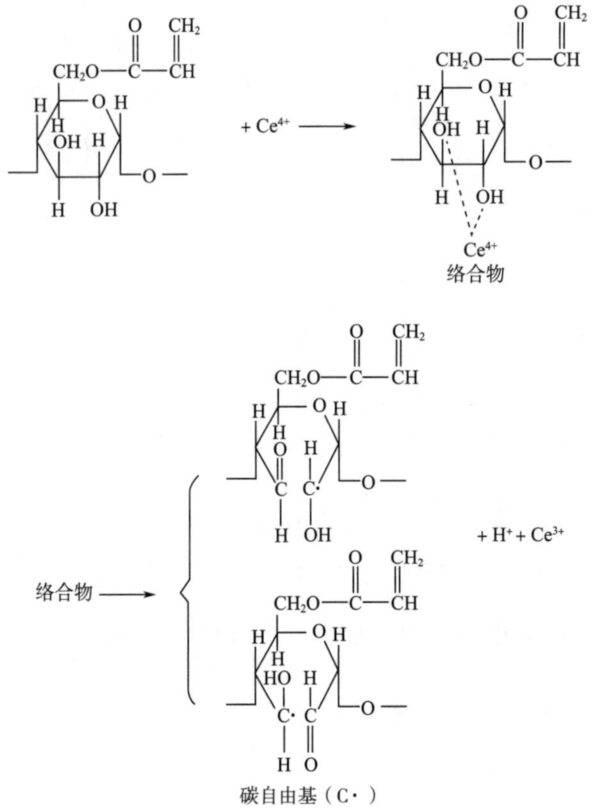

图 1-16　淀粉接枝共聚反应过程中高铈离子（Ce^{4+}）的引发机理

然而，高铈离子由于以下原因限制了其在工业上的应用：①价格昂贵，是所有引发剂里价格最高的；②作为稀有金属，它的产量很少；③反应工艺的控制要求较高，当以高铈离子为引发剂时，在接枝共聚反应的初期，反应体系的温度会急剧上升 $20 \sim 30 \, ℃$，这就需要严格的控温措施，否则有可能会导致淀粉糊化。

通过自身的氧化还原反应，$H_2O_2/FeSO_4 \cdot (NH_4)_2SO_4$ 引发体系产生的初级自由基为 $HO \cdot$，而 $K_2S_2O_8/NaHSO_3$ 引发体系产生的初级自由基 $SO_4^- \cdot$ 和 $HSO_3 \cdot$。相对 $SO_4^- \cdot$ 和 $HSO_3 \cdot$ 而言，$HO \cdot$ 的电负性较强，因此，$HO \cdot$ 更容易夺取淀粉羟基上的氢原子，所形成的淀粉大分子自由基继续引发与丙烯酸单体进行接枝共聚反应。因此，与 $K_2S_2O_8/NaHSO_3$ 引发剂相比，当采用 $H_2O_2/FeSO_4 \cdot (NH_4)_2SO_4$ 作为引发剂时，丙烯酰氧基酯化淀粉与丙烯酸单体接枝共聚反应的接枝效率相对较高。综合考虑接枝共聚反应的接枝效率、接枝产物的接枝率、引发剂的价格、引发剂的来源以及接枝淀粉浆料的制备工艺要求等因素，$H_2O_2/FeSO_4 \cdot (NH_4)_2SO_4$ 作为制备丙烯酰氧基酯化预处理型 PAA 接枝淀粉浆料的引发剂较为适宜。

1.4.2.3　淀粉丙烯酰氧基酯化预处理对接枝共聚反应的影响

淀粉丙烯酰氧基酯化预处理对淀粉与乙烯基单体接枝共聚反应的影响分别见表 1-9 和表 1-10。相对 HS 与乙烯基单体接枝共聚反应的接枝参数而言，在淀粉与乙烯基单体进行接枝共聚反应之前，将淀粉通过丙烯酰氧基酯化预处理可以显著提高接枝共聚反应的接枝效率及接枝产物的接枝率。随着淀粉酯化变性程度即丙烯酰氧基酯化淀粉取代度的增加，接枝共聚反应的接枝效率及接枝产物的接枝率不断增大，而对单体转化率并未产生明显的影响。

表 1-9　引发剂类型对丙烯酰氧基酯化淀粉与丙烯酸单体接枝共聚反应的影响

淀粉类型	DS	接枝效率/%	接枝率/%	单体转化率/%
HS-g-PAA	—	57.4	5.69	99.1
ALS-g-PAA	0.005	65.9	6.54	99.2
	0.010	67.8	6.67	98.4
	0.022	74.2	7.34	98.9
	0.030	79.3	7.85	99.0
	0.036	80.9	8.03	99.2

注　引发剂为 $H_2O_2/FeSO_4 \cdot (NH_4)_2SO_4$；乙烯基单体占淀粉干重的 10%，表 1-10 同。

表 1-10　引发剂类型对丙烯酰氧基酯化淀粉与丙烯酸甲酯单体接枝共聚反应的影响

淀粉类型	DS	接枝效率/%	接枝率/%	单体转化率/%
HS-g-PMA	—	51.9	5.17	99.6
ALS-g-PMA	0.005	62.4	6.22	99.6
	0.010	65.1	6.48	99.5
	0.022	70.5	7.00	99.3
	0.030	76.6	7.62	99.5
	0.036	79.8	7.94	99.5

当 ALS 与乙烯基单体进行接枝共聚反应时，由于 ALS 淀粉大分子上的丙烯酰氧基基团链长较长的缘故，与羟基相比，其较突出地伸展于淀粉大分子主链之外，因而，正在增长的活性链自由基很有可能会遇到 ALS 淀粉大分子上的丙烯酰氧基基团而发生有效碰撞。在这种情况下，可聚合的碳碳双键就会键入正在增长的活性链中形成新的接枝支链，如图 1-14 所示。此时，图 1-13 中所示的通过夺取淀粉羟基上的氢原子而形成接枝支链的接枝共聚反应也会同时进行。当采用饱和性淀粉（例如 HS）作为反应原料时，这种正在增长的活性链自由基很有可能发生均聚反应而形成均聚物。因此，ALS 淀粉大分子上引入的可聚合碳碳双键具有将部分均聚反应转化成接枝共聚反应的作用，从而使接枝产物中均聚物的含量减少，接枝共聚物的含量增加。显然，ALS 淀粉分子链上碳碳双键的数目越多，正在增长的活性链自由基与

可聚合的碳碳双键发生有效碰撞的概率就会越大。因此，将淀粉进行丙烯酰氧基酯化预处理可以显著提高接枝共聚反应的接枝效率及接枝产物的接枝率，且随着变性淀粉取代度的增加，接枝效率及接枝率不断提高。

1.4.3 丙烯酰氧基酯化预处理型接枝淀粉的使用性能

1.4.3.1 表观黏度及其稳定性

在接枝共聚反应时亲水性乙烯基单体投入量相同的条件下，丙烯酰氧基酯化预处理型接枝淀粉的黏度及其稳定性均高于未经预处理的常规接枝淀粉（表1-11）。

表1-11 淀粉丙烯酰氧基酯化预处理对 ALS-g-PAA 浆液表观黏度的影响

淀粉类型	DS	表观黏度/(mPa·s)	黏度稳定性/%
HS-g-PAA	—	20	90.0
ALS-g-PAA	0.005	24	91.7
	0.010	31	91.9
	0.022	55	92.7
	0.030	95	93.7
	0.036	630	94.4

随着淀粉丙烯酰氧基酯化预处理程度即丙烯酰氧基酯化淀粉取代度的增加，ALS-g-PAA 浆液的表观黏度及黏度稳定性逐渐增大。这主要是由于接枝支链 PAA 的性质决定的，此外，淀粉分子链之间可能会发生的化学交联反应也会导致 ALS-g-PAA 浆液的表观黏度及黏度稳定性增大。与 AS-g-PAA 相似，ALS-g-PAA 大分子中的 PAA 接枝支链也含有大量亲水性并带有负电荷的羧基基团。一方面，羧基的亲水性提高了 ALS-g-PAA 大分子与水分子之间的作用力。另一方面，羧基间的静电斥力作用也使得淀粉大分子无规线团的体积增大。这些因素均使得 ALS-g-PAA 大分子在水介质中运动时，遭受到的内摩擦阻力增加，表现形式为 ALS-g-PAA 浆液的表观黏度增大。含有可聚合碳碳双键的淀粉可以看作为一种多官能度的反应试剂，而本章所制备的丙烯酰氧基酯化淀粉正是这种含有可聚合碳碳双键的淀粉。因此，在丙烯酰氧基酯化淀粉与乙烯基单体进行接枝共聚反应的过程中，丙烯酰氧基淀粉的分子链之间也有可能会发生化学交联反应，所形成交联淀粉的示意如图1-17所示。丙烯酰氧基酯化淀粉大分子间的化学交联提高了淀粉接枝共聚物的分子量，进而提高了 ALS-g-PAA 浆液的表观黏度。显然，丙烯酰氧基酯化淀粉的取代度越大，ALS-g-PAA 的接枝率越高，ALS-g-PAA 接枝支链中含有羧基基团的数目会越多，同时，丙烯酰氧基酯化淀粉分子链间发生交联反应的概率也会越大，这些都有利于提高 ALS-g-PAA 浆液的表观黏度。因此，随着淀粉丙烯酰氧基酯化预处理程度的增加，ALS-g-PAA 浆液的表观黏度不断增大。值得注意的是，当丙烯酰氧基酯化淀粉的取代度为 0.036 时，所制备的 ALS-g-PAA 浆液的表观黏度急剧增加至 630mPa·s。在经纱上浆过程中，浆液黏度过高不利于浆液向经纱的浸透。因此，丙烯酰

氧基酯化淀粉的取代度不应超过 0.030。

随着丙烯酰氧基酯化淀粉取代度的增加，ALS-g-PAA 浆液的黏度稳定性增大，这可能是因为在接枝共聚反应过程中，丙烯酰氧基酯化淀粉分子链之间发生化学交联的缘故。淀粉糊在高温烧煮与高速搅拌下，由于淀粉分子间化学交联键的存在，使得淀粉浆液表观黏度的波动率减小，因此，ALS-g-PAA 浆液的黏度稳定性增加。值得指出的是，浆液黏度稳定性的增加有利于上浆率的稳定。

淀粉丙烯酰氧基酯化预处理对 ALS-g-PMA 浆液的表观黏度及黏度稳定性也存在明显的影响（表 1-12）。应该明确，影响 ALS-g-PMA 表观黏度的主要因素有两个，即 ALS-g-PMA 的分子量及淀粉接枝共聚物与水分子间的作用。一般而言，淀粉接枝共聚物的分子量越高，或者淀粉接枝共聚物与水分子间的作用越大，淀粉接枝共聚物的表观黏度也就越大。随着丙烯酰氧基酯化淀粉取代度的增加，ALS-g-PMA 的接枝率增大，且淀粉分子间发生交联的机率也会随之增大（淀粉交联后的分子结构示意见图 1-17），这都会增大淀粉接枝共聚物的分子量，从而提高了 ALS-g-PMA 的表观黏度。然而，由于接枝支链 PMA 是疏水性的，当 ALS-g-PMA 中接枝支链 PMA 的含量过多时，会导致 ALS-g-PMA 大分子与水分子间的作用力降低，又会导致 ALS-g-PMA 的表观黏度下降。实验结果表明，当丙烯酰氧基酯化淀粉的取代度超过 0.022 时，即 ALS-g-PMA 的接枝率大于 7% 时，ALS-g-PMA 的表观黏度开始下降。

表 1-12　淀粉丙烯酰氧基酯化预处理对 ALS-g-PMA 浆液表观黏度的影响

淀粉类型	DS	表观黏度/(mPa·s)	黏度稳定性/%
HS-g-PMA	—	13	84.6
ALS-g-PMA	0.005	8.0	87.5
	0.010	14	92.9
	0.022	13	92.3
	0.030	7.5	93.3
	0.036	6.2	93.5

此外，随着丙烯酰氧基酯化淀粉取代度的增加，ALS-g-PMA 浆液的黏度稳定性呈逐渐增大的趋势，这可能也是因为丙烯酰氧基酯化淀粉分子链之间发生化学交联的缘故。

1.4.3.2　浆膜力学性能

与 HS-g-PAA 浆膜的力学性能相比较，在淀粉与乙烯基单体进行接枝共聚反应之前，将淀粉通过丙烯酰氧基酯化预处理可以明显提高 ALS-g-PAA 浆膜的力学性能（表 1-13）。随着淀粉丙烯酰氧基酯化预处理程度即丙烯酰氧基酯化淀粉取代度的增加，ALS-g-PAA 浆膜的断裂强度、断裂伸长率以及断裂功均呈现先增大后减小的趋势，当丙烯酰氧基酯化淀粉的取代度在 0.010~0.022 范围内时，接枝淀粉浆膜的力学性能较为优异。

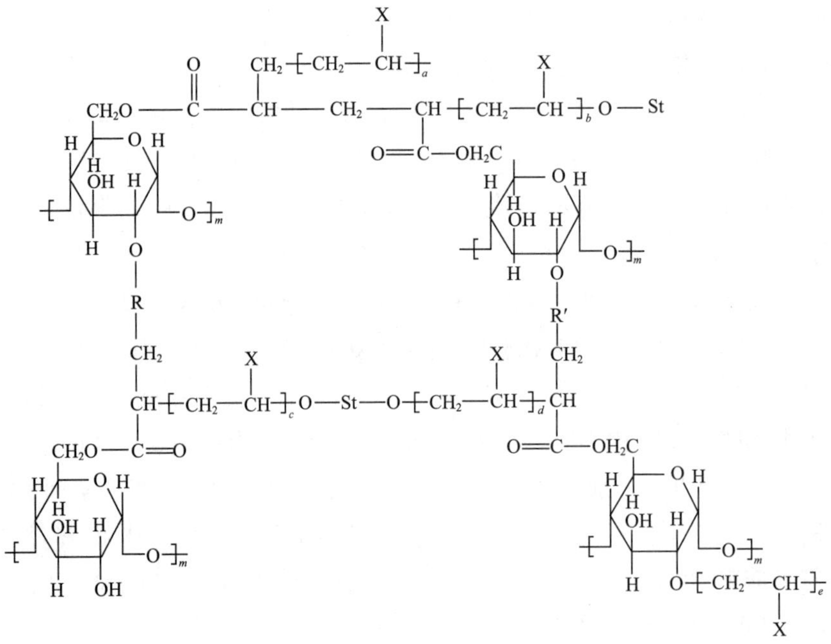

图1-17 丙烯酰氧基酯化淀粉与乙烯基单体接枝共聚反应中淀粉交联后的分子结构示意

表1-13 淀粉丙烯酰氧基酯化预处理对 ALS-g-PAA 浆膜力学性能的影响

淀粉类型	DS	断裂强度		断裂伸长率		断裂功	
		N/mm²	CV/%	%	CV/%	mJ	CV/%
HS-g-PAA	—	28.7	4.55	2.83	7.21	56.1	6.25
ALS-g-PAA	0.005	29.1	4.41	3.28	9.82	64.8	11.1
	0.010	35.5	7.22	4.28	9.47	84.2	6.71
	0.022	35.1	5.33	4.77	9.58	90.1	8.88
	0.030	34.3	6.16	3.92	9.81	79.4	10.0
	0.036	33.7	4.11	3.34	9.18	58.9	8.73

ALS-g-PAA 大分子的主链上引入了能够产生空间位阻效应的 PAA 接枝支链，由于 PAA 接枝支链的存在导致了淀粉大分子间羟基的缔合作用受到抑制，从而使 ALS-g-PAA 大分子堆砌松散而不能形成有序的排列。此外，由于 PAA 接枝支链上的羧基基团具有亲水性，因此，接枝淀粉浆膜会吸收外界少量的水分，吸收的这些水分子对 ALS-g-PAA 浆膜会起到一定的增塑作用。而且，与淀粉大分子的主链相比，PAA 接枝支链也较为柔顺，这些都有利于提高 ALS-g-PAA 浆膜的断裂伸长率。随着淀粉丙烯酰氧基酯化预处理程度的增加，ALS-g-PAA 的接枝率不断增大，ALS-g-PAA 大分子中接枝支链 PAA 的含量也就随之增多，因此，ALS-g-PAA 浆膜的断裂伸长率高于 HS-g-PAA 浆膜的断裂伸长率，且随着丙烯酰氧基酯化淀粉取代度的增加，接枝淀粉浆膜的断裂伸长率不断增大。值得注意的是，ALS-g-PAA 接枝率的增大，使得淀粉接枝共聚物的分子量也不断增加。另外，在丙烯酰氧基酯化淀粉与丙烯

酸单体的接枝共聚反应过程中，淀粉分子链间可能会发生的化学交联反应同样也会提高淀粉接枝共聚物的分子量，ALS-g-PAA 分子量的提高有利于增大接枝淀粉浆膜的断裂强度。因此，ALS-g-PAA 浆膜的断裂强度也高于 HS-g-PAA 浆膜的断裂强度，且随着丙烯酰氧基酯化淀粉取代度的增加，ALS-g-PAA 浆膜的断裂强度逐渐增大。

然而，随着丙烯酰氧基酯化淀粉取代度的进一步增加，淀粉分子链之间发生化学交联反应的概率也会随之增大，淀粉分子链间发生过多的化学交联会影响淀粉接枝共聚物在水介质中的分散性。在淀粉成膜过程中，ALS-g-PAA 亲水性的降低不利于淀粉分子链在其颗粒间的扩散与缠结，从而损害了 ALS-g-PAA 浆膜的力学性能，使 ALS-g-PAA 浆膜的断裂强度及断裂伸长率均有所降低。因此，淀粉丙烯酰氧基酯化预处理的程度不能过高。实验结果表明，当丙烯酰氧基酯化淀粉的取代度在 0.010～0.022 范围内时，ALS-g-PAA 浆膜的力学性能较优，表现为 ALS-g-PAA 浆膜的断裂强度、断裂伸长率以及断裂功均达到最大值。

淀粉丙烯酰氧基酯化预处理对 ALS-g-PMA 浆膜力学性能的影响见表 1-14。淀粉丙烯酰氧基酯化预处理能够提高 ALS-g-PMA 浆膜的力学性能，随着丙烯酰氧基酯化淀粉取代度的增加，ALS-g-PMA 浆膜的断裂强度、断裂伸长率以及断裂功均呈现先增大后减小的趋势，当丙烯酰氧基酯化淀粉的取代度为 0.022 时，接枝淀粉浆膜的力学性能较优。

表 1-14　淀粉丙烯酰氧基酯化预处理对 ALS-g-PMA 浆膜力学性能的影响

淀粉类型	DS	断裂强度		断裂伸长率		断裂功	
		N/mm^2	CV/%	%	CV/%	mJ	CV/%
HS-g-PMA	—	28.9	3.58	3.30	12.2	70.8	9.76
ALS-g-PMA	0.005	29.4	4.26	4.37	15.3	86.1	15.7
	0.010	30.6	4.62	4.93	9.70	92.9	9.35
	0.022	32.9	1.84	5.93	9.63	110	5.15
	0.030	32.6	2.22	5.60	9.94	101	5.21
	0.036	30.0	3.58	4.56	8.94	92.2	7.05

由于 ALS-g-PMA 分子链上引入的接枝支链（PMA）所产生的空间位阻效应，使接枝淀粉分子间羟基的缔合作用受到一定程度的抑制，ALS-g-PMA 大分子堆砌松散而不能形成有序排列。另外，相对于淀粉主链而言，PMA 接枝支链较为柔顺。因而，在淀粉主链上引入 PMA 接枝支链有利于提高 ALS-g-PMA 浆膜的断裂伸长率。由表 1-14 可知，随着丙烯酰氧基酯化淀粉取代度的增加，ALS-g-PMA 的接枝率不断提高，因此，淀粉接枝共聚物的分子量也随之不断增加。此外，淀粉分子链之间可能会发生的化学交联反应也提高淀粉接枝共聚物的分子量，分子量的增加有利于增大 ALS-g-PMA 浆膜的断裂强度。因此，淀粉丙烯酰氧基酯化预处理可以明显提高 ALS-g-PMA 浆膜的力学性能。然而，当淀粉分子链之间发生的化学交联过多时，这不仅会影响 ALS-g-PMA 在水介质中的分散性，还会恶化 ALS-g-PMA 分子链的柔顺性，从而损害了 ALS-g-PMA 浆膜的力学性能。因此，丙烯酰氧基酯化淀粉的

取代度不宜过大，实验结果表明，丙烯酰氧基酯化淀粉的取代度以 0.022 为宜。

1.4.3.3 黏附性能

本节以涤纶为例，探讨丙烯酰氧基酯化预处理型接枝淀粉对纤维黏附性能的影响，淀粉丙烯酰氧基酯化预处理可以明显提高 ALS-g-PAA 对涤纶的黏附性能（图 1-18）。随着酯化预处理程度的增加，ALS-g-PAA 对涤纶的黏附性能呈现先增大后减小的趋势，当 ALS 的取代度为 0.010 时，ALS-g-PAA 对涤纶的黏附性能较优，表现为 ALS-g-PAA 对涤纶粗纱的断裂强度及断裂功均达到最大值。

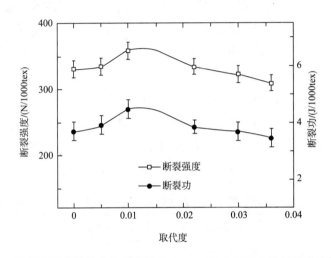

图 1-18　淀粉丙烯酰氧基酯化预处理对 ALS-g-PAA 与涤纶纤维黏附性能的影响

纱线中纤维之间浆料胶层与纤维界面间的作用力越大及浆膜的力学性能越好，黏合作用发生破坏的可能性就会越小，此种浆料对纤维的黏附性能也就会越好。由表 1-13 可知，ALS-g-PAA 浆膜的断裂强度及断裂功均高于 HS-g-PAA 浆膜的断裂强度及断裂功，这表明淀粉接枝共聚物中 PAA 接枝支链的含量越多越有利于提高黏合胶层的强度与韧性，强而韧的黏合胶层有助于改善淀粉浆料对涤纶的黏附性能。因此，ALS-g-PAA 对涤纶的黏附性能高于 HS-g-PAA 对涤纶的黏附性能，且随着淀粉丙烯酰氧基酯化预处理程度的增加，ALS-g-PAA 对涤纶的黏附性能不断增大。

然而，随着淀粉丙烯酰氧基酯化预处理程度的进一步增加，在丙烯酰氧基酯化淀粉与丙烯酸单体进行接枝共聚反应的过程中，丙烯酰氧基酯化淀粉分子链间发生交联反应的概率随之增大。当丙烯酰氧基酯化淀粉分子链间发生过多的化学交联时，会导致淀粉接枝共聚物在水介质中的分散性及接枝淀粉分子链的柔顺性明显降低，这显然不利于 ALS-g-PAA 浆液及其分子链向涤纶的扩散，从而导致了接枝淀粉浆液对涤纶的润湿不完全而产生界面缺陷。已有文献报道，在上述这些界面缺陷处极易产生应力集中而发生界面破坏，有损于 ALS-g-PAA 浆料对涤纶的黏附性能。由表 1-13 还可观察到，当丙烯酰氧基酯化淀粉的取代度超过 0.022 时，ALS-g-PAA 浆膜的断裂强度及断裂功降低，因此，涤纶间的淀粉胶层发生内聚破坏的可能性也随之增大，这也损害了 ALS-g-PAA 对涤纶的黏附性能。此外，由表 1-11 可观察到，当丙烯酰氧基酯化淀粉的取代度超过 0.030 时，ALS-g-PAA 浆液的表观黏度急剧上升，过高的浆液黏度显然也不利于 ALS-g-PAA 对涤纶的黏附性能。因此，淀粉丙烯酰氧基酯化预处理的程度不宜过高，当丙烯酰氧基酯化淀粉的取代度为 0.010 时，ALS-g-PAA 对涤纶纤维的黏附性能较好。

图 1-19 反映了 ALS-g-PMA 对涤纶纤维的黏附性能。显然，与淀粉丙烯酰氧基酯化预处理对 ALS-g-PAA 与涤纶间黏附性能的影响相类似，随着淀粉丙烯酰氧基酯化预处理程度的增加，ALS-g-PMA 对涤纶的黏附性能同样呈先增大后减小的趋势，当丙烯酰氧基淀粉的取代度为 0.012 时，ALS-g-PMA 对涤纶纤维的黏附性能较优。

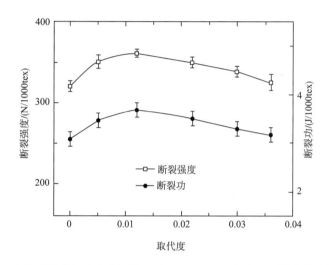

图 1-19　淀粉丙烯酰氧基酯化预处理对 ALS-g-PMA 与涤纶纤维黏附性能的影响

由于 ALS-g-PMA 的接枝支链 PMA 中含有大量的酯基基团，根据扩散理论中的"相似相容"原理，在淀粉大分子主链上接枝 PMA 支链有助于提高淀粉胶层与涤纶界面上的分子作用力，从而降低了黏合胶层发生界面破坏的可能性。显然，ALS-g-PMA 浆料的接枝率越高，PMA 接枝支链上含有的酯基数目就会越多，发生界面破坏的可能性就会越小。因此，淀粉丙烯酰氧基酯化预处理可以明显改善 ALS-g-PMA 对涤纶的黏附性能，且随着丙烯酰氧基酯化淀粉取代度的增加，ALS-g-PMA 对涤纶的黏附性能不断增大。然而，ALS-g-PMA 接枝率的增加及丙烯酰氧基酯化淀粉分子链间发生化学交联可能性的增加，都会导致 ALS-g-PMA 在水介质中的分散性及其分子链的柔顺性明显下降，从而损害了 ALS-g-PMA 对涤纶纤维的黏附性能，表现为 ALS-g-PMA 对涤纶粗纱的断裂强度及断裂功降低。因此，淀粉丙烯酰氧基酯化预处理的程度不宜过高，淀粉的取代度以 0.012 为宜。

参考文献

[1] RODRIGUES L D A, HURTADO C R, MACEDO E F, et al. Colloidal properties and cytotoxicity of enzymatically hydrolyzed cationic starch-graft-poly (butyl acrylate-co-methyl methacry-

late）latex by surfactant-free emulsion polymerization for paper［J］. Progress in Organic Coatings, 2020, 145: 105693.

［2］ JIN E Q, LI M L, XI B J, et al. Effect of molecular structure of acrylates on sizing performance of allyl grafted starch［J］. Indian Journal of Fibre & Textile Research, 2015, 40 (4): 437-446.

［3］ WEI Q L, ZHENG H, ZHU M N, et al. Starch-based surface-sizing agents in paper industry: an overview［J］. Paper and Biomaterials, 2021, 6 (4): 54-61.

［4］ KANAGARAJ J, PANDA R C, SENTHILVELAN T, et al. Cleaner approach in leather dyeing using graft copolymer as high performance auxiliary: related kinetics and mechanism［J］. Journal of Cleaner Production, 2016, 112: 4863-4878.

［5］ LIU X W, GUO Q X, REN S Y, et al. Synthesis of starch-based flocculant by multi-component grafting copolymerization and its application in oily wastewater treatment［J］. Journal of Applied Polymer Science, 2023, 140 (4): e53356.

［6］ WEERAPOPRASIT C, PRACHAYAWARAKORN J. Effects of polymethacrylamide-grafted branch on mechanical performances, hydrophilicity, and biodegradability of thermoplastic starch film［J］. Starch/Staerke, 2019, 71 (11-12): 1900068.

［7］ 高洪海, 王焱, 吴国飞, 等. 接枝共聚的接枝参数表述方法的探讨［J］. 化学通报, 2005 (11): 863-866.

［8］ ZHU Z F, ZHANG L Q, LI M L. Graft copolymerization of granular starch maleate with acrylamide for enhancing grafting efficiency［J］. Journal of Polymer Engineering, 2011, 31 (5): 449-455.

［9］ WILLETT J L, FINKENSTADT V L. Initiator effects in reactive extrusion of starch-polyacrylamide graft copolymers［J］. Journal of Applied Polymer Science, 2006, 99 (1): 52-58.

［10］ 余晓皎, 姚秉华, 王军, 等. 玉米淀粉与丙烯酸接枝共聚合成高吸水树脂［J］. 化学研究与应用, 2005, 17 (6): 837-839.

［11］ 张友全, 秦丽勋, 郑海, 等. 两性淀粉接枝共聚物在中性抄纸中的应用［J］. 化学研究与应用, 2006, 18 (6): 733-736.

［12］ CHEN L, NI Y S, BIAN X C, et al. A novel approach to grafting polymerization of ε-caprolactone onto starch granules［J］. Carbohydrate Polymers, 2005, 60 (1): 103-109.

［13］ XU Q, WANG Q R, LIU L J. Ring-opening graft polymerization of L-lactide onto starch granules in an ionic liquid［J］. Journal of Applied Polymer Science, 2008, 107 (4): 2704-2713.

［14］ MOSTAFA K M. Graft polymerization of acrylic acid onto starch using potassium permanganate acid (redox system)［J］. Journal of Applied Polymer Science, 1995, 56 (2): 263-269.

［15］ MOSTAFA K M. Synthesis of poly (acrylamide)-starch and hydrolyzed starch graft copolymers as a size base material for cotton textiles［J］. Polymer Degradation and Stability,

1997, 55 (2): 125-130.

［16］ KIGHTLINGER A P, SPEAKMAN E L, VANDUZEE G T. Stable, liquid starch graft copoly-mer composition ［P］. US Patent: 4301017, 1981-11-17.

［17］ HEBEISH A, BELIAKOVA M K, BAYAZEED A. Improved synthesis of poly (MAA) -starch graft copolymers ［J］. Journal of Applied Polymer Science, 1998, 68 (10): 1709-1715.

［18］ HEBEISH A, EL-RAFIE M H, HIGAZY A, et al. Poly (acrylic acid) - starch composites, a key for improving sizeability and desizeability of starch from cotton textiles ［J］. Starch, 1992, 44 (3): 101-107.

［19］ DENNENBERG R J, BOTHAST R J, ABBOTT T P. A new biodegradable plastic made from starch graft poly (methyl acrylate) copolymer ［J］. Journal of Applied Polymer Science, 1978, 22 (2): 459-465.

［20］ PATIL D R, FANTA G F. Graft copolymerization of starch with methyl acrylate, an examina-tion of reaction variables ［J］. Journal of Applied Polymer Science, 1993, 47 (10): 1765-1772.

［21］ TRIMNELL D, FANTA G F, SALCH J H. Graft polymerization of methyl acrylate onto granular starch: comparison of the Fe^{2+}/H_2O_2 and Ce^{4+} initiating systems ［J］. Journal of Applied Polymer Science, 1996, 60 (3): 285-292.

［22］ FANTA G F, TRIMNED D, SALCH J H. Graft polymerization of methyl acrylate-vinyl acetate mixtures onto starch ［J］. Journal of Applied Polymer Science, 1993, 49 (9): 1679-1682.

［23］ 沈艳琴, 尹思棉. 苎麻纱用淀粉—丙烯酸接枝共聚浆料的研制 ［J］. 棉纺织技术, 1998, 26 (11): 30-32.

［24］ 董薇, 刘永山. 淀粉与丙烯酸酯接枝共聚浆料的合成 ［J］. 辽宁化工, 2002, 31 (1): 11-13.

［25］ ZHU Z F, ZHOU Y Y, ZHANG W G. Synthesis and sizing properties of graft starches as warp sizing materials for polyester/cotton blend spun yarn ［J］. Journal of China Textile University (Eng. Ed), 1994, 11 (1): 22-30.

［26］ ZHU Z F, ZHOU Y Y, ZHANG W G, et al. The adhesive capacity of starch graft copolymers to polyester/cotton fiber ［J］. Journal of China Textile University (Eng. Ed), 1995, 12 (1): 28-35.

［27］ 祝志峰, 张文赓, 周永元. 接枝共聚单体与淀粉接枝共聚物上浆性能的研究 ［J］. 武汉大学学报 (自然科学版), 1995, 41 (4): 395-400.

［28］ 卓仁禧, 黄龙, 祝志峰. 乙烯基单体结构与淀粉接枝共聚物的接枝效率 ［J］. 武汉大学学报 (自然科学版), 1998, 44 (2): 163-166.

［29］ 李永红, 蔡永红, 张普玉. 淀粉接枝改性的研究进展 ［J］. 河北化工, 2005 (6):

5-8.

[30] CAZOTTI J C, FRITZ A T, GARCIA-VALDEZ O, et al. Graft Modification of Starch Nanoparticles Using Nitroxide-Mediated Polymerization and the " Grafting to" Approach [J]. Biomacromolecules, 2020, 21 (11): 4492-4501.

[31] ZHOU H J, ZHOU L, YANG X Y. Optimization of preparing a high yield and high cationic degree starch graft copolymer as environmentally friendly flocculant: Through response surface methodology [J]. Macromolecules, 2018, 118: 1431-1437.

[32] SINGH R, MAHTO V. Synthesis, characterization and evaluation of polyacrylamide graft starch/clay nanocomposite hydrogel system for enhanced oil recovery [J]. Petroleum Science, 2017, 14 (4): 765-779.

[33] WILHAM C A, MCGUIRE T A, RUDOLPHI A S, et al. Polymerization studies with allyl starch [J]. Journal of Applied Polymer Science, 1963, 7 (4): 1403-1410.

[34] BHUNIYA S P, RAHMAN M S, SATYANAND A J, et al. Novel route to synthesis of allyl starch and biodegradable hydrogel by copolymerizing allyl-modified starch with methacrylic acid and acrylamide [J]. Journal of Polymer Science: Part A: Polymer Chemistry, 2003, 41 (11): 1650-1658.

[35] FANG J M, FOWLER P A, HILL C A S. Studies on the grafting of acryloylated potato starch with styrene [J]. Journal of Applied Polymer Science, 2005, 96 (2): 452-459.

[36] 涂克华, 王利群, 王焱冰. 制备淀粉接枝共聚物的新方法 [J]. 高分子材料科学与工程, 2002, 18 (4): 147-150.

[37] LI M L, ZHU Z F, ZHANG L Q. Study on the preparation of allyl-modified starch in isopropyl/water medium for warp sizing [J]. Journal of Donghua University (Eng. Ed.), 2008, 25 (4): 400-404.

[38] RUBINSON K A, RUBINSON J F. 现代仪器分析 [M]. 北京: 科学出版社, 2003.

[39] KEMP W. Qualitative Organic Analysis: Spectrochemical Techniques [M]. London: McGraw-Hill Book Company (UK) Limited, 1986.

[40] MESHRAM M W, PATIL V V, MHASKE S T, et al. Graft copolymers of starch and its application in textiles [J]. Carbohydrate Polymers, 2009, 75 (1): 71-78.

[41] 童开发, 蒋启军, 梁吉春. 空间效应 [J]. 湖北民族学院学报 (自然科学版), 1994, 12 (2): 8-11.

[42] 蒋先明, 曹宪家. 引发淀粉接枝共聚的氧化还原体系 [J]. 淀粉与淀粉糖, 1993 (3): 45-51.

[43] 张斌, 周永元. 淀粉接枝共聚反应中引发剂的研究状况与进展 [J]. 高分子材料科学与工程, 2007, 23 (2): 36-40.

[44] DE A K, DUTTA B K, BHATTACHARJEE S. Reaction kinetics for the degradation of phenol and chlorinated phenols using fenton's reagent [J]. Environmental Progress, 2006, 25

（1）：64-71.

［45］ ZHANG B, ZHOU Y Y. Synthesis and characterization of graft copolymers of ethyl acrylate／acrylamide mixtures onto starch ［J］. Polymer Composites, 2008, 29 （5）：506-510.

［46］ 祝志峰. 浆料的混溶性与黏着性能 ［J］. 纺织学报, 2005, 26 （1）：120-122.

［47］ 祝志峰. 浆料黏附性能概述 ［J］. 棉纺织技术, 2006, 34 （2）：28-31.

［48］ ZHU Z F, CHEN P H. Carbamoyl ethylation of starch for enhancing the adhesion capacity to fibers ［J］. Journal of Applied Polymer Science, 2007, 106 （4）：2763-2768.

［49］ ZHU Z F, LIU Z J. Monophosphorylation of acid-thinned starch to enhance the quality of viscose yarns sized at reduced temperature ［J］. Starch／Staerke, 2009, 61 （3-4）：139-144.

［50］ 赵筛喜. CD-DF858 浆料取代 PVA 浆纱实践 ［J］. 天津纺织科技, 2018 （3）：53-55.

［51］ 郁晓冬. 环保浆料取代 PVA 对高支紧密纺纱上浆的实践 ［J］. 染整技术, 2016, 38 （4）：44-46.

［52］ ZHAO Y, XU H L, YANG Y Q. Development of biodegradable textile sizes from soymeal：A renewable and cost-effective resource ［J］. Journal of Polymers and the Environment, 2017, 25 （2）：349-358.

［53］ 孙宾宾, 焦文锡, 王明远. 用三乙胺催化合成丙烯酰氧基吲哚啉螺萘并噁嗪染料 ［J］. 合成材料老化与应用, 2009, 38 （3）：24-27.

［54］ 杨立华, 韩相恩, 吴玉彬, 等. 4-（2-丙烯酰氧乙氧基）苯甲酸-2-甲基对苯二酚酯的合成与液晶相研究 ［J］. 甘肃石油和化工, 2009, 23 （1）：18-20.

［55］ 王基夫, 吴红, 林明涛, 等. 丙烯酸氢化松香醇酯的合成和表征 ［J］. 精细化工, 2009, 26 （6）：599-604.

［56］ LI M L, ZHU Z F, JIN E Q. Graft copolymerization of granular allyl starch with carboxyl-containing vinyl monomers for enhancing grafting efficiency ［J］. Fibers and Polymers, 2010, 11 （5）：683-688.

［57］ LAI S M, DON T M, LIU Y H, et al. Graft polymerization of vinyl acetate onto granular starch：Comparison on the potassium persulfate and ceric ammonium nitrate initiated system ［J］. Journal of Applied Polymer Science, 2006, 102 （3）：3107-3027.

［58］ HEBEISH A, BELIAKOVA M K, BAYAZEED A. Improved synthesis of poly （MAA） -starch graft copolymers ［J］. Journal of Applied Polymer Science, 1998, 68 （10）：1709-1715.

［59］ 郭新丽, 张淑霞. 浆液黏度与上浆率的相关性 ［J］. 纺织学报, 1993, 14 （3）：43-44.

［60］ 郭腊梅. 高浓低黏浆料黏度与粘附力研究 ［J］. 东华大学学报（自然科学版）, 2001, 27 （1）：29-32.

［61］ ZHU Z F, CAO S J. Modifications to improve the adhesion of crosslinked starch sizes to fiber substrates ［J］. Textile Research Journal, 2004, 74 （3）：253-258.

第2章　接枝改性羽毛蛋白浆料

2.1　概述

随着纺织工业的发展，涤纶、锦纶、腈纶等化学纤维日益深入人们的生活之中，由于石油基产品的不可再生性及合成纤维织物穿着舒适度较差等原因，天然纤维织物的需求量和消耗量也呈现出逐年上升的趋势。纵观现有的经纱上浆材料，淀粉是最为重要的品种之一，约占纺织浆料消耗总量的70%。淀粉对天然纤维尤其是纤维素纤维的上浆性能佳，对环境友好。然而，世界性的"粮食危机"已日益严峻，国内的粮食价格近年来更是大幅增长，淀粉的价格也是水涨船高，"上浆不用粮"的需求又显得迫切起来。聚乙烯醇（PVA）的消耗量仅次于淀粉浆料，约占纺织浆料消耗总量的20%。由于PVA的生物可降解性极差，不利于环境保护，许多欧美国家已将其列为"不洁浆料"而禁止使用，我国的纺织浆料界近年来也开始大力倡导不用或少用PVA。作为三大浆料中用量最小的聚丙烯酸类浆料，虽然其浆膜的断裂伸长率较高，但浆膜强度却很低，被专业人士称为"柔而不坚"。此外，此类浆料的吸湿再粘现象十分严重，这些缺陷使得该浆料通常只能辅助其他主浆料以小比例混合使用。由于目前纺织上浆工业中所用主要浆料存在的上述问题，从可再生的农副产品中提取来源广泛、价格低廉的高分子材料作为现有主要浆料的替代品已成为当务之急，只有如此，才能顺应环保趋势，促进纺织工业的可持续发展。

羽毛是鸟类表皮细胞角质化的衍生物，占其体重的10%，其中蛋白质（主要是角蛋白）的质量分数在80%以上。据粗略估计，中国每年家禽加工业以及羽绒制造业所产生的羽毛副产物在100万吨以上。令人遗憾的是，这笔丰富的可再生资源常被人们忽略而当作垃圾处理。如果将这笔丰富的资源进行接枝聚合改性，解决其水分散或水溶性问题后用作纺织浆料使用，既可以获得大量具有较高附加值的羽毛蛋白（FK）浆料，又可以避免焚烧或填埋这些副产物（如鸡毛、禽类羽毛梗）时给环境带来的不利影响。在此背景下，深入探讨羽毛废物在纺织浆料方面的开发和应用，如果能够实现羽毛副产物的"变废为宝"，无疑会产生巨大的经济效益和社会效益。

2.2　国内外研究现状

总体而言，国内外对于农副业中产生的羽毛副产物的开发利用程度尚浅，这就导致了绝大多数羽毛被当作垃圾而丢弃，只有极少量的羽毛经水解后作为复合材料、再生纤维、膜材等使用。

　　张旭采用低共熔剂和去离子水组成的溶解体系溶解提取出羽毛角蛋白（FK），将 FK 与丝素蛋白（SF）溶液共混，以十六烷基三甲基溴化铵（CTAB）作为凝胶剂，采用冷冻干燥技术制备 FK/SF 多孔复合材料，并对材料进行乙醇处理。通过调节 CTAB 浓度、丝素浓度、冷冻温度，研究其对复合材料结构性能的影响。结果表明，添加 CTAB 对 FK/SF 多孔复合材料的分子构象和热学性能不会产生明显影响，但会导致复合材料结晶结构发生变化；随着 CTAB 浓度的提高，FK/SF 多孔复合材料的孔径逐渐减小，孔密度逐渐增加，孔隙率逐渐减小，对常用染料亚甲基蓝（MB）的去除率呈下降趋势，而压缩强度逐渐增大；经乙醇处理后，材料中无规则卷曲构象向 β-折叠结构转变，材料的抗水溶性明显增强，热学性能和力学性能提高；随着丝素浓度的提高，FK/SF 多孔复合材料的孔径逐渐减小，孔隙率不断下降，孔密度逐渐增加，压缩强度逐渐增大，对 MB 的去除率则呈先上升后下降的趋势；随着冷冻温度的降低，FK/SF 多孔复合材料的孔径逐渐缩小，孔密度和孔隙率均逐渐增加，对 MB 的去除率逐渐增加，而压缩强度没有发生明显变化。

　　窦瑶采用还原剂硫化钠，从鸡毛中提取羽毛角蛋白（FK）。以甘油作为增塑剂，通过热压成型法，制备出均匀半透明的热压羽毛角蛋白膜（FGL）。研究热压羽毛角蛋白膜的成型机理、化学结构、二级结构和晶态结构。甘油和水作为协同增塑剂，与 FK 分子中的极性基团形成氢键，削弱了蛋白质分子中的非共价键作用，使蛋白质分子内自由体积增大，肽链的移动性提高，从而降低了 FK 的玻璃化温度；高温高压改善了甘油和 FK 分子间的相容性，强化了甘油对蛋白质的塑化作用，抑制了聚合物的结晶行为，改善了 FK 的可加工性。FGL 的二级结构中主要有 β-折叠、β-转角和无规卷曲结构。随着甘油含量的增加，FGL 中 β-折叠的含量增多，而 β-折叠微晶含量则减少，是一种典型的无定形材料。

　　李翔宇将羽毛角蛋白（FK）通过改变尿素、偏重亚硫酸钠和十二烷基硫酸钠（SDS）的配比得到不同的 FK 溶解液，从而获得了 FK 溶液和 FK 再生物两类不同性质的成丝原材料，并分别将其制为成丝纤维。通过实验发现，FK 溶液的黏度在 40~100000cp 之间变化，而 FK 再生物的黏度范围为 200000~400000cp。同时通过测定羽毛、FK 溶液和 FK 再生物的红外光谱图，利用软件分析，得到了三者红外谱图的隐峰，并由此发现三者二级结构的不同，发现 β-折叠在羽毛和 FK 再生物的优势存在，分别达到了 45.2%、50.8%，而 FK 溶液以 α-螺旋为优势，达到 411.8%。FK 溶液在转变为角蛋白交联物的过程中，α-螺旋含量降低，β-折叠增多，发生了 α-螺旋向 β-折叠的转变。通过对 FK、FK 溶液、FK 再生物的热重分析，发现经处理之后，角蛋白主要的失重温度发生在 100~400℃。同时发现，冷冻干燥之后的 FK 再生物比经同样处理的 FK 溶液有更好的热稳定性。

　　刘畅采用化学还原法提取羽毛中的角蛋白，并利用其中不溶性蛋白残渣制备角蛋白海绵膜，避免了二度浪费，提高了还原法对角蛋白的利用率。制备的角蛋白残渣海绵膜表面平整，质地膨松，断裂强度为 5.4MPa，兼具良好的柔韧性和弹性。SEM 显示膜结构稳定，不溶于水，具有丰富的孔隙结构，是一种潜在的吸附剂。FTIR 说明角蛋白海绵膜的二级结构中含有较多的 β-折叠结构和无规卷曲结构。XRD 表明比起原料羽毛，角蛋白海绵膜中

α-螺旋结构明显减少，β-折叠结构数目增多且角蛋白结晶度变小。TGA 测试结果表示角蛋白海绵膜的热稳定性略低于羽毛，高于 200℃ 海绵膜便开始发生热解反应。SDS-PAGE 测得提取的角蛋白分子量分布主要集中在 10~15kDa，可大致推得角蛋白海绵膜的分子量在此范围之上。

近年来，一些专家学者采用接枝聚合反应的手段对羽毛蛋白进行化学改性，扩大了羽毛蛋白产品的应用领域。萨斯特里（Sastry）等将甲基丙烯酸羟乙酯单体接枝到羽毛蛋白分子上，制得了接枝率为 32% 的接枝改性羽毛蛋白，并将其用作肥料的组分之一。马丁内斯-埃尔南德斯（Martinez-Hernandez）等将甲基丙烯酸甲酯接枝到羽毛蛋白分子上，得到接枝率为 80% 的接枝改性羽毛蛋白，此种接枝产物可被用作复合材料的增强材料。

靳（Jin）等以过硫酸钾—亚硫酸氢钠为氧化还原引发体系，依据自由基聚合的基本原理，将丙烯酸甲酯接枝到经过预处理的羽毛蛋白上，得到接枝率约为 35% 的接枝改性羽毛蛋白。研究结果表明，接枝到羽毛蛋白上的聚丙烯酸甲酯接枝支链可以极大提升羽毛蛋白的热塑性，并在热压机上将接枝改性羽毛蛋白粉压制成了膜材。之后，金（Jin）等又将具有不同分子结构的丙烯酸酯类单体接枝到羽毛蛋白上，研究探讨了丙烯酸酯类单体的分子结构对接枝改性羽毛蛋白热塑性膜材的热学、力学及耐水性能的影响。结果表明，当接枝单体为甲基丙烯酸丁酯时，所制备的接枝改性羽毛蛋白热塑性良好，柔韧性及耐水性能俱佳。

尹国强等以羽毛蛋白和丙烯酸单体为基本原料，N，N'-亚甲基双丙烯酰胺为交联剂，硫酸钾—亚硫酸氢钠氧化还原体系为引发剂，采用溶液聚合法制备了羽毛蛋白—丙烯酸接枝共聚物，并研究了所制备的接枝改性羽毛蛋白的吸水性。研究结果表明，该接枝改性羽毛蛋白在去离子水中的饱和吸水倍率可达 559g/g，在 0.9% NaCl 溶液和人工尿液中的吸水倍率分别为 69g/g 和 61g/g，均高于聚丙烯酸树脂，是一种性能优异的高吸水性树脂。之后，尹国强等又将丙烯酸、丙烯酰胺两种亲水性单体同时接枝到羽毛蛋白上，得到的羽毛蛋白接枝共聚物的各项吸水倍率均高于相同条件下制备的羽毛蛋白—丙烯酸接枝共聚物，此种高吸水性树脂可用于妇婴卫生用品，且生物可降解性能优异。

经纱上浆工序是在水系中完成的，因此，一种聚合物能作为纺织浆料的使用前提是具备良好的水溶性或水分散性，天然羽毛蛋白难以用作纺织浆料正是由于其较差的水溶性。2013 年，美国学者雷迪（Reddy）等首先提出将羽毛蛋白运用于纺织浆料。为了使羽毛蛋白溶于水，Reddy 等在配制浆液时，向水中加入了高浓度的碱液以溶解羽毛蛋白。须指出的是，加碱会使蛋白质水解成为分子量较低的多肽甚至小肽，进而降低羽毛蛋白浆料的内聚强度，损害其上浆使用性能。另外，高浓度的碱液必然会对一些惧碱性纤维（如羊毛、蚕丝）的力学性能造成较大损伤，因此对羽毛蛋白可浆纱线的品种适应性造成了极大限制。

为了避免因加碱溶解羽毛蛋白而产生的问题，从 2014 年起，Jin 等为克服中性条件下羽毛蛋白的水溶性难题而进行了深入的研究。在 $K_2S_2O_8/NaHSO_3$ 氧化还原体系的引发作用下，将不同量的亲水性乙烯基单体丙烯酸接枝到天然羽毛蛋白的分子链上，制备出具有不同接枝率且在中性条件下可较好地溶于水的羽毛蛋白—丙烯酸接枝共聚物浆料。分别采用天然羽毛蛋白与接枝羽毛蛋白对纯棉经纱进行了上浆试验，测试了浆纱的强伸性、耐磨性及毛羽数量。结果表明，对羽毛蛋白进行接枝改性可显著提高其浆纱性能，与纯棉原纱相比，当选择接枝率为 29.72% 的羽毛蛋白—丙烯酸接枝共聚物作为上浆材料时，浆纱的强度提高了 24.56%，耐磨次数达到原纱的近 4 倍，毛羽数量也大为降低。李（Li）等制备出的羽毛蛋白—丙烯酸接枝共聚物对天然纤维纱线（如棉、毛）的使用性能良好，然而对合成纤维纱线的上浆效果却不理想。例如，涤纶是合纤中的重要品种之一，生产量和消耗量居于各类合纤之首，但其结晶度高，缺少极性基团，疏水性强，当前开发出的羽毛蛋白浆料并不适用于此类合纤纱线。针对此问题，考虑到涤纶纤维分子链中包含大量的酯基，项目组依据扩散理论中的"相似相容原理"，Li 等又将具有不同分子结构的丙烯酸酯类单体和亲水性单体丙烯酸以不同的摩尔比接枝到羽毛蛋白的分子链上，制备出一系列具有不同分子结构的羽毛蛋白—丙烯酸—丙烯酸酯三元接枝共聚物，确立了具有较高接枝效率的改性羽毛蛋白的合成工艺路线，将羽毛蛋白的上浆对象由前期研究中的天然纤维纱线拓展至合成纤维纱线。

2.3 接枝羽毛蛋白浆料的制备方法

2.3.1 天然羽毛蛋白的提取

目前，工业界通常采用烧碱法从羽毛中提取蛋白。将洗净、粉碎、过筛的羽毛粉加入三颈烧瓶中，进行 NaOH 水解。水解条件：浴比 1∶15，NaOH 用量占羽毛干重的 8%，水解温度 75℃，水解时间 2h，机械搅拌器转速 140r/min。碱水解后，高速离心分离羽毛溶液。分离上层清液，将稀 HCl 加入清液中，滴加至角蛋白的等电点（pH = 4.0），冷冻干燥获得羽毛蛋白。

2.3.2 接枝羽毛蛋白的制备

2.3.2.1 反应原理

图 2-1 以 $K_2S_2O_8$ 和 $NaHSO_3$ 为例，描述了羽毛蛋白与乙烯基单体的接枝共聚反应原理。图中的链引发部分显示，初级自由基由 $K_2S_2O_8$ 和 $NaHSO_3$ 的氧化还原反应产生。羽毛蛋白的分子链上有许多官能团，如—OH、—NH_2、—COOH 和—SH。上述官能团上的活泼氢在被夺取后形成活性位点，所形成的角蛋白大分子自由基继续引发与乙烯基单体进行接枝共聚反应，接枝支链得以增长。图 2-1 也描述了加入终止剂（以对苯二酚为例）后接枝支链的终止过程。

2.3.2.2 接枝羽毛蛋白的合成

将天然羽毛蛋白与适量蒸馏水混合形成蛋白粉悬浊液并倒入四颈烧瓶内，使用搅拌器将该悬浊液搅拌均匀并缓慢加热。当悬浊液温度达到 60℃ 时，向烧瓶中滴加稀醋酸调节 pH 至 4.0。以丙烯酸（AA）和丙烯酸甲酯（MA）作为亲水性和疏水性乙烯基单体代表，用 4 个滴

（1）链引发

$$S_2O_8^{2-} + HSO_3^- \longrightarrow SO_4^- \cdot + HSO_3 \cdot + SO_4^{2-}$$

$$SO_4^- \cdot + H_2O \longrightarrow SO_4^{2-} + H^+ + HO \cdot$$

羽毛蛋白—H + $SO_4^- \cdot$/$HSO_3 \cdot$/$HO \cdot$ $\longrightarrow$ 羽毛蛋白·

羽毛蛋白· + M $\longrightarrow$ 羽毛蛋白—M·

（2）链增长

羽毛蛋白—M· + M $\longrightarrow$ 羽毛蛋白—M—M·

羽毛蛋白—M—M· + M $\longrightarrow$ 羽毛蛋白$\left[M \right]_2$M·

……

羽毛蛋白$\left[M \right]_{n-1}$M· + M $\longrightarrow$ 羽毛蛋白$\left[M \right]_n$M·

（3）链终止

羽毛蛋白$\left[M \right]_m$M· + 羽毛蛋白$\left[M \right]_n$M· $\longrightarrow$ 羽毛蛋白$\left[M \right]_m$M + 羽毛蛋白$\left[M \right]_n$M

羽毛蛋白$\left[M \right]_m$M· + 羽毛蛋白$\left[M \right]_n$M· $\longrightarrow$ 羽毛蛋白$\left[M \right]_{m+n+2}$羽毛蛋白

采用对苯二酚终止剂，2种链终止反应

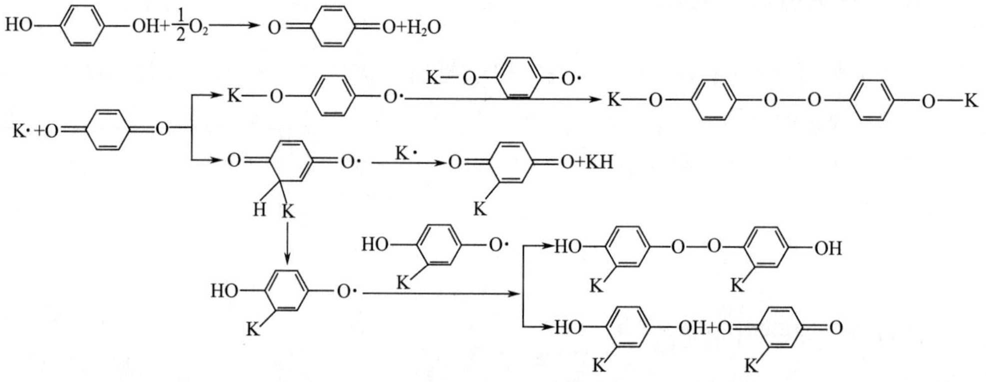

图2-1 羽毛蛋白与乙烯基单体的接枝共聚反应

羽毛蛋白—H 中的 H 指—OH，—NH$_2$，—COOH，—SH 中的氢原子；M 指乙烯基单体；K 指羽毛蛋白$\left[M \right]_n$M

液漏斗分别向烧瓶中同时滴加 $K_2S_2O_8$ 溶液、$NaHSO_3$ 溶液、AA/MA 接枝单体，浴比为 1:7，反应体系中 $K_2S_2O_8$ 浓度为 0.078mol/L，$K_2S_2O_8$/$NaHSO_3$ 的摩尔比为 2:3。在氮气环境下反应 3.5h 后，加入对苯二酚溶液终止接枝共聚反应。关闭氮气，继续搅拌约 15min，再将接枝羽毛蛋白悬浊液多次抽滤，经冷冻干燥后获得羽毛蛋白接枝共聚物。

2.4　羽毛蛋白的结构表征

2.4.1　天然羽毛蛋白与接枝羽毛蛋白的 FTIR 图谱分析

天然羽毛蛋白（曲线 a）及羽毛蛋白—丙烯酸接枝共聚物（曲线 b）的红外光谱如图 2-2 所示。分析 FTIR 图谱可知，除保留有天然羽毛蛋白的特征吸收峰外，接枝羽毛蛋白在 1740cm^{-1} 附近出现的特征吸收峰显著增强，而此吸收峰对应的正是羧基上羰基的伸缩振动，这就证实了接枝支链（即 PAA）上羧基的存在。另外，接枝羽毛蛋白在约 3360cm^{-1} 处羟基的伸缩振动特征峰的强度减弱，这是由于羽毛蛋白分子链上的羟基上的活泼氢被夺去，取而代之的是接枝支链，这也是丙烯酸成功接枝到羽毛蛋白分子链上的佐证。

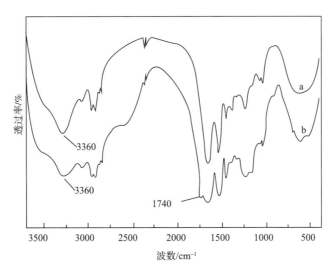

图 2-2　天然 FK 和 FK-g-PAA 的 FTIR 谱图

a—天然 FK　b—FK-g-PAA

2.4.2　天然羽毛蛋白与接枝羽毛蛋白的核磁共振 H 谱分析

天然羽毛蛋白、FK-g-PAA 以及 FK-g-P（AA-co-MA）三元接枝共聚物的核磁共振 H 谱如图 2-3 所示。分析可知，除保留 DMSO 的溶剂峰（2.5ppm）、溶剂中的 H$_2$O 峰（3.3ppm）及天然羽毛蛋白所特有的化学位移峰（如 1.4~2.3ppm 处烷基的质子峰和 6.5~7.2ppm 处肽键的质子峰）外，接枝羽毛蛋白的分子结构中还包含了新的链节。如图 2-3（b）所示，在 12.2ppm 处出现的化学位移峰对应的正是羧基的质子峰，而图 2-3（c）中除包括图 2-3（b）中全部的化学位移峰外，在约 3.5ppm 处还出现了一个新的化学位移峰，此峰对应的是甲酯基的质子峰，这就表明 PAA 与 PMA 支链已被接枝到羽毛蛋白的分子主链上。另外，1.4~2.3ppm 范围内烷基质子峰峰强的增大也可作为 PAA 与 PMA 支链接枝到羽毛蛋白上的佐证。

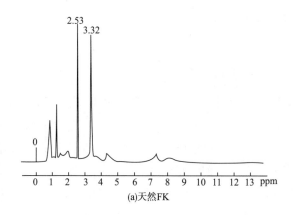

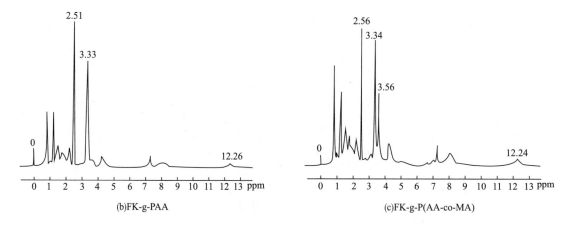

图 2-3　天然 FK、FK-g-PAA 和 FK-g-P（AA-co-MA）的核磁共振 H 谱图

2.5　不同接枝率改性羽毛蛋白的使用性能

2.5.1　单体浓度对接枝参数的影响

　　丙烯酸单体浓度对 FK-g-PAA 单体转化率和接枝率的影响如图 2-4 所示。随着单体浓度的增加，单体转化率先增加后趋于平稳，接枝率保持逐渐增加的趋势。

　　单体转化率的最初增加主要是由于自由基聚合反应平衡常数的恒定性。一般来说，较高的单体浓度可以使接枝聚合和均聚反应都朝着正方向进行。故增加 AA 的浓度可以增加 PAA 物质的量，同时包括接枝支链和均聚物。结果，单体浓度越高，接枝率就越高。此外，PAA 浓度的增加导致反应体系的黏度增加，黏度的增加阻碍了链的终止，尤其是增长中的 PAA 链的偶合终止，上述因素导致了单体转化率的初始增加。然而，随着 PAA 分子链长度的增加，反应体系的熵值和稳定性增加。当添加过量的 AA 时，PAA 分子链的增长难度极大。因此，

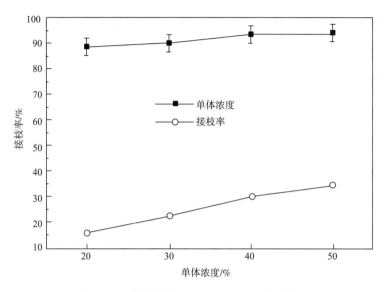

图 2-4　不同单体浓度下 FK-g-PAA 的接枝率

当 AA 浓度达到 50% 时，单体转化率趋于平稳，未出现进一步提高。

2.5.2　接枝羽毛蛋白的水溶性

表 2-1 显示了具有不同接枝率的改性羽毛蛋白在中性条件下的水溶性。天然羽毛蛋白在中性条件下不溶于水，而接枝聚合改性是赋予羽毛蛋白水溶性的有效途径。不同接枝率的 FK-g-PAA 样品在不同时间内均能够溶解在水中。随着接枝率的增加，接枝羽毛蛋白的水溶性和溶解稳定性最初增加，当接枝率为 29.72% 时达到最大值，然后略有下降。

表 2-1　接枝率对改性羽毛蛋白水溶性、表观黏度及其稳定性的影响

FK-g-PAA 接枝率/%	水溶性	水溶稳定性	表观黏度/(mPa·s)	黏度稳定性/%
15.81	+	+	2.70	92.59
22.13	++	++	2.75	93.58
29.72	+++	+++	3.25	93.80
34.27	++	+	3.65	95.35

注　"+"越多，水溶性和水溶稳定性越佳。

特殊而复杂的分子结构使天然羽毛角蛋白难以溶于水。角蛋白是由处于 α-螺旋或 β-折叠构象的平行的多肽链组成的不溶于水的起着保护或结构作用的蛋白质，属于纤维蛋白的一种。羽毛角蛋白含有大量半胱氨酸，其中二硫键在肽链之间形成了大量交联点，此种交联结构极大限制了羽毛蛋白在水中的溶解。

接枝聚合改性可以将 PAA 支链引入羽毛蛋白的分子链上。在 FK-g-PAA 的接枝支链上有许多带负电荷的亲水性羧基，通过接枝改性，羽毛蛋白上羧基的量得以增加，因而显著增加了羽毛角蛋白分子的极性以及角蛋白分子与水之间的相互作用。此外，PAA 支链的引入能够提高改性羽毛角蛋白的支化程度。支化程度的增加可以拓宽角蛋白的分子间距离，降低角蛋白的分子间作用力。这两个因素使得具有适宜接枝率修饰的角蛋白表现出良好的水溶性。然而，当单体浓度过高时，在接枝聚合反应过程中，接枝支链之间可能发生轻度交联，从而降低接枝聚合物的水溶性。因此，当接枝率超过 29.72% 时，改性羽毛蛋白的水溶性转而开始降低。

2.5.3 浆液表观黏度及其稳定性

接枝改性对羽毛蛋白浆液的表观黏度和黏度稳定性的影响见表 2-1。随着接枝率的增加，接枝羽毛蛋白浆液的表观黏度和稳定性都保持增加。

天然羽毛角蛋白只有在碱性溶液中才能很好地溶解。然而，在碱性溶液中的溶解与中性条件下接枝羽毛角蛋白的溶解有很大不同。在碱性溶液中的溶解不可避免地伴随着角蛋白的水解。因此，角蛋白的大分子链被碱切割成小分子肽链。通常，对于同一类浆料而言，分子量越小，浆液的表观黏度越低。由于加热和剧烈搅拌的缘故，接枝羽毛角蛋白浆液的表观黏度也随着时间的推移呈下降趋势。在加热条件下，接枝羽毛角蛋白分子链的热运动增加，分子间作用力减小。同时，由于连续的剪切作用，接枝角蛋白的分子链沿流动方向定向排列并解除相互间的缠结。此外，加热和剧烈搅拌导致接枝共聚物分子构象的变化和物理交联的断裂。因此，接枝羽毛角蛋白浆液的黏度随着时间的推移而持续降低。

如前文所述，接枝到羽毛蛋白的 PAA 支链上包含了大量羧基，带负电荷的羧基之间的静电排斥有助于角蛋白大分子线圈的松弛和延伸。羧基赋予角蛋白的亲水性显著增加，增强了接枝聚合物和水分子间的作用力，这有利于浆液表观黏度及其稳定性的增加。此外，在接枝率超过一定的数值后，改性羽毛角蛋白的接枝支链之间发生的轻度交联也有助于提高表观黏度及其稳定性。浆液的黏度稳定性在上浆操作中发挥了重要作用，较高的浆液黏度稳定性有利于获取稳定的上浆率。

2.5.4 对纤维的黏附性

接枝改性对羽毛蛋白与纯棉和羊毛纤维黏附性的影响分别如图 2-5 和图 2-6 所示。随着接枝率的增加，羽毛蛋白与棉纤维、羊毛纤维的黏附力先有所增加，当接枝率为 29.72% 时达到最大值，此后黏附力开始下降。棉纤维黏附力的下降幅度远大于羊毛纤维黏附力下降幅度。

在上浆过程中，浆液在纤维表面的润湿和铺展能力形成了浆料与纤维相黏合的基础。如前文所述，FK-g-PAA 的亲水性和水溶性在适当范围内随着接枝率的增加而提升。因此，浆液在纤维上的润湿和铺展得到了改善。FK-g-PAA 与纤维的黏附性随之增加。然而，过高的接枝率导致角蛋白大分子之间发生轻度交联，使 FK-g-PAA 水溶性转而降低。水溶性的降低对浆液的铺展产生了不利影响，并导致不完全润湿，这可能导致界面缺陷及发生在其上的应力集中现象。因此，过度接枝反而导致 FK-g-PAA 与纤维的黏附性降低。

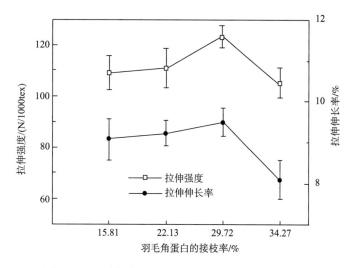

图 2-5 不同接枝率 FK-g-PAA 对纯棉纤维的黏附性

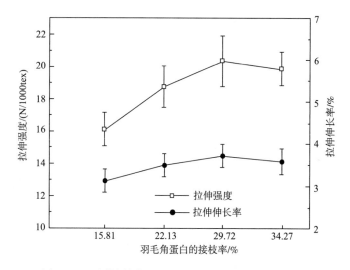

图 2-6 不同接枝率 FK-g-PAA 对羊毛纤维的黏附性

与纺纱前经过洗毛处理的羊毛纤维相比，棉纤维表面存在大量疏水性杂质（如棉蜡）。因此，浆液润湿棉纤维比润湿羊毛纤维更加困难。过度接枝改性后，接枝羽毛蛋白浆液对棉纤维润湿和铺展能力的降低也就更加显著。

2.5.5 浆纱力学性能与毛羽贴服性能

接枝改性程度对纯棉浆纱力学性能与毛羽贴服性能的影响分别见表 2-2 和表 2-3。由表可知，随着改性羽毛蛋白接枝率的增加，浆纱的断裂强度逐步增加，浆纱的保伸性及耐磨性则呈现出先增大后减小的趋势，当改性羽毛蛋白的接枝率为 29.72% 时，浆纱的综合力学性能较高，浆纱的毛羽数量则随着接枝率的增加而逐渐降低。

表 2-2　经接枝改性羽毛蛋白上浆后纯棉经纱的强伸及耐磨性能

FK-g-PAA 接枝率/%	上浆率/%	增强率/%	减伸率/%	耐磨次数
15.81	10.09	18.12	23.49	74
22.13	10.08	21.34	23.21	117
29.72	10.86	24.56	14.49	129
34.27	11.19	29.79	28.55	113

注　原纱的拉伸断裂强力为 3.43N，断裂伸长率为 7.11%，耐磨次数为 33 次。

表 2-3　纯棉原纱与浆纱上不同长度的毛羽数量

FK-g-PAA 接枝率/%	3~4mm 毛羽数量	4~5mm 毛羽数量	5~6mm 毛羽数量	6~7mm 毛羽数量	7~8mm 毛羽数量	8~9mm 毛羽数量
原纱	84.8	26.4	11.9	5.9	3.7	1.8
15.81	30.4	15.7	9.0	4.5	1.6	0.2
22.13	20.2	8.8	4.6	2.2	1.0	0.1
29.72	14.3	6.4	4.1	0.5	0.4	0
34.27	8.4	5.3	3.3	0.4	0.1	0

棉纤维表面通常有棉蜡的存在，而棉蜡属于疏水性物质。然而，蜡质一般不可能将棉纤维包覆完全，另外，现代浆纱工程大都在热水中（≥60℃）进行，蜡质在热水中或多或少会有所熔化进而部分消退，故浆液与棉纤维直接接触的机会很大。随着改性羽毛蛋白接枝率的增加，接枝支链上羧基的数量随之增加，改性蛋白的亲水性与水溶性均得到提升，浆液更易于在纤维表面进行润湿和铺展，浆料对棉纤维的黏附性得到增强，故浆纱的强伸度与耐磨性逐步增加。然而，当接枝率过高时，改性羽毛蛋白大分子间会发生交联，分子量增大，分子间相互滑移难度变大，宏观上表现为羽毛蛋白胶层的力学强度增加，而柔韧性变差。浆纱的耐磨性与浆料的内聚力、强伸度与韧性密切相关，羽毛蛋白大分子交联度过大会导致浆纱的断裂伸长大幅下降，最终引发浆纱耐磨性的降低，表 2-2 中的结果也印证了这一点。当改性羽毛蛋白的接枝率达到 34.27% 时，浆纱强度虽有提高，但其保伸性与耐磨性已经出现下降。总体而言，浆纱的力学性能在改性羽毛蛋白的接枝率为 29.72% 较为优异。

因为分子量等内在因素的影响，仅凭目前的技术水平很难将羽毛蛋白浆料的表观黏度提高到常用浆料的黏度水平（如企业使用的常规氧化淀粉、酸解淀粉浆液的黏度一般为 6~20mPa·s），这无疑限制了羽毛蛋白浆液对纱线上毛羽的贴服能力，故如何进一步提高接枝羽毛蛋白浆液的表观黏度也将成为浆纱工作者今后要解决的重点问题之一。就表 2-3 的数据而言，当改性羽毛蛋白浆料的接枝率在 15.81%~34.27% 时，浆液的黏度持续增加，故纯棉经纱的毛羽贴服效果随接枝率的增加而有所改善。

2.6　FK-g-PAA 与明胶共混浆的使用性能

2.6.1　共混浆概述

接枝羽毛蛋白作为一种新型的蛋白质浆料虽具有价格低廉、对环境友好的优势，但在使用性能方面，仍然存在浆膜脆而易碎，浆纱耐磨性不佳等缺点。工业明胶来源广泛，生物可降解性好，也适于低温上浆，浆纱的强度及耐磨性优良，是纺织上浆领域中最常用的蛋白质浆料之一。但是，由于明胶大分子结构的原因，致使其存在浆液浸透性差、落浆较多及吸水性过强等问题。从提高棉纱的上浆质量、节约生产成本和保护环境三个角度出发，选用接枝羽毛蛋白和明胶浆料共混上浆可以弥补各自的缺陷，发挥协同优势。本节将 FK-g-PAA 和明胶浆料以不同的质量比共混对纯棉纱线进行上浆试验，探究二者的共混比对纯棉浆纱质量的影响，以期确定合理的共混浆配方，更大程度地发挥接枝改性羽毛蛋白这种新型生物基浆料的特有优势，使其得以进一步推广使用。

2.6.2　共混比对共混浆黏附性与浆膜力学性能的影响

FK-g-PAA/明胶浆料的质量比对共混浆与棉纤维间的黏附性及浆膜力学性能的影响见表 2-4。随着接枝羽毛蛋白所占比重的增加，共混浆对棉纤维的黏附性逐渐提高，而浆膜的拉伸断裂强度和伸长率则均呈现显著降低的趋势。

表 2-4　FK-g-PAA/明胶共混比对共混浆黏附性与浆膜力学性能的影响

浆料类型	黏附测试中粗纱的断裂强力/N	黏附测试中粗纱的断裂伸长率/%	浆膜的断裂强度/（N/mm²）	浆膜的断裂伸长率/%
纯明胶	67.8	8.18	38.4	3.16
FK-g-PAA/明胶混合浆料［60/40（质量分数）］	77.3	10.34	19.6	1.70
FK-g-PAA/明胶混合浆料［65/35（质量分数）］	78.2	10.49	12.3	1.08
FK-g-PAA/明胶混合浆料［70/30（质量分数）］	80.0	10.60	12.2	1.00
FK-g-PAA/明胶混合浆料［75/25（质量分数）］	85.5	10.74	9.70	0.74
纯 FK-g-PAA	86.0	10.82	5.10	0.39

注　纯棉粗纱的线密度为 658tex，FK-g-PAA 的接枝率均为 29.7%，表 2-5 和表 2-6 同。

接枝羽毛蛋白与天然羽毛蛋白相比，其显著优势是能在中性条件下溶解于水，优势产生的原因在于羽毛蛋白经接枝共聚改性后，其分子链上包含了聚丙烯酸接枝支链，这些支链上具有大量的羧基。羧基属亲水性较强的极性基团，大量羧基的存在使得羽毛蛋白无需加碱也可溶解于水，因此有效避免了碱对羽毛蛋白的水解作用，防止蛋白质降解为多肽甚至小肽，使得羽毛蛋白材料的内聚强度不至大幅降低。另外，依据扩散理论中的"相似相容原理"，接枝亲水性单体丙烯酸除能赋予羽毛蛋白水溶性或良好的水分散性之外，引入的羧基还能与棉纤维分子上的羟基形成氢键，有利于二者间黏附性的提高。接枝羽毛蛋白由于引入了大量羧基，其所含极性基团的数量显著多于明胶，故接枝羽毛蛋白所占比重越大，大分子中羧基含量越高，氢键作用随之增强，共混浆对棉纤维的黏附性越好。

明胶的大分子中主要包含甘氨酸、丙氨酸、脯氨酸以及羟脯氨酸，这四类氨基酸的水溶性佳，使明胶在50℃以上的温水中即能较好地溶解。羽毛蛋白是一种分子结构复杂的纤维蛋白，含有大量的胱氨酸，其所占比重约为4.65%，而胱氨酸中的二硫键会在肽链之间形成交联，交联结构的存在不可避免地会对接枝羽毛蛋白的水溶性造成不利影响。因此，在中性条件下接枝羽毛蛋白虽已有别于天然羽毛蛋白，具备了一定的水溶性，可是与明胶相比仍存在较大差距。一般来说，一种浆料的水溶性越好，其浆液在干燥后形成的浆膜就越发完整、连续而均匀。纯明胶浆膜完整而均一，少有裂纹；纯羽毛蛋白浆膜龟裂多而不完整，质地脆而易碎。以上原因导致共混浆中接枝羽毛蛋白的比重越大，所形成浆膜的力学性能越差。

2.6.3 共混比对共混浆浆纱性能的影响

FK-g-PAA/明胶浆料的质量比对纯棉浆纱力学性能和毛羽数量的影响分别见表2-5和表2-6。随着接枝羽毛蛋白所占比重的增加，浆纱的断裂强度和伸长率呈现递增的趋势，毛羽数量亦显著减少，而耐磨性则出现了显著的降低。

表2-5 FK-g-PAA/明胶共混比对纯棉浆纱力学性能的影响

浆料类型	上浆率/%	增强率/%	减伸率/%	耐磨次数
纯明胶	9.87	12.55	25.48	499
FK-g-PAA/明胶混合浆料 [60/40（质量分数）]	9.86	14.01	25.24	391
FK-g-PAA/明胶混合浆料 [65/35（质量分数）]	9.74	17.44	23.37	294
FK-g-PAA/明胶混合浆料 [70/30（质量分数）]	10.11	18.90	17.82	202
FK-g-PAA/明胶混合浆料 [75/25（质量分数）]	10.08	20.99	15.07	157
纯FK-g-PAA	10.55	23.30	14.01	108

注 原纱的断裂强力为2.88N，断裂伸长率为7.10%，耐磨次数为76次。

表 2-6　FK-g-PAA/明胶共混比对纯棉浆纱不同长度毛羽数量的影响

浆料类型	3~4mm 毛羽数量	4~5mm 毛羽数量	5~6mm 毛羽数量	6~7mm 毛羽数量	7~8mm 毛羽数量	8~9mm 毛羽数量
无（原纱）	96.0	35.6	19.8	7.0	2.4	1.0
纯明胶	47.2	17.0	3.6	1.0	0.5	0.4
FK-g-PAA/明胶混合浆料［60/40（质量分数）］	24.2	3.4	2.4	0.8	0.4	0.4
FK-g-PAA/明胶混合浆料［65/35（质量分数）］	12.6	2.8	1.2	0.8	0.2	0.2
FK-g-PAA/明胶混合浆料［70/30（质量分数）］	9.0	3.0	1.4	0.6	0.2	0.1
FK-g-PAA/明胶混合浆料［75/25（质量分数）］	3.0	2.4	1.2	0.7	0.1	0.1
纯 FK-g-PAA	2.5	2.0	1.0	0.5	0.1	0

表 2-4 显示，接枝羽毛蛋白所占比重越大，共混浆对棉纤维的黏附性越好，浆料与纤维之间黏合得越牢固，浆纱抵御外力拉伸破坏的能力也就越强。另外，就同一类型的聚合物而言（如蛋白质），其平均分子量越大，材料的内聚强度一般越高。羽毛蛋白的分子量（45000~116000）要高于明胶（50000~60000），其在纤维间形成胶层的内聚强度也就大于明胶。以上两个原因决定了接枝羽毛蛋白比重的增加有利于纯棉浆纱的增强与保伸。

浆纱的耐磨性反映了经纱上浆后抵抗摩擦的能力，影响浆纱耐磨性的因素较多，其中，浆膜的机械力学性能直接关系到浆纱耐磨性的优劣。由表 2-4 可知，明胶所占比重越大，共混浆所成浆膜的力学性能越佳，纯明胶浆膜的断裂强度和断裂伸长率都已达到纯羽毛蛋白浆膜的 7 倍以上，具有良好强度及韧性的明胶浆膜因而可在经纱上形成更加坚固的披覆层，从而提升浆纱抵御磨损的能力。故明胶组分所占比重越大，浆纱的耐磨次数越多。

接枝羽毛蛋白接枝支链上的羧基与纤维素纤维上的羟基同属极性较强的基团，依据"相似相容原理"，二者易于形成氢键，因而接枝羽毛蛋白对棉纤维具有良好的黏附作用，其浆液更容易浸透入纱线内部。接枝羽毛蛋白使用的比例增加后，共混浆液对纯棉经纱的扩散与浸透程度提升，更能增强棉纤维之间的抱合，使经纱表面更多的纤维游离端贴服于纱体之上。因此，共混浆中接枝羽毛蛋白所占的比例越高，其毛羽贴服能力越强。

2.7　不同乙烯基单体配伍下接枝羽毛蛋白的使用性能

2.7.1　接枝率及表观黏度

MA/AA 单体在投料时的摩尔比对改性羽毛蛋白接枝率及蛋白浆液表观黏度的影响见

表2-7。由表可知，随着 MA/AA 单体在投料时摩尔比的增大，改性羽毛蛋白的接枝率及浆液黏度均呈现逐渐降低的趋势。

表 2-7　乙烯基单体配伍对接枝改性羽毛蛋白的接枝率、浆液表观黏度及在涤纶上的接触角的影响

MA/AA 投料摩尔比	接枝率/%	表观黏度/(mPa·s)	在涤纶上的接触角/(°)
0/100	29.72	3.25	98.7
10/90	29.62	3.00	87.0
15/85	28.35	2.90	86.3
20/80	27.47	2.85	85.0
25/75	24.61	2.70	81.3
30/70	22.89	2.15	79.9

注　单体浓度始终保持为40%（MA 与 AA 之和/羽毛蛋白的质量分数）。

从接枝单体的分子结构分析，MA 甲酯基中甲基的体积显然大于 AA 羧基上的氢原子，故当接枝单体靠近羽毛蛋白大分子自由基时，MA 的空间位阻效应更明显，MA 与羽毛蛋白发生接枝共聚反应的难度也就高于 AA。因此，当接枝单体浓度恒定时（MA 与 AA 之和/羽毛蛋白的质量比均为 40%），MA 所占的比例越高，接枝到羽毛蛋白分子主链上的合成聚合物支链越少，接枝单体形成的均聚物越多，改性羽毛蛋白的接枝率就越低。

随着 MA/AA 在投料时摩尔比的增大，亲水性单体 AA 的数量减少，接枝羽毛蛋白的水溶性就会下降。羽毛蛋白大分子线团在水中松弛与舒展的难度加大，蛋白质与水的分子间作用力就会减弱，故浆液的表观黏度随羽毛蛋白水溶性的下降而降低。

2.7.2　接枝羽毛蛋白浆液在涤纶上的接触角

具有不同 MA/AA 单体配伍的接枝羽毛蛋白浆液在涤纶上的接触角见表2-7。随着 MA/AA 单体投料摩尔比的增大，接枝羽毛蛋白溶液的接触角越来越小。

接触角可以体现浆液对纤维的润湿能力，润湿能力越高，液滴在该纤维表面的铺展范围越大，接触角则越小。接枝羽毛蛋白溶液在涤纶纤维上的接触角与二者间的界面张力有密切关联。MA 所占的比例越高，改性羽毛蛋白接枝支链上的酯基越多，而常用合纤涤纶的分子链中亦包含大量的酯基。依据"相似相容原理"，接枝羽毛蛋白中的酯基数量越多，其溶液与涤纶纤维的界面张力就越小，羽毛蛋白浆液更易润湿涤纶纤维表面，故接触角呈现变小的趋势。

2.7.3　浆膜力学性能

表2-8 描述了 MA/AA 单体配伍对接枝羽毛蛋白浆膜的拉伸断裂强度和伸长率的影响。随着 MA/AA 摩尔比的增加，浆膜的拉伸断裂强度下降而伸长率逐步增加。

表 2-8　乙烯基单体配伍对接枝改性羽毛蛋白浆膜力学性能的影响

MA/AA 投料摩尔比	拉伸断裂强度		断裂伸长率	
	MPa	CV/%	%	CV/%
10/90	13.86	6.67	1.51	6.41
15/85	13.42	7.91	1.55	5.40
20/80	13.28	4.00	1.70	7.89
25/75	12.51	6.95	1.84	6.70
30/70	8.97	4.83	2.04	6.07

　　通常，减少共聚物上极性基团（如羧基、羟基和氨基）的数量可以削弱分子间的相互作用力，并减少共聚物中氢键的数量。因此，共聚物的分子链变得更加柔顺，其浆膜具有更高的伸长率。对于 FK-g-P（AA-co-MA）而言，其极性随着角蛋白上羧基数量的减少而降低。因此，共聚物浆膜的拉伸断裂强度降低而伸长率提高。与其他用于浆料的动物胶相似，羽毛蛋白浆膜也表现出过高的脆性。因此，将一些弱极性支链（如 PMA）接枝到角蛋白的分子链上可以降低链的刚性并赋予浆膜良好的延伸性。

2.7.4　对纤维的黏附性

　　MA/AA 单体配伍对接枝羽毛蛋白与涤纶黏附力的影响如图 2-7 所示。随着 MA/AA 进料摩尔比的增加，黏附强度最初增加，当 MA/AA 的投料摩尔比为 20/80 时达到最大值，然后开始下降。

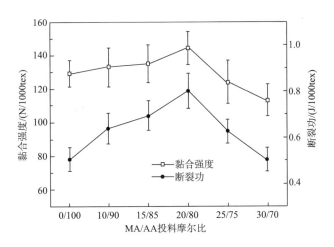

图 2-7　不同乙烯基配伍下 FK-g-P（AA-co-MA）对涤纶的黏附性

　　仅接枝 PAA 支链的羽毛蛋白表现出强极性，而涤纶属于弱极性聚合物。只有当黏合剂和被黏物具有相似的极性时，二者之间才能获得牢固的黏合。将 PMA 支链接枝到羽毛蛋白的分子链上后，引入了弱极性基团（—COOCH$_3$），从而降低了接枝羽毛蛋白的极性。接枝羽毛蛋白与涤纶纤维的极性相似度显著增强，该浆料与涤纶纤维之间的亲和力随之增强。另外，如表 2-7 所示，随着 MA/AA 摩尔比的增加，FK-g-P（AA-co-MA）溶液在涤纶上的接触角呈下降趋势，这表明接枝羽毛蛋白溶液对涤纶纤维的润湿性有所改善。这两个主要因素决定了引入适量的 PMA 支链有助于实现对涤纶纤维的高黏附力，而仅接枝 PAA 的羽毛蛋白不适宜用作涤纶纱的上浆材料。

黏附破坏按破坏位置可分为界面破坏、内聚破坏以及混合破坏三类。界面破坏取决于浆料和纤维的亲和力以及浆液对纤维的润湿性，界面破坏一般发生在纤维和浆料胶层之间的界面上。内聚破坏完全发生在浆料胶层相中，与浆料胶层的拉伸力学性能密切相关。因此，在分析黏附破坏时，还应认真考虑浆料胶层的拉伸力学性能。然而，在不造成任何损伤的情况下剥离纤维之间的浆料胶层以评估其力学性能是无法实现的。朱（Zhu）等提供了一种简便的方法来近似评估纤维间浆料胶层的拉伸力学性能，其制备了一定浓度［6%（质量分数）］的浆液，使其干燥形成薄膜，并测试了薄膜的拉伸力学性能，该拉伸强度被近似地认为是浆料胶层的内聚强度。从表 2-8 可以看出，接枝羽毛蛋白膜的拉伸强度随着 MA/AA 摩尔比的增加而逐渐降低。换句话说，接枝羽毛蛋白胶层的内聚强度不断降低。从图 2-7 可以推测，当 MA/AA 摩尔比超过 20/80 时，涤纶之间接枝羽毛蛋白浆料胶层内聚强度降低对黏附力的不利影响超过了接枝羽毛蛋白浆液对涤纶纤维的极性相似度和润湿性改善带来的有利影响。此时，MA/AA 摩尔比的进一步增加反而导致羽毛蛋白浆料与涤纶黏附力的降低，内聚破坏成为黏附破坏的主要形式。

2.7.5 浆纱力学性能与毛羽贴服性能

MA/AA 单体配伍对涤/棉（65/35）浆纱力学及毛羽贴服性能的影响分别见表 2-9 及表 2-10。随着 MA/AA 单体在投料时摩尔比的增加，浆纱的强力、伸长率、耐磨性以及毛羽贴服能力均呈现先增加后降低的趋势，当 MA/AA 的摩尔比为 20/80 时，接枝羽毛蛋白浆液浆出的涤/棉经纱使用性能最佳。

表 2-9　经接枝改性羽毛蛋白上浆后涤/棉（65/35）经纱的强伸及耐磨性能

MA/AA 投料摩尔比	上浆率/%	增强率/%	减伸率/%	耐磨次数
0/100	10.69	7.64	24.05	170
10/90	10.11	12.62	21.27	192
15/85	10.25	15.95	20.56	243
20/80	10.07	19.27	19.76	301
25/75	9.95	16.94	20.00	294
30/70	9.80	9.30	20.79	258

注　原纱的拉伸断裂强力为 3.01N，断裂伸长率为 12.60%，耐磨次数为 139 次。

表 2-10　涤/棉（65/35）原纱与浆纱上不同长度的毛羽数量

MA/AA 投料 摩尔比	3~4mm 毛羽数量	4~5mm 毛羽数量	5~6mm 毛羽数量	6~7mm 毛羽数量	7~8mm 毛羽数量	8~9mm 毛羽数量
原纱	43.9	18.8	6.3	3.3	0.8	0.5
0/100	9.5	5.5	2.1	1.1	0.5	0.3
10/90	5.8	3.4	1.4	0.8	0.4	0.1
15/85	3.5	2.0	1.2	0.6	0.2	0
20/80	2.8	1.9	1.0	0.4	0.2	0
25/75	3.9	2.5	1.3	0.3	0.3	0.2
30/70	5.0	5.1	3.2	1.4	0.7	0.1

由表 2-9 和表 2-10 得知，当 MA/AA 在投料时的摩尔比在 20/80 以内时，PMA 接枝支链引入量的增加有效提升了改性羽毛蛋白对涤/棉（65/35）混纺纱的上浆性能。其原因在于，MA/AA 在投料时摩尔比越大，改性羽毛蛋白接枝支链上的酯基越多，羽毛蛋白浆液越易于润湿涤纶纤维（表 2-7）。众所周知，浆液能较好地在纤维表面润湿和铺展是其得以向纱线内部扩散与浸透的基础，换言之，浆液润湿性的改善有利于提升浆纱效果。另外，依据"相似相容原理"，在羽毛蛋白上引入 PMA 支链，可降低羽毛蛋白原本较强的极性，而涤纶纤维大分子属于弱极性物质，极性相似度高的两种高分子的亲和力好，故接枝羽毛蛋白浆料对涤纶纤维的黏附力获得提高。在受到外力作用时，浆纱就能体现出更佳的强伸与耐磨性，毛羽也能更加牢固地附着于纱体之上。

同时，包覆在经纱表面的羽毛蛋白浆膜的脆硬性也会因浆料大分子极性的减弱得到降低，有利于提高浆纱的断裂伸长率。天然羽毛蛋白大分子本身具有羟基、氨基、巯基等极性基团，PAA 接枝支链上又包含了大量的羧基，故羽毛蛋白-丙烯酸接枝共聚物对棉纤维有着良好的黏附作用。因此，对于涤/棉（65/35）经纱的两种主要纤维成分，在适量引入 PMA 接枝支链后，合成出的 FK-g-P（AA-co-MA）三元接枝共聚物所浆出的涤/棉混纺纱具有良好的力学性能，其毛羽数量也得到显著降低。

然而，当 MA/AA 在投料时摩尔比超过 20/80 后，浆纱各项性能转而降低。这种现象主要由两个原因导致：一方面，如前文所述，当单体浓度一定时，MA/AA 摩尔比比值越大，亲水性单体 AA 的量越少，接枝羽毛蛋白的水溶性就越差。从实验观察得知，当 MA/AA 摩尔比达到 30/70 时，接枝羽毛蛋白在煮浆的过程中，有少量蛋白始终未能溶解，这说明此时羽毛蛋白的水溶性降幅已十分明显。浆料水溶性的降低意味着浆液中有效成分的减少，浆纱的使用性能就会受到损害。另一方面，如表 2-7 所示，MA/AA 的摩尔比越大，浆液的表观黏度越低。当二者物质的量比为 30/70 时，羽毛蛋白浆液的黏度仅有 2.15mPa·s。浆液的流动性会随着黏度的下降而提高，这与上浆工程对纺织浆料"高浓低黏"的要求相符。但是，如果一种浆液的黏度过低，这种浆液在纱线中就会出现浸透有余而被覆不足的现象，这对于浆纱强力和耐磨性的提高是不利的；过低的黏度也会使纱线表面的纤维游离端难以贴服在纱体上，经纱毛羽在浆液中通过时所遇的阻力会降低，难以起到减少毛羽的作用。因此，当PMA接枝支链的引入量过高时，FK-g-P（AA-co-MA）接枝共聚物的浆纱性能反而开始下降。

参考文献

［1］ ZHANG X D, LI W Y, LIU X. Synthesis and properties of graft oxidation starch sizing agent［J］. Journal of Applied Polymer Science, 2003, 88（6）：1563-1566.

［2］ 李忠良，马晓. 用HW-11聚酯浆料取代XZW-1和部分PVA的生产实践［J］. 纺织科技进展，2009（3）：46-47.

［3］ 史博生，郑力. PR-Su浆料完全取代PVA上浆的工艺探讨（上）［J］. 棉纺织技术，2008, 36（6）：344-348.

［4］ 史博生，郑力. PR-Su浆料完全取代PVA上浆的工艺探讨（下）［J］. 棉纺织技术，2008, 36（7）：408-412.

［5］ 陈循军，尹国强，崔英德. 羽毛角蛋白综合开发利用新进展［J］. 化工进展，2008, 27（9）：1390-1393.

［6］ 张旭. 羽毛角蛋白提取及角蛋白/丝素多孔复合材料制备［D］. 苏州：苏州大学纺织与服装学院，2021.

［7］ 窦瑶. 羽毛角蛋白可降解膜材料的制备和性能研究［D］. 西安：西北工业大学材料学院，2017.

［8］ 李翔宇. 羽毛角蛋白再生及成丝性能研究［D］. 上海：东华大学化学化工与生物工程学院，2013.

［9］ 刘畅. 羽毛角蛋白海绵膜的优化制备及其应用研究［D］. 上海：东华大学环境科学与工程学院，2013.

［10］ SASTRY T P, ROSE C, GOMATHINAYAGAM S, et al. Graft copolymerization of feather keratin hydrolyzate: preparation and characterization［J］. Journal of Polymer Materials, 1997, 14：177-181.

［11］ MARTINEZ-HERNANDEZ A L, VELASCO-SANTOS C, DE-ICAZA M, et al. Grafting of methyl methacrylate onto natural keratin［J］. e-Polymers, 2003, 016：1-11.

［12］ MARTINEZ-HERNANDEZ A L, SANTIAGO-VALTIERRA A L, ALVAREZ-PONCE M J. Chemical modification of keratin biofibers by graft polymerization of methyl methacrylate using redox initiation［J］. Materials Research Innovations, 2008, 12：184-191.

［13］ JIN E Q, REDDY N, ZHU Z F, et al. Graft polymerization of native chicken feathers for thermoplastic applications［J］. Journal of Agricultural and Food Chemistry, 2011, 59（5）：1729-1738.

［14］ JIN E Q, LI M L, ZHANG L Y. Effect of polymerization conditions on grafting of methyl methacrylate onto feather keratin for thermoplastic applications［J］. Journal of Polymer Materials,

2014, 31 （2）：169-183.

[15] 尹国强，崔英德，陈循军．改性羽毛蛋白接枝丙烯酸高吸水性树脂的制备与吸水性能 [J]．化工进展，2008，27 （7）：1100-1104.

[16] 尹国强，崔英德，陈循军．羽毛蛋白接枝聚丙烯酸—丙烯酰胺树脂的合成与吸水性能 [J]．化工学报，2008，59 （8）：2134-2140.

[17] 尹国强，崔英德，陈循军．羽毛蛋白接枝丙烯酸高吸水性树脂的合成工艺研究 [J]．化工新型材料，2008，36 （6）：57-60.

[18] 晏凤梅，窦瑶，孙凯，等．改性羽毛蛋白接枝聚丙烯酸高吸水性树脂的制备及生物降解性能研究 [J]．广东化工，2011，38 （9）：13-14.

[19] YANG Y Q, REDDY N. Potential of using plant proteins and chicken feathers for cotton warp sizing [J]. Cellulose, 2013, 20 （4）：2163-2174.

[20] REDDY N, CHEN L H, ZHANG Y, et al. Reducing environmental pollution of the textile industry using keratin as alternative sizing agent to poly （vinyl alcohol） [J]. Journal of Cleaner Production, 2014, 65：561-567.

[21] LI M L, JIN E Q, ZHANG L Y. Effects of graft modification on the water solubility, apparent viscosity, and adhesion of feather keratin for warp sizing [J]. Journal of the Textile Institute, 2016, 107 （3）：395-404.

[22] LI M L, JIN E Q, LIAN YY. Effects of monomer compatibility on sizing properties of feather keratin-g-P （AA-co-MA） [J]. Journal of the Textile Institute, 2018, 109 （3）：376-382.

[23] LI M L, ZHU Z F, PAN X. Effects of starch acryloylation on the grafting efficiency, adhesion, and film properties of acryloylated starch-g-poly （acrylic acid） for warp sizing [J]. Starch, 2011, 63 （11）：683-691.

[24] ZHU Z F, LI M L, JIN E Q. Effect of an allyl pretreatment of starch on the grafting efficiency and properties of allyl starch-g-poly （acrylic acid） [J]. Journal of Applied Polymer Science, 2009, 112 （5）：2822-2829.

[25] MARTINEZ-HERNANDEZ A L, SANTIAGO-VALTIERRA A L, ALVAREZ-PONCE M J. Chemical modification of keratin biofibres by graft polymerisation of methyl methacrylate using redox initiation [J]. Materials Research Innovations, 2008, 12 （4）：184-191.

[26] MARTINEZ-HERNANDEZ A L, VELASCO-SANTOS C, DE-ICAZA M, et al. Grafting of methyl methacrylate onto natural keratin [J]. e-Polymers, 2003 （16）：1-11.

[27] 汪昆华，罗传秋，周啸．聚合物近代仪器分析 [M]．北京：清华大学出版社，2000：70-71.

[28] SUN Y Y, SHAO Z Z, ZHOU L, et al. Compatibilization of acrylic polymer-silk fibroin blend fibers. I. Graft copolymerzation of acrylonitrile onto silk fibroin [J]. Journal of Applied Polymer Science, 1998, 69 （6）：1089-1097.

［29］REDDY N, CHEN L H, ZHANG Y, et al. Reducing environmental pollution of the textile industry using keratin as alternative sizing agent to poly （vinyl alcohol） ［J］. Journal of Cleaner Production, 2014 （65）: 561-567.

［30］YANG X, ZHANG H, YUAN X L, et al. Wool keratin: A novel building block for layer-by-layer self - assembly ［J］. Journal of Colloid and Interface Science, 2009, 336 （2）: 756-760.

［31］ZHU Z F, LI M L, JIN E Q. Effect of an allyl pretreatment of starch on the grafting efficiency and properties of allyl starch-g-poly （acrylic acid） ［J］. Journal of Applied Polymer Science, 2009, 112 （5）: 2822-2829.

［32］JIN E Q, ZHU Z F, YANG Y Q. Structural effects of glycol and benzenedicarboxylate units on the adhesion of water-soluble polyester sizes to polyester fibers ［J］. Journal of the Textile Institute, 2010, 101 （12）: 1112-1120.

［33］FRIED J R. Polymer science and technology ［M］. Beijing: China Machine Press, 2011.

［34］MARTELLI S M, MOORE G, PAES S S, et al. Influence of plasticizers on the water sorption isotherms and water vapor permeability of chicken feather keratin films ［J］. LWT-Food Science and Technology, 2006, 39 （3）: 292-301.

［35］张尚勇, 王海燕. 合成明胶浆料的接枝性能研究 ［J］. 毛纺科技, 2004 （4）: 22-25.

［36］刘志军, 许冬生. 氨基甲酸酯淀粉浆料的制备及上浆性能 ［J］. 棉纺织技术, 2011, 39 （10）: 16-18.

［37］JIN E Q, ZHU Z F, ZHANG H. Film-formation investigation on polyester sizes for measuring the mechanical behaviors for warp sizing ［J］. Man-Made Textiles in India, 2008, 51 （8）: 274-277.

［38］乔志勇, 祝志峰, 黄晶泉. 酯基结构对聚丙烯酸酯混合浆性能的影响 ［J］. 棉纺织技术, 2009, 37 （3）: 4-6.

［39］JIN E Q, ZHU Z F, YANG Y Q, et al. Blending water-soluble aliphatic-aromatic copolyester in starch for enhancing the adhesion of sizing paste to polyester fibers ［J］. Journal of the Textile Institute, 2011, 102 （8）: 681-688.

［40］ZHU Z F, CHEN P H. Carbamoyl ethylation of starch for enhancing the adhesion capacity to fibers ［J］. Journal of Applied Polymer Science, 2007, 106 （4）: 2763-2768.

［41］金恩琪, 祝志峰, 仇国际, 等. 水溶性聚酯浆料酯基结构对上浆性能的影响 ［J］. 纺织学报, 2008, 29 （9）: 72-74.

［42］杜胜英, 杨小玲, 刘四喜. 减少浆纱毛羽的几点体会 ［J］. 棉纺织技术, 2012, 40 （3）: 51-53.

［43］卢雨正, 张建祥, 刘建立, 等. 泡沫上浆与经纱预湿协同工艺的浆纱效果 ［J］. 纺织学报, 2014, 35 （12）: 47-51.

第3章 接枝改性壳聚糖浆料

3.1 概述

壳聚糖（chitosan，CS），又称脱乙酰甲壳质、聚氨基葡萄糖，是将甲壳质用浓碱进行脱乙酰化，主要是脱去 C2 上的乙酰基而获得。壳聚糖与甲壳质外形相似，在 185℃ 下会进行分解，不溶于碱性稀溶液和水，可溶于稀的有机酸和部分无机酸。壳聚糖是一种没有毒性的，生物相容性良好的，且可自行降解的天然多聚糖。壳聚糖是甲壳质最重要的衍生物，现已应用于纺织、印染、化工、造纸、食品、化妆品、塑料等领域。我国属于海洋大国，拥有舟山、黄渤海、南海、北部湾等较大渔场，虾皮、蟹壳等甲壳质原料充足，生产甲壳质的条件得天独厚。近5年来，我国沿海各地对壳聚糖产业的发展寄以较大的热情。已有专家建议，把壳聚糖产业发展成为继渔业捕捞、水产品加工、水产品养殖之后，我国海洋经济的又一支柱产业。令人遗憾的是，作为甲壳质重要来源的虾、蟹壳在经食用加工后常常被人们忽略而当作垃圾做填埋处理，造成了较大的资源浪费。虾、蟹壳中甲壳质含量约为30%，无机物（碳酸钙为主）含量为40%，其他有机物（主要是粗蛋白）含量为30%左右。以我国重要的沿海省份——浙江为例，该省沿海地区年产海虾（蟹）已达67万吨，按40%为食用后废弃物计算，每年可制得甲壳质8万余吨，资源潜力巨大。如果能以从渔业废弃物中提取出的壳聚糖为基材，对其进行接枝聚合改性，将适量的亲水性乙烯基单体（如丙烯酰胺、丙烯酸）接枝到壳聚糖的分子主链上，解决其在低酸甚至无酸条件下的水溶性问题后用作纺织上浆材料，既可获得大量具有较高附加值的接枝壳聚糖浆料，又可避免填埋渔业废弃物（如虾皮、蟹壳）时给环境带来的不利影响。如果能够实现此类渔业副产物的"变废为宝"，无疑会产生巨大的经济效益和社会效益。

现阶段我国纺织印染企业普遍利润率较低，在环保方面的投入极其有限，退浆废水大多直接排入自然界，严重影响了生态环境。据报道，退浆废水中浆料的化学需氧量（COD）占整个纺织品印染污水中废弃物 COD 的 50%~80%。因此，唯有从污染源头出发，大力研发环境友好型纺织浆料才能从根本上解决退浆废液造成的水污染问题，才能从工业实践上投入"剿灭劣五类水"的环保攻坚战中。随着环保呼声的日益高涨和石油资源的日渐枯竭，生物基环保浆料有着极为广阔的发展空间。若通过一系列的实验探索，使之能够用于多品种的经纱上浆，显然有利于降低生产成本，提高纺织企业的竞争力，同时顺应了纺织业可持续发展的潮流。

3.2 国内外研究现状

法国科学家布拉科诺（Braconnot）在1811年最早从霉菌中发现了甲壳质，其后又将甲壳质与浓度较高的KOH溶液共煮，发现了壳聚糖，使之具备了实用价值。然而，由于当时科研手段的局限性，有关壳聚糖的研究进展显得十分缓慢，直到20世纪50年代，人们才对壳聚糖的化学结构、物化性质和制备方法有了较为清晰的认识与了解。我国是从20世纪50年代末期开始对壳聚糖的制备和应用进行研究的。1958年，我国的纺织专家曾将壳聚糖在经纱上浆工程中作为浆料使用，以之代替当时供应紧张的淀粉。在染整领域，壳聚糖代替阿克拉明作为印花涂料的成膜剂使用。可以说，我国在对壳聚糖浆料的开发利用方面起步较早，但之后却落后于欧美发达国家。近年来，我国纺织科技工作者又将目光聚焦在壳聚糖浆料之上。作为甲壳质的衍生物，此类浆料具有耐磨性好、纤维黏附性强和成膜性良好等多种特点，本身也有较好的生物活性和抗菌作用。但是，由于水溶性差，壳聚糖浆料的推广应用却受到了一定的阻碍。因此，有必要提升壳聚糖浆料的水溶性能，使之得以更好地推广使用。

甲壳质中的乙酰氨基亲水性不佳，且甲壳质间有强烈的氢键作用，经过脱乙酰化预处理后的壳聚糖分子间的氢键作用有所减弱。另外，由于壳聚糖分子中存在氨基，破坏了原有的氢键和晶格，使分子中的羟基与水分子水合。因此，甲壳质能溶解于水的前提之一是进行适度的脱乙酰化处理。日本学者栗田（Kurita）最早发现，使甲壳素在均相条件下进行脱乙酰化反应，当脱乙酰度为50%左右时，壳聚糖就能溶于水。随后，Kurita又发现，对较高脱乙酰度的壳聚糖进行乙酰化，控制其脱乙酰度在50%~60%，也可得到水溶性的壳聚糖。万荣欣和顾汉卿的研究表明，脱乙酰度高于60%或低于40%的壳聚糖产物以及在非均相条件下控制得到的产物均不溶于水；董静静和李思东的试验证明，通过控制脱乙酰反应可有效破坏分子内和分子间的氢键，从而改善壳聚糖的水溶性，脱乙酰度在大约50%时壳聚糖的水溶性较好；陈燕和郭建生采用纤维素酶和蛋白酶的复合酶处理得到不同脱乙酰度的壳聚糖，研究发现当脱乙酰度在50%左右时，产物的水溶性最好，壳聚糖浆液黏度能被方便地控制在合适范围内，其上浆性能也得到较大改善。需要指出的是，上述研究所说的壳聚糖的水溶性是广义的，实际上在水中或多或少都加入了稀醋酸或稀盐酸。在未对壳聚糖进行降解而大幅降低其分子量的条件下，仅仅依靠对甲壳质进行脱乙酰化处理是难以使壳聚糖产物在中性条件下溶于水的。

壳聚糖的分子链上有着数目较多的诸如羟基、氨基等官能团，若能选择适宜的游离基引发体系，使上述官能团中的活泼氢被夺去，促使壳聚糖大分子上产生游离基，然后使这些游离基与乙烯基单体反应，通过游离基的转移，就可实现接枝聚合作用。依据此原理，近年来陆续有学者采用接枝聚合的方法对壳聚糖进行化学改性，扩大了壳聚糖产品的应用领域。多恩（Don）等以硝酸铈铵为引发剂，将醋酸乙烯酯单体接枝到壳聚糖的分子链上，合成制备的接枝改性壳聚糖膜材的韧性显著提升而吸水性大幅降低；冯（Feng）将壳聚糖与己内酯单体接枝共聚，得到了拉伸断裂强度、断裂伸长率及拒水性均较为优异的热塑性壳聚糖生物基复合材料。

前人的研究工作表明，在脱乙酰度为 40%~60% 的壳聚糖大分子上接枝不同种类的乙烯基单体，可以显著改善壳聚糖诸多方面的性能（如水溶性、膜材的力学性能）。然而，到目前为止，除了李曼丽课题组的研究外，尚未见有人将经过脱乙酰化预处理的甲壳质进行接枝改性，在赋予接枝产物中性条件下的水溶性后应用于纺织上浆领域。而在对壳聚糖进行接枝改性过程中的一些基本问题仍需进一步探讨，如接枝聚合反应时接枝工艺参数与单体种类的选择、接枝单体间的配伍、接枝率的合理范围及如何将壳聚糖浆料的上浆对象由纤维素纤维纱线拓展至合成纤维纱线等，上述这些问题将最终影响到接枝改性壳聚糖的使用性能。

3.3　壳聚糖—丙烯酰胺接枝共聚物浆料的制备、表征与使用性能

3.3.1　壳聚糖的制备

目前工业均用虾、蟹壳制备甲壳质。动物甲壳中的甲壳质一般与蛋白质、碳酸钙紧密结合成一种络合物，其制备过程实际上是使碳酸钙、蛋白质和甲壳质相分离。一般的生产工艺流程如下：

$$虾、蟹壳 \xrightarrow{粉碎、水洗} 净洗 \xrightarrow[室温，12~24h]{3\%~10\%\ HCl} 脱去碳酸盐 \xrightarrow[70~100℃，2~6 天]{3\%~10\%\ NaOH} 脱去蛋白质 \xrightarrow{KMnO_4} 脱$$

$$色 \xrightarrow{NaHSO_3} 漂白 \xrightarrow{干燥} 甲壳质 \xrightarrow[煮沸，2~5h]{40\%~50\%\ NaOH} 脱乙酰化处理 \xrightarrow{干燥} 壳聚糖$$

壳聚糖是高分子物质，在制造过程中用酸碱处理时会发生降解，使产品质量因生产工艺条件的不同而有很大差异。为此应注意酸碱浓度、处理时的温度、时间等。

3.3.2　壳聚糖—丙烯酰胺接枝共聚物的制备

3.3.2.1　反应原理

在 $K_2S_2O_8$/$NaHSO_3$ 氧化还原体系引发下，壳聚糖与乙烯基单体（以丙烯酰胺为例）的接枝聚合包括三个步骤，即链的引发、增长和终止。图 3-1 和图 3-2 分别描述了壳聚糖与丙烯酰胺（AM）在 $K_2S_2O_8$/$NaHSO_3$ 氧化还原体系中链的引发和增长。在链的引发阶段，$S_2O_8^{2-}$ 和 HSO_3^- 的氧化还原反应能产生自由基。壳聚糖分子链上有 2 个主要官能团（即—OH 和—NH_2），反应位点在进行活化了的官能团上形成，单体可接枝到被夺取了活泼 H 的—OH 和—NH_2 上。在接枝聚合过程中，链的增长即为接枝支链聚丙烯酰胺（PAM）的增长。图 3-3 和图 3-4 分别描述了链的偶合终止和歧化终止的详细过程。

$$S_2O_8{}^{2-}+HSO_3{}^- \longrightarrow SO_4{}^- \cdot +HSO_3 \cdot +SO_4{}^{2-}$$

$$SO_4{}^- \cdot +H_2O \longrightarrow SO_4{}^{2-}+H^+ +HO \cdot$$

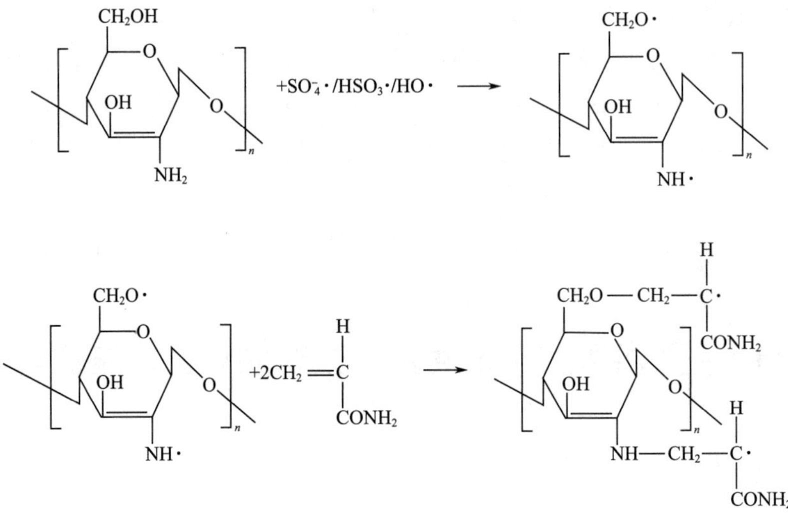

图 3-1 CS 与 AM 接枝聚合反应中的链引发

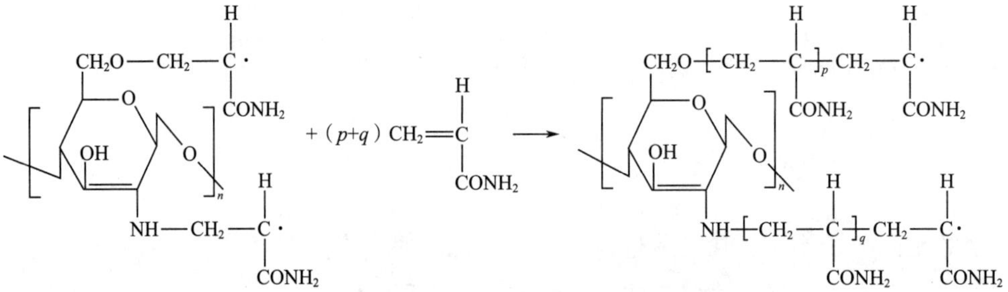

图 3-2 CS 与 AM 接枝聚合反应中的链增长

3.3.2.2 壳聚糖—丙烯酰胺接枝共聚物的合成

取壳聚糖置于四颈烧瓶中，加入适量浓度为 1% 的醋酸溶液（后文使用的醋酸溶液浓度同），使用机械搅拌器将壳聚糖悬浮液搅拌均匀并加热，搅拌速度为 1000r/min。向烧瓶内通入氮气 30min 以上，将烧瓶内空气完全排出。当烧瓶内温度达到 60℃时，在氮气环境下用 3 个滴液漏斗分别向烧瓶中同时滴加氧化剂过硫酸钾溶液，还原剂亚硫酸氢钠溶液以及 AM 单体，浓度为 5%~40%（$W_{AM}/W_{壳聚糖}$），浴比控制为 1:10，整个反应体系中过硫酸钾浓度为 0.037mol/L，过硫酸钾与亚硫酸氢钠的摩尔比为 1:1.5。在氮气保护下反应 2h 后，加入终止剂对苯二酚，其与壳聚糖的质量分数为 2%，关闭氮气，继续搅拌 15min，终止接枝反应。反应完成后，将接枝壳聚糖悬浊液抽滤，干燥后装袋储存。

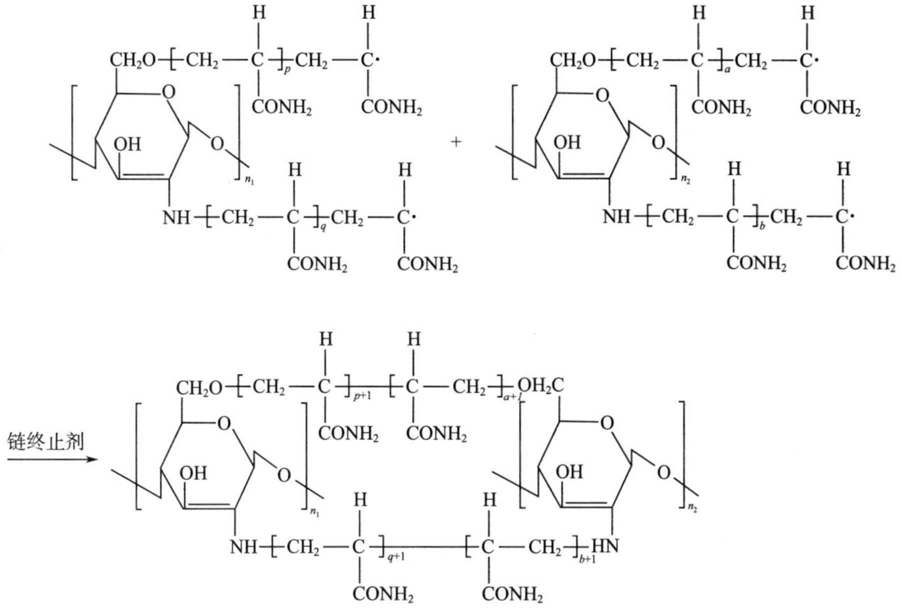

图 3-3　CS 与 AM 接枝聚合反应中的链偶合终止

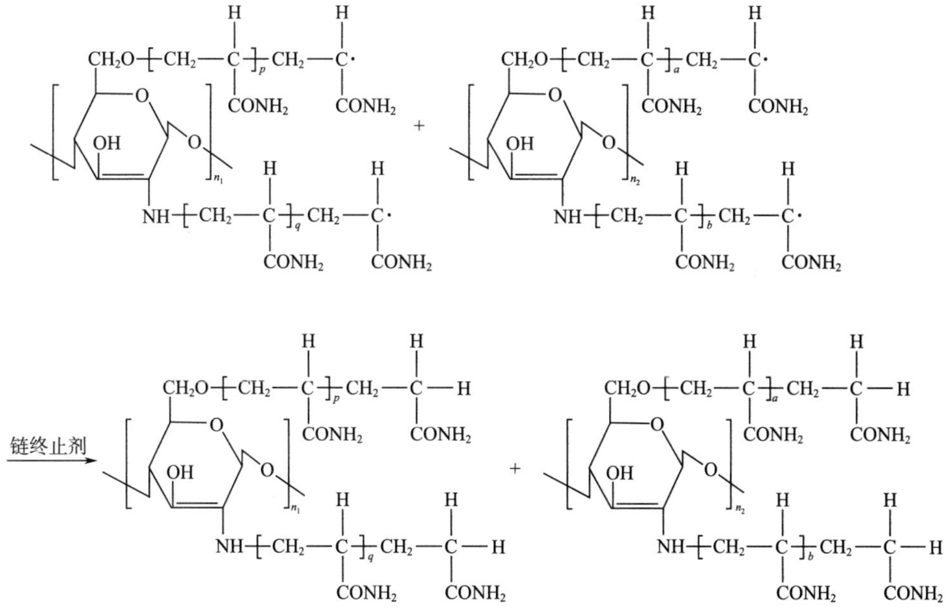

图 3-4　CS 与 AM 接枝聚合反应中的链歧化终止

3.3.3 壳聚糖的结构表征

未接枝壳聚糖（CS）和 CS-g-PAM 的 FTIR 光谱如图 3-5 所示。对于 CS，本研究以甲壳素为原料，通过脱乙酰制备壳聚糖，壳聚糖的脱乙酰度为 60%。换言之，部分壳聚糖未脱乙酰，仍含有酰胺基。因此，在 CS 的光谱中，$1665cm^{-1}$ 处的峰可归因于丙基酰基的伸缩振动，其峰值一般在 $1650 \sim 1680cm^{-1}$ 范围内。CS-g-PAM 的 FTIR 光谱表明，丙基酰基在 $1665cm^{-1}$ 处的特征吸收带强度明显高于 CS。$1665cm^{-1}$ 处峰强的增加证实了 AM 被接枝到壳聚糖的分子链上。对于 CS-g-PAM，在 $3380cm^{-1}$ 处的峰强度也明显增加，这与氨基的伸缩振动吸收带相对应，这一结果可作为 AM 成功接枝的又一证据。

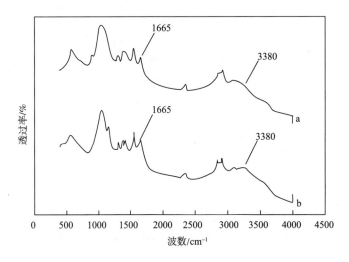

图 3-5　CS 和 CS-g-PAM 的 FTIR 光谱

a—CS　b—CS-g-PAM

3.3.4 改性壳聚糖接枝参数的影响因素

3.3.4.1 引发剂浓度对接枝参数的影响

引发剂浓度对接枝参数的影响如图 3-6 所示。随着 $K_2S_2O_8$ 浓度的增加，单体转化率不断增加，在超过 0.0492mol/L 后趋于平稳。此外，接枝率和接枝效率均是先增大后减小，在 $K_2S_2O_8$ 浓度为 0.0369mol/L 时达到最大值。

在 $K_2S_2O_8$ 浓度过低的情况下，不可能产生足够的自由基进行接枝聚合。只有在产生足量自由基的基础上，才能实现较高的单体转化率和接枝率。因此，当 $K_2S_2O_8$ 的浓度从 0.0123mol/L 增加到 0.0369mol/L 时，接枝率和单体转化率均增加。在 AM/壳聚糖的质量比恒定时，接枝效率与接枝率成正比，与单体转化率成反比。由图 3-6 可以看出，当 $K_2S_2O_8$ 的浓度在 $0.0123 \sim 0.0369mol/L$ 范围内时，接枝率的增长率高于单体转化率的增长率，从而提高接枝效率。

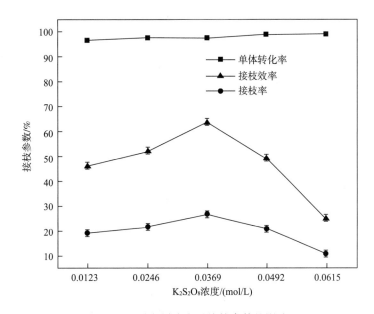

图 3-6 引发剂浓度对接枝参数的影响

（在 60℃ 和 pH＝5.5 下接枝 4h，$K_2S_2O_8$/$NaHSO_3$ 摩尔比为 1∶1，AM/CS 的质量比为 40%）

当 $K_2S_2O_8$ 的浓度进一步增加时，接枝率开始降低，单体转化率继续略有增加，这是由于壳聚糖表面的活性反应位点是有限的。对于均聚反应，每个单体都可以看作潜在的活性位点，因此均聚反应的活性位点数远大于壳聚糖表面的活性位点数。若自由基的数量足够引发 AM 在壳聚糖分子链上的接枝反应，大部分活性位点将被接枝支链占据。由于壳聚糖表面的活性位点数较少，多余的初级自由基引发 AM 均聚的可能性大于接枝共聚。因此，当 $K_2S_2O_8$ 浓度超过 0.0369mol/L 后，接枝效率开始降低。

引发剂浓度过高时接枝率的降低可以从两个方面来解释。一方面，引发剂浓度越高，自由基生成越多。羟基与氨基自由基之间可能发生重新结合，失去引发能力。另一方面，过高的引发剂浓度可能导致链终止的概率增加。结果表明，当 $K_2S_2O_8$ 浓度大于 0.0369mol/L 时，PAM 分子链的增长受到限制，聚合度降低，虽然接枝支链和均聚物的聚合度均因链的终止而降低，但因为 AM 单体的数量庞大，均聚物的链长虽减小，摩尔数量却仍能保持增加的趋势。因此，PAM 聚合度的降低对单体转化率没有显著影响。

3.3.4.2 $K_2S_2O_8$/$NaHSO_3$ 的摩尔配比对接枝参数的影响

图 3-7 显示了 $K_2S_2O_8$ 与 $NaHSO_3$ 的摩尔比对壳聚糖与 AM 单体接枝共聚反应的影响。随着 $K_2S_2O_8$/$NaHSO_3$ 摩尔比的降低，单体转化率、接枝效率和接枝率均呈先增大后减小的趋势，在 1∶1.5 时达到最大值。

如图 3-1 所示，氧化还原反应发生在作为还原剂的 1 分子 $NaHSO_3$ 和作为氧化剂的 1 分子 $K_2S_2O_8$ 之间，初级自由基在反应中得以生成。当 $K_2S_2O_8$ 与 $NaHSO_3$ 的摩尔比显著大于 1 时，过量的 $K_2S_2O_8$ 不仅与 $NaHSO_3$ 发生反应，还会氧化 PAM 增长链上的自由基，阻碍自由基反应链的增长。因此，当 $K_2S_2O_8$ 与 $NaHSO_3$ 的摩尔比为 2 时，接枝率和单体转化率均较

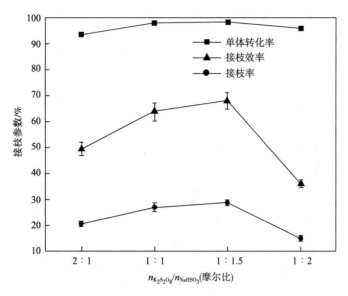

图 3-7　氧化剂/还原剂摩尔配比对接枝参数的影响

（在 60℃和 pH＝5.5 下接枝 4h，$K_2S_2O_8$ 浓度为 0.0369mol/L，m_{AM}/m_{CS} 的质量比为 40%）

低。反应中使 $NaHSO_3$ 稍许过量有利于降低 $K_2S_2O_8$ 氧化 PAM 增长链上自由基的风险，故有利于提高单体转化率和接枝率。当 $NaHSO_3$ 投入量过高（即 $n_{K_2S_2O_8}/n_{NaHSO_3}$ 小于 1/1.5）时，过量的 $NaHSO_3$ 反而会起到链转移剂的作用，将 PAM 增长链上的自由基转移到单体或引发剂上，链的转移和增长通常是一对竞争反应。当 $K_2S_2O_8$ 与 $NaHSO_3$ 的摩尔比小于 1/1.5 时，接枝支链和均聚物的质量都会降低，三个接枝参数数值均开始降低，故 $K_2S_2O_8$ 与 $NaHSO_3$ 的合理摩尔比应为 1/1.5。

3.3.4.3　pH 对接枝参数的影响

反应体系的 pH 对接枝参数的影响如图 3-8 所示。随着 pH 从 4.5 增加到 6.5，单体转化率、接枝效率和接枝率均呈先增大后减小的趋势。有研究表明，当 pH 在 5.0～6.0 时，$NaHSO_3$ 的还原能力是最强的。这个 pH 范围最有利于 $K_2S_2O_8$ 与 $NaHSO_3$ 之间氧化还原反应的发生和自由基的生成。当 pH 在 5.5 时，接枝率较高。过高或过低的氢离子浓度均会降低 $NaHSO_3$ 的还原能力，不利于自由基的生成。自由基的减少必然导致接枝参数的降低。因此，接枝聚合的最佳 pH 应为 5.5。

3.3.4.4　温度对接枝参数的影响

图 3-9 显示了聚合温度对接枝参数的影响。随着温度的上升，所有接枝参数都先升高，在 60℃时达到最大值，然后降低。随着聚合温度的升高，壳聚糖大分子自由基和单体的运动速率加快，增加了其彼此碰撞的可能性。因此，三个接枝参数均得到初步提高。然而，如果温度过高（>60℃），接枝支链和均聚物都可能因为过高的温度而发生链的终止。因此，考虑获得较高的接枝效率，最佳聚合温度为 60℃。

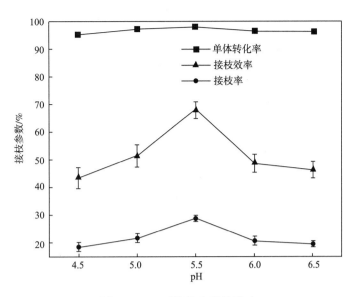

图 3-8　pH 对接枝参数的影响

（在 60℃下接枝 4h，$K_2S_2O_8$ 浓度为 0.0369mol/L，$K_2S_2O_8$/$NaHSO_3$ 摩尔比为 1∶1.5，AM/CS 的质量比为 40%）

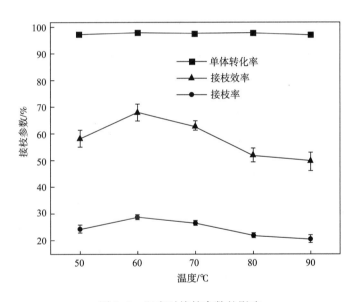

图 3-9　温度对接枝参数的影响

（在 pH=5.5 时接枝 4h，$K_2S_2O_8$ 浓度为 0.0369mol/L，$K_2S_2O_8$/$NaHSO_3$ 摩尔比为 1∶1.5，

AM/CS 的质量比为 40%）

3.3.4.5　时间对接枝参数的影响

　　聚合时间对接枝聚合的影响见图 3-10。单体转化率、接枝效率和接枝率均在 2h 达到最大值，此后三个接枝参数趋于平稳。几乎所有的单体都参与了聚合反应，聚合 2h 后，单体转化率几乎达到 100%（均大于 97.5%）。接枝聚合和均聚反应所用单体被消耗殆尽，这就致使接枝率和接枝效率趋于稳定。因此，合适的聚合时间应为 2h。

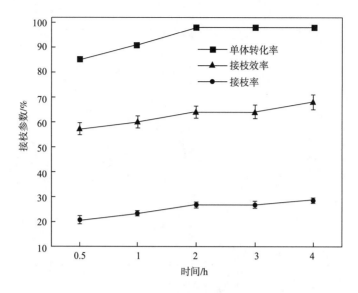

图 3-10　时间对接枝参数的影响

（在 60℃，pH＝5.5 时接枝，$K_2S_2O_8$ 浓度为 0.0369mol/L，$K_2S_2O_8$ 与 $NaHSO_3$ 摩尔比为 1 : 1.5，

AM 与 CS 的质量比为 40%）

3.3.5　壳聚糖—丙烯酰胺接枝共聚物的使用性能研究

3.3.5.1　单体浓度对接枝参数的影响

单体浓度对 CS-g-PAM 单体转化率和接枝率的影响见表 3-1。随着 AM 浓度的增加，单体转化率先升高后趋于平稳，接枝率则不断提高。

表 3-1　单体浓度对 CS-g-PAM 单体转化率和接枝率的影响

单体浓度（AM/CS）/% （质量分数）	单体转化率		接枝率	
	%	CV/%	%	CV/%
5	81.64	1.40	2.06	7.79
10	83.37	1.95	4.37	5.30
20	96.36	1.55	11.90	4.57
40	97.64	1.36	26.89	3.56

聚合平衡常数的不变性是单体转化率初始增加的主要原因。一般来说，较高的单体浓度有助于接枝聚合和均聚向正方向发展。增加 AM 单体的浓度可以增加 PAM 的物质的量，其中包括接枝支链和均聚物。因此，单体浓度越高，接枝率越高。另外，随着 PAM 浓度的增加，反应体系的黏度增大。增加的黏度限制了链的终止，特别是增长的 PAM 链的偶合终止。结果，单体转化率初始阶段有所提高。然而，随着 PAM 分子链长度的增加，反应体系的熵和稳定性都有增加。当反应体系中加入更多 AM 单体时，PAM 的分子链很难变长。因此，当单体浓度为 20% 时，单体转化率接近 97%，即使再多投入单体，转化率亦无明显变化。

3.3.5.2　接枝率对壳聚糖水溶性和表观黏度的影响

表 3-2 显示了未接枝和接枝壳聚糖的水溶性。接枝适量的 AM 有助于壳聚糖水溶性的提高。随着接枝率的增加，改性壳聚糖的水溶性和溶解稳定性先增加，当接枝率为 11.90% 时达到最大值，然后有所下降。

表 3-2　单体浓度对 CS-g-PAM 单体转化率和接枝率的影响

接枝率/%	水溶性	水溶稳定性	表观黏度/(mPa·s)	黏度稳定性/%
0	+	+	26.5	73.6
2.06	+	++	28.0	80.4
4.37	++	++	33.0	83.3
11.90	+++	+++	34.5	87.0
26.89	+	+	27.0	94.4

脱乙酰后的壳聚糖仍然是一种长链聚合物。长分子链排列规则，具有很高的刚性。较强的分子内和分子间氢键的相互作用使壳聚糖难以溶于纯水。如果壳聚糖的脱乙酰度低于70%，一般需用浓度在2%以上的醋酸才能溶解。接枝后，将 PAM 支链引入壳聚糖分子链。PAM 支链上有许多亲水的带正电荷的氨基。氨基的增加可以增强壳聚糖的极性，增强壳聚糖与水分子的相互作用。另外，PAM 树枝的接枝可以提高改性壳聚糖的分枝程度。随着支化度的增加，壳聚糖分子间的距离增大，分子间作用力减小。这两个因素有助于提高水溶性，故本研究中的改性壳聚糖在1%的醋酸中就可以较好地溶解。然而，当接枝率过高时，这些支链之间可能发生轻度交联。溶剂分子（即水）很难通过交联网。结果表明，接枝壳聚糖大分子在水中不易膨胀。因此，当接枝率大于11.90%时，水溶性急剧下降。

接枝改性对壳聚糖浆液表观黏度和黏度稳定性的影响见表 3-2。所有接枝壳聚糖浆液的黏度和稳定性均高于未接枝壳聚糖浆液。随着接枝率的增加，壳聚糖的表观黏度先增大，当接枝率为11.90%时达到最大值，然后减小。在黏度稳定性方面，一直在逐步提高。

如前文所述，接枝改性壳聚糖上引入了大量的氨基。带正电荷的氨基静电斥力有助于壳聚糖大分子线圈的松弛和伸展。氨基赋予壳聚糖良好的亲水性，能够增强接枝聚合物与水之间的分子间作用力，这有利于提高表观黏度和黏度稳定性。另外，接枝率超过一定值后，接枝支链间发生轻度交联，会显著降低壳聚糖的水溶性，结果反而会降低壳聚糖溶液的表观黏度。另外，交联结构在强剪切作用下能保持稳定。因此，较高的交联度有助于提高接枝壳聚糖浆液的黏度稳定性。浆液较高的黏度稳定性在浆纱操作中起着重要作用，稳定的浆液黏度有助于增加上浆率的稳定性和浆纱的质量。

3.3.5.3　接枝率对壳聚糖浆膜力学性能和水溶时间的影响

图 3-11 显示了接枝改性对壳聚糖浆膜水溶出时间的影响。一般来说，浆膜的水溶时间越短，在退浆过程中浆料越容易从经纱表面除去。接枝壳聚糖比未接枝壳聚糖浆膜在水中溶解所需时间短。随着接枝率的增加，溶解时间先缩短，当接枝率为11.90%时达到最小值，然后

延长。结果表明，接枝率为 11.90% 的改性壳聚糖浆膜的水溶性最好，与表 3-2 中壳聚糖水溶性试验的变化趋势一致。如图 3-12 所示，接枝壳聚糖浆膜的力学性能优于未接枝壳聚糖。随着接枝率的增加，浆膜的拉伸强度、伸长率、耐磨性等力学性能均呈先增大后减小的趋势，接枝率为 11.90% 时达到最大值。

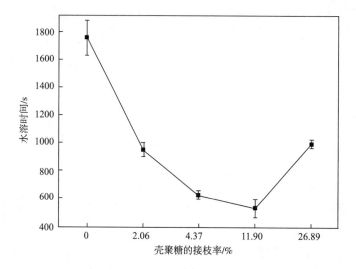

图 3-11　CS 和 CS-g-PAM 浆膜的水溶时间

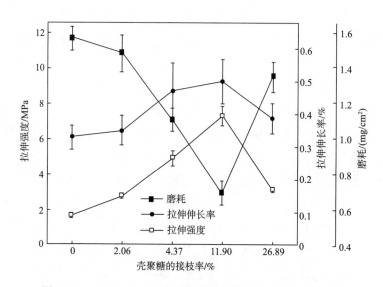

图 3-12　CS 和 CS-g-PAM 浆膜的拉伸强度、伸长率和磨耗

　　由图 3-11 和图 3-12 可知，随着接枝率的增加，壳聚糖浆膜的水溶性与力学性能表现出相似的变化趋势。许多研究证明，浆膜的力学性能与浆膜的水溶性密切相关。水溶性好是水性胶黏剂获得高力学性能的前提，良好的水溶性有利于壳聚糖分子在水中的均匀分散和成膜过程中分子间的充分相互扩散，从而得到连续、完整、均匀的壳聚糖膜。因此，在拉伸过程

中，可以在很大程度上降低浆膜中应力集中的发生概率。通过适当的接枝改性，提高了壳聚糖膜的水溶性，提高了膜的拉伸强度和延伸率。同样，由于过度接枝而导致的水溶性降低也会使薄膜的力学性能恶化。

此外，由于接枝支链引入壳聚糖主链而产生的空间效应，抑制了壳聚糖羟基之间的强氢键缔合，破坏了壳聚糖分子的规整排列。与壳聚糖主链相比，接枝支链具有柔性，从而有效地提高了膜的韧性。因此，具有适当接枝率的改性壳聚糖比未接枝壳聚糖浆膜具有更高的断裂伸长率。如前所述，如果接枝率过高，壳聚糖分子在接枝聚合过程中会发生轻度交联，交联的存在会降低壳聚糖分子链的柔韧性。结果表明，当接枝率超过 11.90% 时，壳聚糖膜的拉伸伸长率反而下降。

浆膜的耐磨性是由浆膜的强度和伸长率综合决定的。当接枝率为 11.90% 时，浆膜的强度和伸长率均达到最大值。因此，接枝率越高，接枝壳聚糖膜的磨损越小。换言之，接枝率为 11.90% 的壳聚糖浆膜的耐磨性较好。

3.3.5.4　接枝率对壳聚糖浆液黏附性能的影响

接枝改性对壳聚糖浆料与棉纤维和黏胶纤维黏附性的影响分别如图 3-13 和图 3-14 所示。与未接枝壳聚糖相比，接枝改性可以提高粗纱的拉伸强度和伸长率，从而提高壳聚糖的黏附力。随着接枝率的增加，壳聚糖浆料对棉纤维和黏胶纤维的黏附力呈现相似的变化趋势，棉和黏胶粗纱的拉伸强度均逐渐提高。在断裂伸长方面，接枝率为 4.37%~11.90% 时，拉伸伸长率先增大后趋于平缓，然后大幅度下降。

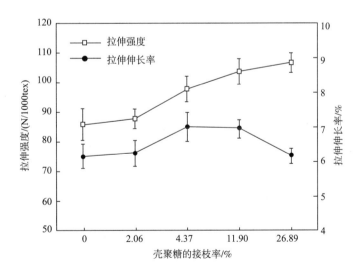

图 3-13　CS 和 CS-g-PAM 浆膜对棉纤维的黏附性

粗纱浸入浆液后，浆液在粗纱中渗透，在干燥过程中收缩凝固。因此，浆料黏附在纤维上会形成黏合胶层。当浆后的粗纱受到足够大的拉伸外力时，会发生黏合破坏。根据断裂的位置，此类破坏分为两大类：内聚破坏和界面破坏。前者是指破坏完全发生在黏合胶层的本体相内，后者则是指破坏正好发生在黏合剂和被黏物之间的界面处。

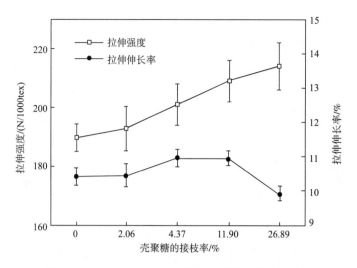

图 3-14   CS 和 CS-g-PAM 浆膜对黏胶纤维的黏附性

黏合破坏与黏合剂对被黏物的黏附强度密切相关。提高黏合胶层的拉伸强度，可以降低黏合破坏的发生概率，提高黏合性能。然而，由于胶层不可能从纤维之间完好地剥离下来而不受损伤，因此无法测量胶层的实际强度。朱（Zhu）等曾报道，用浆液铺制的浆膜可用于评估黏合胶层的强度。根据该报道，评测壳聚糖的浆膜强度可以评估黏合胶层的内聚强度。壳聚糖浆膜的拉伸强度和伸长率的变化趋势如图 3-12 所示，并在前文中进行了描述。随着壳聚糖接枝率的增加，浆后粗纱的伸长率变化趋势与壳聚糖膜的变化趋势基本一致。当接枝率在 0~26.89% 范围内时，粗纱的拉伸强度呈上升趋势，这与浆膜拉伸强度的变化趋势不同。因此，有必要探讨界面破坏的影响因素。

由于黏合破坏发生在最薄弱的环节，很明显，黏附强度不仅取决于黏合胶层的内聚强度，还取决于浆料与纤维之间的界面吸引力。当黏合剂和被黏物均为极性或均为非极性时，可以形成一种牢固的结合。因此，黏合剂和被黏物极性相似有助于形成较强的黏附力。随着壳聚糖接枝率的提高，接枝支链上的氨基数量也随之增加。众所周知，棉和黏胶纤维的分子链上含有大量的羟基，氨基和羟基都表现出很强的极性。可以理解，这些极性基团之间可以形成强氢键作用。结果表明，随着接枝过程中氨基的引入，壳聚糖胶层与纤维素纤维（如棉和黏胶）之间的界面吸引力增强，降低了界面破坏的风险。当接枝率在 0~26.89% 范围内时，壳聚糖胶层与纤维素纤维之间的界面吸引力增加的有利影响大于壳聚糖胶层的内聚强度的降低对黏附强度产生的不利影响。因此，在 2.06%~26.89% 的接枝率范围内时，改性壳聚糖浆料对纤维的黏附强度不断增加，但增幅却逐渐减小。

3.3.5.5   接枝率对壳聚糖浆纱力学性能的影响

接枝改性程度给浆纱力学性能所带来的影响见表 3-3。分析可知，壳聚糖—丙烯酰胺接枝共聚物的各项浆纱力学性能均优于未改性壳聚糖。随着改性壳聚糖接枝率的增加，浆纱的增强率、保伸性及耐磨性均呈现出先增大后减小的趋势，当接枝率为 26.89% 时，浆纱的综合力学性能较高。

表 3-3　接枝率对 CS-g-PAM 纯棉浆纱力学性能的影响

接枝率/%	上浆率/%	增强率/%	减伸率/%	耐磨次数
0	11. 80	16. 47	23. 19	41
2. 06	11. 50	17. 42	19. 77	47
4. 37	11. 75	17. 86	13. 51	48
11. 90	11. 44	18. 44	3. 84	78
26. 89	11. 40	25. 67	3. 27	95
32. 99	10. 60	21. 60	20. 06	43

注　原纱的拉伸断裂强力为 3.67N，断裂伸长率为 7.03%，耐磨次数为 29 次。

改性壳聚糖浆料的接枝支链 PAM 上有大量的氨基，而棉纤维上具有较多的羟基，这两种基团均属极性基团，依据"相似相容原理"，相对天然壳聚糖而言，改性壳聚糖对棉纤维的黏附性更强，在受到外力作用时，可表现出更好的强伸性与耐磨性，故接枝壳聚糖具备更加优良的浆纱力学性能。尤其值得关注的是，适量接枝支链的引入提高了壳聚糖分子的支化度，破坏其大分子原有的规整性，扩大分子间的距离，降低分子间的强氢键作用，改善了壳聚糖分子的韧性，故浆纱的断裂伸长率有了极大的改善。

3.3.5.6　接枝率对壳聚糖浆纱毛羽贴服性能的影响

接枝改性程度对浆纱毛羽贴服性能的影响见表 3-4。接枝壳聚糖的浆纱毛羽数量明显低于未改性壳聚糖。随着改性壳聚糖接枝率的增加，浆纱的毛羽数量先是逐渐降低，在接枝率达到 26.89% 时毛羽最少，然后数量转而增加。

表 3-4　接枝率对 CS-g-PAM 纯棉浆纱上不同长度毛羽数量的影响

接枝率/%	3~4mm 毛羽数量	4~5mm 毛羽数量	5~6mm 毛羽数量	6~7mm 毛羽数量	7~8mm 毛羽数量	8~9mm 毛羽数量
原纱	85. 9	38. 7	10. 7	7. 4	5. 3	1. 5
0	27. 1	11. 1	5. 5	3. 2	2. 4	1. 7
2. 06	5. 0	4. 4	4. 2	2. 7	2. 3	1. 0
4. 37	4. 8	3. 4	3. 2	2. 5	2. 4	1. 1
11. 90	4. 6	3. 1	3. 0	1. 9	1. 5	1. 2
26. 89	3. 8	2. 4	2. 9	2. 1	1. 2	0. 4
32. 99	5. 2	4. 2	3. 5	2. 7	3. 2	1. 3

提升浆料对纤维的黏附性是实现贴服浆纱毛羽目的的一种有效方法。依据"相似相容原理"，壳聚糖—丙烯酰胺接枝共聚物对含有大量羟基的棉纤维的黏附性要高于天然壳聚糖，故接枝壳聚糖浆料具有更佳的毛羽贴服能力。然而，当改性壳聚糖的接枝率过高时，其分子间的交联作用凸显，壳聚糖与水分子的缔合作用减弱，水溶性降低，浆液中的有效成分减少。

从而导致壳聚糖浆液对经纱毛羽的贴服能力下降。另外，PAM 吸湿性很强，吸湿后会出现发软及再黏现象，在壳聚糖的主链上引入过多的 PAM 接枝支链会导致浆纱的再黏性过高，导致二次毛羽数量的增加。因此，从有效贴服毛羽的角度考虑，改性壳聚糖的接枝率应控制在 26.89% 以内为宜。

3.3.5.7 壳聚糖—丙烯酰胺接枝共聚物/淀粉配伍对浆液表观黏度及稳定性的影响

接枝壳聚糖/淀粉的浆料配伍对共混浆液表观黏度及其稳定性的影响见表 3-5。随着接枝壳聚糖配比的增加，共混浆的黏度及其稳定性均呈现逐步上升的趋势。

表 3-5　CS-g-PAM/淀粉浆料配伍对表观黏度及其稳定性的影响

浆料配伍（$W_{CS-g-PAM}/W_{淀粉}$）	酸解淀粉	1/9	2/8	3/7	4/6	CS-g-PAM
表观黏度/(mPa·s)	8.0	10.5	13.5	15.0	17.0	27.0
黏度稳定性/%	81.3	85.7	88.9	90.0	91.2	94.4

注　CS-g-PAM 的接枝率为 26.89%，表 3-6 同。

壳聚糖在经过接枝改性后，分子量有所增大，且因引入了 PAM 支链，亲水性基团酰胺基的数量大幅增加，改性壳聚糖大分子与水分子的缔合力提升，高温下抵受外力剪切作用的能力提高，故接枝壳聚糖的浆液黏度及其稳定性均较高。就酸解淀粉而言，该浆料是纺织企业中最为常用的品种之一。因淀粉经过盐酸的水解处理，其分子链被切断，故分子量变小，原本淀粉浆过高的黏度得以降低。所以，混合浆料中接枝壳聚糖组分所占比重越大，浆液的表观黏度及其稳定性越大。共混浆的黏度范围均处于 10~18mPa·s，黏度数值高低适中，对棉纱具有良好的浸透与被覆能力。

3.3.5.8 壳聚糖—丙烯酰胺接枝共聚物/淀粉配伍对浆纱力学性能的影响

接枝壳聚糖/淀粉的浆料配伍对纯棉浆纱力学性能的影响见表 3-6。随着壳聚糖配比的增加，浆纱的增强率、保伸性及耐磨性均呈现逐步增加的趋势。当接枝壳聚糖与淀粉的质量比达到 40∶60 时，浆纱的拉伸断裂强度、伸长率及耐磨次数的增幅已不甚显著。

表 3-6　CS-g-PAM/淀粉浆料配伍对纯棉浆纱力学性能的影响

浆料配伍（$W_{CS-g-PAM}/W_{淀粉}$）	酸解淀粉	1/9	2/8	3/7	4/6	CS-g-PAM
上浆率/%	10.60	11.15	11.02	11.38	11.32	11.40
增强率/%	18.53	19.89	21.53	22.89	23.71	25.67
减伸率/%	24.47	20.63	12.94	8.53	7.82	3.27
耐磨次数	43	58	69	77	80	95

注　原纱的断裂强力为 3.67N，断裂伸长率为 7.03%，耐磨次数为 29 次。

接枝壳聚糖的分子量较高，故浆纱烘干后，棉纤维之间壳聚糖胶层的内聚强度较大。同时，因适量引入了 PAM 支链，壳聚糖大分子的支化度提高，壳聚糖大分子原有的规整性受到了破坏，分子间的距离增大，分子间强氢键作用降低，壳聚糖大分子的韧性得以改善，故有利于提高浆纱的断裂伸长率。淀粉大分子的固有缺陷导致其浆膜脆硬，浆纱的力学性能不良，尤其是延伸性较差。因此，在淀粉浆中混合适量的接枝壳聚糖可有效提高浆纱的力学性能，克服淀粉浆料固有的保伸性过低的缺点。然而，当接枝壳聚糖与淀粉的配比达到 40：60 时，接枝壳聚糖对浆纱力学性能的改善作用已较为有限，从经济角度分析，接枝壳聚糖的制备成本为酸解淀粉的 3~4 倍，减少接枝壳聚糖用量可节约浆纱成本。故当接枝壳聚糖与淀粉的质量比达到 30：70 时，混合浆料已能基本满足织造对纯棉经纱力学性能的要求。

3.3.5.9　壳聚糖—丙烯酰胺接枝共聚物/淀粉配伍对浆纱毛羽贴服性能的影响

浆料配伍对浆纱毛羽贴服性能的影响如表 3-7 所示。随着接枝壳聚糖组分的增加，浆纱上各长度段的毛羽数量均有所减少。当接枝壳聚糖与淀粉的质量比达到 40：60 时，浆纱毛羽的降幅已较为微小。

表 3-7　CS-g-PAM/淀粉浆料配伍对纯棉浆纱上不同长度毛羽数量的影响

浆料配伍 ($W_{CS-g-PAM}/W_{淀粉}$)	原纱	酸解淀粉	1/9	2/8	3/7	4/6	CS-g-PAM
3~4mm 毛羽数量	85.9	12.2	10.5	8.6	5.6	5.4	3.8
4~5mm 毛羽数量	38.7	9.7	6.3	4.1	3.6	3.3	2.4
5~6mm 毛羽数量	10.7	8.5	5.2	3.8	3.2	3.0	2.3
6~7mm 毛羽数量	7.4	4.4	2.3	2.1	1.9	1.9	2.1
7~8mm 毛羽数量	5.3	2.7	2.1	2.0	1.8	1.5	1.2
8~9mm 毛羽数量	1.5	1.3	1.1	0.9	0.8	0.6	0.4

浆料对经纱毛羽的贴服性能与其对纤维的黏附能力密切相关。棉纤维上含有大量的羟基，壳聚糖分子上本来就包含较多的氨基和羟基，在引入 PAM 接枝支链后，氨基数目又得到进一步的增加，氨基和羟基均属极性基团，依据"相似相容原理"，壳聚糖—丙烯酰胺接枝共聚物对棉纤维的黏附性较为优异。此外，接枝壳聚糖的黏度较高，对纱线的被覆能力高于酸解淀粉，因此可以使纤维头端更易于贴服在纱干上，毛羽去除效果更佳。由表可知，当接枝壳聚糖与淀粉的质量比达到 40：60 时，壳聚糖组分的增加对浆纱毛羽的消除作用已不甚明显，从浆纱成本核算的角度出发，当接枝壳聚糖与淀粉的质量比达到 30：70 时，混合浆料已可消除绝大部分的有害毛羽。

3.4　壳聚糖—丙烯酰胺—丙烯酸甲酯接枝共聚物浆料的制备、表征与使用性能

3.4.1　壳聚糖—丙烯酰胺—丙烯酸甲酯接枝共聚物的制备

将壳聚糖投入适量浓度为 1% 的稀醋酸中，搅拌混合形成壳聚糖悬浊液并转移至四颈烧瓶

内，将该悬浊液搅拌均匀并缓慢加热。当温度达到60℃时，用四个滴液漏斗分别向烧瓶中同时滴加$K_2S_2O_8$溶液、$NaHSO_3$溶液、MA及AM，其中MA/AM单体的投料摩尔比分别为0/10，1/9，2/8，3/7，4/6，为获取相近的接枝率，在单体投料摩尔比不同的情况下，MA与AM的质量之和与壳聚糖的质量分数也不相同，分别为40%，53%，55%，56%及60%，浴比控制为1∶10，整个反应体系中过硫酸钾浓度为0.037mol/L，过硫酸钾与亚硫酸氢钠的摩尔比为1∶1.5。在氮气保护下反应2h后，加入终止剂对苯二酚，其与壳聚糖的质量分数为2%，关闭氮气，继续搅拌15min，终止接枝反应。反应完成后，将接枝壳聚糖产物充分洗涤、抽滤，干燥后装袋储存。

3.4.2 壳聚糖—丙烯酰胺—丙烯酸甲酯接枝共聚物的结构表征

壳聚糖（CS）和CS-g-P（AM-co-MA）的FTIR谱图分别如图3-15（a）和图3-15（b）所示。对比两图可知，除保留了CS的全部特征吸收峰外，CS-g-P（AM-co-MA）在1738cm^{-1}附近出现了新的特征吸收峰，而此吸收峰对应的正是酯基上羰基的伸缩振动，这就证实了PMA支链上酯基的存在。另外，在图3-15（b）中，处于1680cm^{-1}处的特征吸收峰也有显著增强，此峰由丙烯酰基上羰基的伸缩振动而产生，这可成为AM被接枝到壳聚糖分子链上形成PAM支链的佐证。

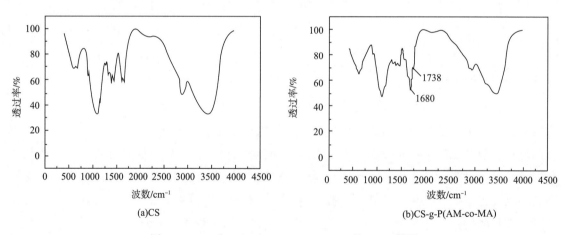

(a)CS   (b)CS-g-P(AM-co-MA)

图3-15　CS和CS-g-P（AM-co-MA）的FTIR谱图

3.4.3 MA/AM单体配伍对接枝壳聚糖使用性能的影响

3.4.3.1 MA/AM单体配伍对接枝参数的影响

MA/AM单体配伍对改性壳聚糖主要接枝参数（即单体转化率和接枝率）的影响见表3-8。为了摒除接枝改性程度对壳聚糖性能的影响而专门探究MA/AM单体配伍所起的作用，本节制备的改性壳聚糖的接枝率均保持在一定的范围内（27.5%±1.5%）。结果显示，若要使改性壳聚糖具有相近的接枝率，随着MA/AM单体投料摩尔比的增加，投料时的单体浓度就应当有所增大。由此表明，MA 比 AM 更难接枝到壳聚糖的分子链上，而 MA/AM 单体的投料摩尔比对单体转化率则未产生显著影响，其数值均保持在 99.4%±0.5% 的较高范围内。

表 3-8　CS-g-P（AM-co-MA）的单体转化率和接枝率

MA/AM 单体的投料摩尔比	单体浓度 $[W_{(MA+AM)}/W_{CS})]/\%$	单体转化率/%	接枝率/%
0/10	40	99.10	27.82
1/9	53	99.75	27.98
2/8	55	99.71	27.46
3/7	56	98.94	26.05
4/6	60	99.89	28.63

在引发剂浓度、氧化剂/还原剂配比等接枝共聚条件适宜的前提下，只要反应时间足够长，自由基聚合中绝大部分单体都可转化为聚合物。$K_2S_2O_8$/$NaHSO_3$ 引发体系下，壳聚糖与丙烯酰胺单体的适宜接枝共聚条件在 Li 等的研究中已得到明确，2h 的反应时长能保证几乎全部丙烯酸类乙烯基单体转化为聚合物（包含接枝支链及均聚物）。当 MA/AM 单体的投料摩尔配比在 0/10～4/6 范围内时，单体转化率均可达到 99.4% 左右。就接枝率而言，有 2 个主要原因导致 MA 比 AM 单体更加难以接枝到壳聚糖的分子链上。首先，MA 单体的水溶性低于AM，故 MA 分子在水相中与壳聚糖大分子自由基碰撞生成接枝支链的概率低于 AM；其次，MA 侧基（—COOCH$_3$）的体积大于 AM 侧基（—CONH$_2$），当单体靠近壳聚糖大分子自由基时，MA 侧基产生的空间位阻效应更明显，与壳聚糖发生接枝聚合的难度更大，MA 自身形成均聚物的可能性也更高。所以，欲获得相近接枝率的 CS-g-P（AM-co-MA）产物，投料时的单体浓度就应当随着 MA/AM 单体投料摩尔比的增加而增大。

3.4.3.2　MA/AM 单体配伍对接触角与壳聚糖浆膜拉伸力学性能的影响

MA/AM 单体配伍对接枝壳聚糖溶液在聚酯纤维上的接触角及接枝壳聚糖膜拉伸力学性能的影响见表 3-9。由该表分析可知，接枝壳聚糖溶液在聚酯纤维上的接触角随着 MA/AM 单体投料摩尔比的增加而逐渐减小。就拉伸力学性能而言，接枝壳聚糖膜的断裂强度和伸长率先随 MA/AM 单体投料摩尔比的增加有所提高，在摩尔比增至 3/7 时达到最高值，随着投料摩尔比的继续增加，膜的断裂强度和伸长率转而下降。

表 3-9　壳聚糖溶液在聚酯纤维上的接触角及壳聚糖浆膜的拉伸力学性能

MA/AM 单体的投料摩尔比	接触角		断裂强度		断裂伸长率	
	（°）	CV/%	N/mm²	CV/%	%	CV/%
0/10	75.20	0.75	33.17	10.25	1.90	10.25
1/9	74.85	0.87	41.56	8.05	3.00	8.05
2/8	73.90	1.08	49.02	9.17	3.92	9.17

续表

MA/AM 单体的投料摩尔比	接触角		断裂强度		断裂伸长率	
	(°)	CV/%	N/mm²	CV/%	%	CV/%
3/7	73.31	1.21	58.58	8.68	5.31	4.68
4/6	72.22	0.73	43.27	7.94	3.42	7.94

　　黏合剂溶液在纤维上的接触角体现了前者对后者的润湿性，润湿性越好，液滴在纤维表面的铺展越广，接触角也就越小。接枝壳聚糖溶液在聚酯纤维上的接触角与二者间的界面张力密切相关，依据润湿方程，界面张力越大，接触角越大。CS-g-PAM 含有大量的极性基团（如氨基、羟基），聚酯纤维的分子链中则包含数量众多的非极性基团——酯基，依据"相似相容原理"，二者的相容性较差，CS-g-PAM 溶液与聚酯纤维的界面张力大。在壳聚糖的分子链上引入一定量包含酯基的 PMA 支链后，壳聚糖溶液与聚酯纤维间的界面张力得以降低，有效改善了壳聚糖溶液在聚酯纤维表面上的润湿性。MA/AM 单体的投料摩尔比越大，接枝壳聚糖分子中包含的酯基越多，其溶液与聚酯纤维间的界面张力就越小，接触角随之降低。

　　壳聚糖浆膜的拉伸力学性能与其大分子结构有着密切的联系，随着含有大量酯基的 PMA 支链的引入，壳聚糖分子内和分子间的强氢键受到一定程度的破坏，分子链间相互滑移的难度降低，在受到拉伸作用时，应力分布趋于均匀，应力集中发生的可能性降低，浆膜的韧性增强，故接枝壳聚糖浆膜的断裂强度和伸长率先随 MA/AM 单体投料摩尔比的增加而有所提升。然而，当 MA/AM 投料摩尔比超过 3/7 后，过多的疏水性支链 PMA 被引至壳聚糖的主链上，接枝壳聚糖的溶解性明显降低，在配制溶液的过程中可观察到有少量壳聚糖始终未能溶解。接枝壳聚糖溶液在干燥成膜后，膜内存留的颗粒状杂质较多，导致在拉伸过程中应力集中发生的可能性大为提高，因此，浆膜的断裂强度和伸长率转而降低。

3.4.3.3　MA/AM 单体配伍对接枝壳聚糖与聚酯纤维黏合性能的影响

　　MA/AM 单体配伍对接枝壳聚糖与聚酯纤维的黏合性能如图 3-16 所示。由图可知，随着 MA/AM 单体投料摩尔比的增加，CS-g-P（AM-co-MA）对聚酯纤维的黏合力与黏合功先是有所增加，在摩尔比增至 3/7 时达到最高值，随着投料摩尔比的继续增加，CS-g-P（AM-co-MA）对聚酯纤维的黏合性能转而降低。

　　壳聚糖本身就包含了大量的极性基团（如氨基、羟基），在接枝了 PAM 支链后，支链上的氨基进一步提高了壳聚糖的极性，而聚酯纤维是一种典型的非极性纤维。黏合剂与被黏物的极性相差过大势必导致二者之间难以形成牢固的黏合，由此可推知，无论是壳聚糖抑或是只接枝了 PAM 支链的改性壳聚糖，都不可能与聚酯纤维形成高强度的黏合点，黏合性能测试结果亦和此推论吻合。依据相似相容原理，若在作为黏合剂使用的壳聚糖的分子链上引入一定数量的酯基，就能够降低接枝壳聚糖的极性，改善接枝壳聚糖对聚酯纤维的亲和性，提升其对聚酯类非极性或弱极性合纤的黏合能力，从而扩展壳聚糖基黏合剂的适用范围，这也成为选定 MA 为第二单体，将其与 AM 共同接枝到壳聚糖上的主要原因。

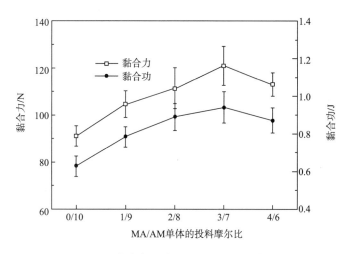

图 3-16 接枝壳聚糖对聚酯纤维的黏合性能

欲使黏合剂大分子能够充分扩散入被黏物乃至与被黏物形成牢固的黏合点，该黏合剂就应当能以溶液的形式润湿被黏物并在其表面顺利铺展。表 3-9 中接枝壳聚糖溶液在聚酯纤维上接触角的变化规律显示，MA/AM 单体投料摩尔比越大，接枝壳聚糖溶液就越易于润湿聚酯纤维。因此，CS-g-P（AM-co-MA）对聚酯纤维的黏合性就应随着 MA/AM 单体投料摩尔比的增加而提升。由图 3-16 可知，当单体投料摩尔比从 0/10 增至 3/7 时，接枝壳聚糖对聚酯纤维的黏合力与黏合功的变化规律与此推论相符。然而，当单体投料摩尔比达到 4/6 后，接枝壳聚糖与聚酯纤维的黏合力与黏合功均开始出现下降。其原因在于，黏合剂对纤维黏合性的优劣一般是由黏合剂溶液对纤维的润湿性、黏合剂对纤维大分子的亲和性、黏合剂干燥后所成胶层的内聚强度三个主要因素共同决定。若仅着眼于前两个因素，往往只能探究出黏合点抵御黏附破坏（即发生在黏合剂与被黏物界面上的破坏）的能力；而黏合剂胶层的内聚强度则与黏合点抵抗内聚破坏（即发生在胶黏剂层内部的破坏）的能力密切相关，故考察黏合剂胶层的内聚强度同样是在评价一种黏合剂对纤维黏合性能时不可略去的步骤。然而，当黏合剂溶液干燥后，将纤维间的黏合剂胶层完好无损地剥离下来进行力学性能测试显然不具备可行性。为解决此问题，Zhu 和 Chen 探索出一种易于操作的试验方法用来测定黏合剂胶层的力学性能，即将黏合剂溶液烘燥成膜，再将膜裁成规定尺寸的试样，以此试样的力学性能作为黏合剂胶层力学性能的近似参考。依据此法，制备出相应的接枝壳聚糖膜并测试其力学性能（表 3-9）。结果表明，随着 MA/AM 单体投料摩尔比的增加，接枝壳聚糖膜的拉伸力学性能先有所改善，在摩尔比增至 3/7 时达到最佳值，之后转而降低。由此可知，当 MA/AM 的单体摩尔配比达到一定数值（4/6）时，接枝壳聚糖胶层内聚强度的降低对黏合性能所产生的不利影响可能会超过因酯基的引入给接枝壳聚糖对聚酯纤维的亲和力及润湿性带来的有利影响，宏观体现为接枝壳聚糖对聚酯纤维的黏合力与黏合功出现下降的趋势。

3.4.3.4 MA/AM 单体配伍对浆液黏度及其稳定性的影响

MA/AM 单体配伍对浆液的表观黏度及其稳定性的影响见表 3-10。分析此表可知，随着

MA 单体所占比重的加大，所得 CS-g-P（AM-co-MA）浆液的表观黏度呈现了下降的趋势。究其原因，随着 CS-g-P（AM-co-MA）中疏水性支链 PMA 的占比增加，接枝壳聚糖水溶性降低，浆液内有效成分减少，浆液的表观黏度会随之降低，在 MA/AM 单体的投料摩尔比达到 4/6 时下降更为明显。

表 3-10 壳聚糖溶液在聚酯纤维上的接触角及黏度稳定性

MA/AM 单体的投料摩尔比	0/10	1/9	2/8	3/7	4/6
黏度/(mPa·s)	12.7	12.6	12.5	12.4	12.0
黏度稳定性/%	91.27	91.80	92.06	92.80	91.67

此外，CS-g-PAM 及四种不同单体配比的 CS-g-P（AM-co-MA）的黏度稳定性都达到了 91% 以上，由此可知 MA/AM 单体配比并未对接枝壳聚糖浆液的黏度稳定性产生显著影响，接枝壳聚糖浆液的黏度稳定性都保持在较高的水平，符合浆纱工艺对黏度稳定性的要求（>85%）。

3.4.3.5 MA/AM 单体配伍对浆纱力学性能的影响

MA/AM 单体配伍给涤纶浆纱力学性能所带来的影响见表 3-11。由表可知，CS-g-P（AM-co-MA）的各项浆纱力学性能均优于 CS-g-PAM。随着 MA 单体所占比例的增加，浆纱的增强率、保伸性及耐磨性均呈现出先增大后减小的趋势，当 MA/AM 单体投料摩尔比为 3/7 时，CS-g-P（AM-co-MA）所浆涤纶纱的综合力学性能较高。

表 3-11 CS-g-P（AM-co-MA）单体配伍对涤纶浆纱力学性能的影响

MA/AM 单体的投料摩尔比	上浆率/%	增强率/%	减伸率/%	耐磨次数
0/10	9.02	8.91	25.91	235
1/9	10.25	20.16	21.77	362
2/8	9.85	32.17	12.22	433
3/7	9.98	39.15	5.62	520
4/6	10.13	36.43	7.04	489

注 原纱的断裂强力为 2.58N，断裂伸长率为 20.30%，耐磨次数为 152 次。

当 MA/AM 投料的摩尔比在 3/7 以内时，PMA 接枝支链引入量的增加有效提升了接枝壳聚糖对涤纶短纤纱的上浆性能。其原因在于，在改性壳聚糖接枝率相近（27.5%±1.5%，参见表 3-9）的条件下，MA/AM 的投料摩尔比越大，改性壳聚糖接枝支链上的酯基越多，壳聚糖浆液越易润湿涤纶纤维。众所周知，浆液能较好地在纤维表面润湿和铺展是其得以向纱线内部扩散与浸透的基础，换言之，浆液润湿性的改善有利于提升浆纱效果。另外，依据"相似相容原理"，在壳聚糖分子主链上引入 PMA 支链，可降低壳聚糖原本较强的极性，而涤纶纤维大分子属于弱极性物质，极性相似度高的两种高分子的亲和力好，故接枝壳聚糖浆料对涤纶纤维的黏附力获得提高。在受到外力作用时，浆纱就能表现出更好的强伸性与耐磨性。

同时，包覆在经纱表面的壳聚糖浆膜的脆硬性也会因浆料大分子极性的减弱得到降低，有利于提高浆纱的断裂伸长率。

然而，当 MA/AM 的投料摩尔比超过 3/7 后，涤纶浆纱的力学性能转而降低。如前文所述，当接枝率相近时，MA/AM 摩尔比越大，亲水性支链 PAM 的物质的量越少，接枝壳聚糖的水溶性就越差。浆料水溶性的降低意味着浆液中有效成分的减少，浆纱的使用性能就会受到损害。因此，当 PMA 接枝支链的引入量过高时，CS-g-P（AM-co-MA）的浆纱性能反而开始下降。

3.4.3.6　MA/AM 单体配伍对浆纱毛羽贴服性能的影响

MA/AM 单体配伍对涤纶浆纱毛羽贴服性能的影响见表 3-12。CS-g-P（AM-co-MA）的浆纱毛羽数量明显低于 CS-g-PAM，随着 MA 单体所占比例的增加，浆纱的毛羽数量先是逐渐降低，在 MA/AM 摩尔配比达到 3/7 时毛羽最少，然后毛羽数量转而增加。

表 3-12　MA/AM 单体配伍对涤纶浆纱上不同长度毛羽数量的影响

MA/AM 单体的投料摩尔比	原纱	0/10	1/9	2/8	3/7	4/6
3~4mm	51.3	29.3	15.6	10.7	6.2	7.2
4~5mm	25.1	16.7	9.2	9.0	2.1	2.8
5~6mm	15.6	8.7	4.1	2.2	0.5	0.7
6~7mm	6.5	5.3	1.7	0.9	0.3	0.5
7~8mm	2.7	1.2	0.6	0.4	0.1	0.2
8~9mm	0.5	0.3	0.2	0	0	0

壳聚糖大分子本身具有羟基、氨基等极性基团，PAM 接枝支链上又包含了大量的氨基，故 CS-g-PAM 对棉纤维有着良好的黏附作用，但对于极性较弱的涤纶纤维则显示出很差的黏附性。因此，针对包含大量酯基的涤纶纤维，在适量引入聚丙烯酸酯接枝支链后，依据相似相容原理，合成出的 CS-g-P（AM-co-MA）对涤纶纤维的黏附性较好，故浆纱的毛羽数量得到显著降低。

如上表所示，MA/AA 的投料摩尔比越大，浆液的表观黏度越低。黏度的下降有利于提高浆液的流动性，符合上浆工程对纺织浆料"高浓低黏"的要求。但是，若浆液的黏度过低会导致浆液在纱线中浸透有余而被覆不足，过低的黏度也会使纱线表面的纤维游离端难以贴服在纱体上，从而减弱其减少毛羽的作用。因此，当 PMA 接枝支链的引入量过高时，浆纱的毛羽指数反而增加。

参考文献

[1] OPWIS K, KNITTEL D, KELE A, et al. Enzymatic recycling of starch-containing desizing liquors [J]. Starch, 1999, 51 (10): 348-353.

［2］ 刘禹廷，王洪岩，张航．基于甲壳素浆料水溶性的生物改性研究［J］．化工中间体，
2015（8）：122.

［3］ 陈秀苗，郭建生．甲壳素浆料的制备及其性能［J］．上海纺织科技，2010，38（12）：
10-12.

［4］ 申芳，郭建生．生物脱乙酰甲壳素浆料研究［J］．纺织科技进展，2010（1）：19-20.

［5］ SANNAN T, KURITA K, IWAKURA Y. Studies on chitin. V. Kinetics of deacetylation reaction ［J］. Polymer Journal, 1977, 9（6）：649-651.

［6］ KURITA K, CHIKAOKA S, KOYAMA Y. Studies on chitin. Part 15. Improvement of adsorption capacity for copper（Ⅱ）ion by N-nonanoylation of chitosan ［J］. Chemistry Letters, 1988, 1：9-12.

［7］ 万荣欣，顾汉卿．水溶性壳聚糖的研究进展［J］．透析与人工器官，2005，16（1）：
26-32.

［8］ 董静静，李思东，杨磊．水溶性壳聚糖的制备及其应用研究进展［J］．广州化工，
2008，36（6）：7-10.

［9］ 陈燕，郭建生．甲壳素浆料上浆性能的生物改性［J］．纺织导报，2006（11）：63-65.

［10］ DON T M, KING C F, CHIU W Y. Synthesis and properties of chitosan-modified poly（vinyl acetate）［J］. Journal of Applied Polymer Science, 2002, 86：3057-3063.

［11］ FENG L D, ZHOU Z Y, DUFRESNE A, et al. Structure and properties of new thermoforming bionanocomposites based on chitin whisker-graft-polycaprolactone ［J］. Journal of Applied Polymer Science, 2009, 112：2830-2837.

［12］ LI M L, JIN E Q, YU B, et al. Effects of Monomer Compatibility on Sizing Performance of Chitosan-g-P（MA-co-AM）［J］. AATCC Journal of Research, 2021, 8（6）：58-66.

［13］ 池虹，金恩琪，李曼丽．丙烯酰胺/丙烯酸甲酯单体配伍对壳聚糖接枝共聚物黏合性能的影响［J］．化工新型材料，2019，47（11）：164-166.

［14］ LI M L, JIN E Q, QIAO Z Y, et al. Effects of graft modification on the properties of chitosan for warp sizing ［J］. Fibers and Polymers, 2015, 16（5）：1098-1105.

［15］ JIN E Q, REDDY N, ZHU Z F, et al. Graft polymerization of native chicken feathers for thermoplastic applications ［J］. Journal of Agricultural and Food Chemistry, 2011, 59：
1729-1738.

［16］ KEMP W. Qualitative Organic Analysis：Spectrochemical Techniques ［M］. London：McGraw-Hill Book Company（UK）Limited, 1986：48-51.

［17］ LI M L, ZHU Z F, JIN E Q. Graft Copolymerization of granular allyl starch with carboxyl-containing vinyl monomers for enhancing grafting efficiency ［J］. Fibers and Polymers, 2010,
11（5）：683-688.

［18］ MARTINEZ-HERNANDEZ A L, SANTIAGO-VALTIERRA A L, ALVAREZ-PONCE M J. Chemical modification of keratin biofibers by graft polymerization of methyl methacrylate using redox initiation [J]. Materials Research Innovations, 2008, 12: 184-191.

[19] SUN Y Y, SHAO Z Z, ZHOU L, et al. Compatibilization of acrylic polymer-silk fibroin blend fibers. 1. Graft copolymerization of acrylonitrile onto silk fibroin [J]. Journal of Applied Polymer Science, 1998, 69 (6): 1089-1097.

[20] WANG Y X, CAO X J. Extracting keratin from chicken feathers by using a hydrophobic ionic liquid [J]. Process Biochemistry, 2012, 47 (5): 896-899.

[21] HUANG L M. Chemical scrubbing of fume gas stream from corn germ pressing machine [D]. Kaohsiung: National Sun Yat-sen University, 2002.

[22] FRANCOLINI I, TARESCO V, CRISANTE F, et al. Water soluble usnic acid-polyacrylamide complexes with enhanced antimicrobial activity against Staphylococcus epidermidis [J]. International Journal of Molecular Sciences, 2013, 14: 7356-7369.

[23] LI M L, ZHU Z F, JIN E Q. Effect of an allyl pretreatment of starch on the grafting efficiency and properties of allyl starch-g-poly (acrylic acid) [J]. Journal of Applied Polymer Science, 2009, 112 (5): 2822-2829.

[24] LI M L, ZHU Z F, PAN X. Effects of starch acryloylation on the grafting efficiency, adhesion, and film properties of acryloylated starch-g-poly (acrylic acid) for warp sizing [J]. Starch, 2011, 63 (11): 683-691.

[25] JIN E Q, ZHU Z F, YANG Y Q, et al. Blending water-soluble aliphatic-aromatic copolyester in starch for enhancing the adhesion of sizing paste to polyester fibers [J]. Journal of the Textile Institute, 2011, 102 (8): 681-688.

[26] JIN E Q, ZHU Z F, YANG Y Q. Structural effects of glycol and benzenedicarboxylate units on the adhesion of water-soluble polyester sizes to polyester fibers [J]. Journal of the Textile Institute, 2010, 101 (12): 1112-1120.

[27] JIN E Q, ZHU Z F, ZHANG H. Film-formation investigation on polyester sizes for measuring the mechanical behaviours for warp sizing [J]. Man-Made Textiles in India, 2010, 51 (8): 274-277.

[28] PAUL S. Surface Coatings Science and Technology [M]. New York: John Wiley & Sons Ltd., 1985: 510-516.

[29] ZHU Z F, CHEN P H. Carbamoyl ethylation of starch for enhancing the adhesion capacity to fibers [J]. Journal of Applied Polymer Science, 2007, 106 (4): 2763-2768.

[30] ZHU Z F, CAO S J. Modifications to improve the adhesion of crosslinked starch sizes to fiber substrates [J]. Textile Research Journal, 2004, 74 (3): 253-258.

第4章　接枝改性田菁胶浆料

4.1　概述

　　田菁籽为豆科草本植物田菁的种子，田菁是我国常见野生植物之一，广泛分布于海南、江苏、浙江、福建、广东等南方省份，其中尤以海南的田菁产量为高。田菁籽俗称野绿豆，经筛选、烘干、研磨加工后的产物即为田菁胶，又名田仁粉。田菁胶的物化性能与淀粉类似，色淡黄，在水中成浆后色泽转深。

　　一般认为，田菁胶的主要成分为甘露糖与半乳糖的缩聚物，其甘露糖/半乳糖的比例为每2个甘露糖伴有1个半乳糖，是在由1,4-β苷键连接的β-D-甘露糖的长链形分子上，有一个单环的α-D-半乳糖侧基，后者以1-6α苷键与主链连接，是一种天然的交替共聚物。

　　田菁胶的生粉带有豆腥味，煮熟后气味消失。在显微镜下观察，田菁胶粒子外形多为椭圆形，粒子大小与小麦淀粉接近。田菁胶粒子紧密细致，糊化缓慢，加热到90℃时还不能全部糊化，煮到98℃时才开始有破裂的颗粒，高温下维持较长时间后（1h以上）才能完全糊化。调浆温度适宜在98~100℃，为加速糊化，缩短调浆时间，可用硅酸钠作分解剂，用量一般为田菁胶的6%~10%。田菁胶调制时较为困难，易结块，因此在调合过程中应采用高速搅拌。温度降低时易凝胶。凝胶不能再回复，剩浆不宜回用。

　　近年来，因极端天气影响，印度、乌克兰、澳大利亚等主要产粮国的粮食大幅减产，相关国家陆续出台政策限制粮食出口，导致纺织浆料领域内消耗量长期居于首位的淀粉及其衍生物的价格呈现出不断上涨的态势。来源广、价格低的田菁胶并无食用价值，却较好地满足了全球性粮食危机大背景下"上浆不用粮"的需求。田菁胶的分子链上含有大量的羟基，适用于亲水性纤维所纺纱线（如棉纱、黏胶纱）的上浆，对涤纶纯纺纱与高比例涤/棉混纺纱的上浆效果却不甚理想，使用局限性较大。聚对苯二甲酸乙二酯纤维分子链中含有数量庞大的酯基，依据"相似相容原理"，在田菁胶分子链上引入酯基有望突破该类浆料的使用局限。

4.2　国内外研究现状

　　当前，来源于田菁种子胚乳中的田菁胶已经被广泛地应用于食品、建筑、造纸、陶瓷、电池制造等工业领域。波利亚德（Pollard）等通过对不同品种的田菁种子形状、质量和胚乳成分的实验得出，从田菁种子胚乳中提取的半乳甘露聚糖胶可以代替瓜尔胶在工业生产中使用。在我国，田菁胶早已被列入"食品添加剂"范畴，允许田菁胶在食品加工中使用，并在 2016 年制定了食品添加剂田菁胶食品安全国家标准 GB 1886.188—2016。田菁胶属于亲水胶体的一种，具有在水中分散时可以形成黏性分散体或凝胶的特点。大量羟基的存在显著增强了聚合物和水分子的亲和力，使其具有亲水性。因此，食品级的田菁胶可作为增稠剂在食品中使用。

田菁胶具有分子量较高、水不溶物含量高、黏度较高等特点，限制了田菁胶的应用，因此，科研人员将田菁胶进行改性而扩大其应用范围。田菁胶化学改性的目的是通过和许多化学试剂反应使其得到优化以获得更好的性能，化学方法主要包括接枝、氧化、酯化和醚化等。当前，国内外关于田菁胶的化学改性和复合化学改性的研究均相对较少。

经过羧甲基化修饰的羧甲基田菁胶和原胶粉相比，水中不溶物含量降低，具有更好的稳定性、水溶性、分散性和溶解性，但增黏能力较差。羧甲基田菁胶已广泛用于油田水基压裂液、浆状炸药、造纸废水及其他废水处理的絮凝剂、选矿、印染和造纸等工业中。由于羧甲基田菁胶仅能耐一价金属盐，不能与二价盐相配位，因此其应用受到了限制。崔元臣利用氯乙醇或环氧乙烷做醚化剂，乙醇为分散剂，在碱性介质中与田菁胶粉缩合制得羟乙基田菁胶，改进后的田菁胶无毒、可生物降解，并且其水溶性和交联性增大。羟乙基田菁胶可用于丝绸筛网印花糊料、麦草造纸的絮凝剂和工业废水处理。羟丙基田菁胶是让乙醇溶解的田菁胶在碱性（氢氧化钠）、一定温度和 pH 条件下与环氧丙烷反应而制得的。经改进的胶水不溶物含量较高，耐温、耐剪切和增黏能力较好，可作为油田高温深井、低渗透油气层水基压裂液的主要稠化剂。

田菁半乳甘露聚糖分子链上的羟基基团与不同的交联剂进行交联使其结构性质发生改变的过程叫做交联。通常采用的交联剂有三氯氧磷、环氧氯丙烷、三偏磷酸钠、二醛类等。这些交联剂通常有 2 个活性位点，它们可以与羟基聚合物链的分子结合起来形成闭合的环状结构。田菁胶和二醛交联改变了原来胶的热稳定性、膨胀能力及黏度。与其他交联剂反应改性的产品可用于化妆品、医药、造纸、废水处理、作钻井液或裂解液等领域。

在一定温度的碱性条件下，用季铵型阳离子试剂（CHPAC）和田菁胶反应后制得季铵型阳离子田菁胶。经改性的田菁胶可以用于废水处理。在碱性条件下，田菁胶和 3-氯-2-羟丙基三甲基氯化铵发生醚化反应制得阳离子田菁胶，该改性田菁胶可用于洗发水梳理剂。郑辉将田菁胶和氯乙酸在碱性条件下反应使其阴离子化，再用 CHPAC 将阴离子田菁胶阳离子化，得到两性田菁胶。两性田菁胶可以用来处理城市生活废水、高浓度印染废水等。

β-甘露聚糖酶能有效酶解田菁半乳甘露聚糖，胶黏度大幅度降低。通过正交试验，发现最佳水解条件为：田菁水溶胶浓度为 2.0%、β-甘露聚糖酶的添加量为 20U/g、适宜 pH 为 6.5、最适温度为 65℃、最适水解反应时间为 8.0h。通过对酶法水解田菁胶制备半乳甘露寡糖的水解液的组成、聚合度分析，采用对水解液的还原糖浓度、还原性末端糖基和黏度的测定，并通过薄层色谱和高效液相色谱分析对酶解液进行分析。结果表明，选择田菁胶作为半乳甘露寡糖的生产原料，利用 β-甘露聚糖酶进行水解，其方法具有水解过程简单、产物聚合度低、纯度高的优点。根据漆酶/TEMPO 的氧化作用，半乳甘露聚糖的黏性和浓度降低到原来的 1/5 左右，而且形成了有一定结构的、有弹性的、稳定的凝胶，这种凝胶可以被 β-甘露聚糖酶水解。

目前，尚未见国外研究者对田菁胶及其衍生物用作纺织浆料的研究报道。2009 年，刘田等研究了天然田菁胶的上浆性能，并对添加田菁胶以降低 PVA 用量的田菁胶/PVA 共混浆进行了浆液黏附力和浆纱测试。测试结果表明，浆液黏度稳定、浆膜柔韧，对纤维素纤维黏着力较大，田菁胶可在经纱上浆中取代部分 PVA，浆纱效果良好。

薛蔓等利用次氯酸钠对田菁胶进行了不同程度的氧化改性，探讨了氧化田菁胶/酯化淀粉复合浆料的上浆性能，测试了不同氧化田菁胶与酯化淀粉复配比例的复合浆料浆出纱线的毛羽、耐磨和强伸性能，研究了所得复合浆料的浆液黏度热稳定性、浆膜性能、黏附力、浆纱强伸性能和热稳定性。结果表明：氧化田菁胶与酯化淀粉复配比例为 3∶5 时，复合浆料具有良好的黏度热稳定性和黏附力、适度的强伸性能，总体上浆性能良好。

申鼎等研究了改性田菁胶接枝丙烯酸共聚浆料的制备工艺及其浆纱效果。先将田菁胶在水体系中用次氯酸钠氧化，以过硫酸钠作引发剂，合成了改性田菁胶接枝丙烯酸共聚物，并将其用于纯棉纱上浆。试验表明：较理想的制备工艺为田菁胶用量 2g，次氯酸钠用量 5mL，丙烯酸用量 1.5g、过硫酸钠用量 0.03g，认为以理想工艺制得的改性田菁胶接枝丙烯酸共聚浆料对棉纱有较好的上浆效果。

李曼丽等针对天然田菁胶上浆过程中黏度过高、对高比例含涤纱线上浆性能不佳等使用问题，通过将不同浓度的丙烯酸甲酯接枝到天然田菁胶的分子链上，制备出不同接枝率（GR）的田菁胶丙烯酸甲酯接枝共聚物浆料。分别采用天然田菁胶与接枝改性田菁胶对涤/棉（65/35）混纺纱进行上浆试验，测试了浆纱的各项性能。结果表明：接枝改性田菁胶对涤棉纱的上浆性能显著优于天然田菁胶，当改性田菁胶的接枝率为 18.70% 时，各项浆纱性能达到最佳。

金恩琪等为将田菁胶浆料的纱线适用品种拓展至高比例含涤纱，考察了常用丙烯酸酯单体的碳链长度对接枝改性田菁胶上浆性能的影响。采用 Fenton 试剂为引发剂，将四种具有不同碳链长度的丙烯酸酯单体分别接枝到天然田菁胶的分子链上，制得接枝率相近而接枝支链分子结构各有不同的改性田菁胶。然后，采用此系列接枝改性田菁胶对涤/棉（65/35）混纺纱进行上浆试验并测试浆纱的常用性能。结果表明：随着丙烯酸酯单体碳链长度的减小，所得接枝田菁胶浆出的涤/棉纱的断裂强力逐渐提高，断裂伸长率及毛羽数量则有所降低；以丙烯酸乙酯为接枝单体合成出的改性田菁胶浆纱的耐磨性最优。通过采用不同碳链长度的丙烯酸酯单体，制备出的接枝改性田菁胶能够满足高比例含涤纱上浆时，织造工序对于浆纱不同性能的要求。

4.3　接枝田菁胶浆料的制备方法

4.3.1　天然田菁胶（SG）的制备

目前，田菁胶在工业上传统的制备方法主要有干法和湿法两种。干法加工工艺是目前大多数田菁胶生产采用的方法，主要是利用田菁种子的种皮、子叶和胚乳三部分物理性质的不同而进行分离，这三部分中，田菁种皮和田菁子叶其性较脆，而胚乳有韧性，可将去杂以后的种子直接投入粉碎机粉碎，然后分离出胚乳，再把胚乳加工成胶。

湿法加工工艺：先将田菁种子在水中适度浸泡，种子中胚乳吸收水分体积膨胀，而子叶仅略微浸湿，仍保持坚硬。然后将浸胀的种子通过粉碎分离胚乳，胚乳干燥后制胶。此法技术上有一定难度，但制得的田菁胶质量好，得胚率高。

4.3.2　接枝田菁胶的合成

将田菁胶与适量蒸馏水混合形成田菁胶分散液并倒入反应容器内，使用机械搅拌器将该分散液搅拌均匀并缓慢加热，搅拌速度 400r/min。向烧瓶内通入氮气 30min 以上，将反应容器内空气完全排出。当容器内温度达到 45℃时，在氮气环境下用三个滴液漏斗分别向烧瓶中同时滴加氧化剂 H_2O_2 溶液、还原剂 $(NH_4)_2Fe(SO_4)_2 \cdot 6H_2O$ 溶液以及不同浓度的丙烯酸酯类单体，如丙烯酸甲酯（MA）、丙烯酸乙酯（EA）、丙烯酸丁酯（BA）、丙烯酸异辛酯（EHA），浴比 1∶7，整个反应体系中 $(NH_4)_2Fe(SO_4)_2 \cdot 6H_2O$ 为 0.0282mol/L，H_2O_2 与 $(NH_4)_2Fe(SO_4)_2 \cdot 6H_2O$ 的摩尔比为 50∶1。在氮气保护下反应 6h 后，加入终止剂对苯二酚，对苯二酚占田菁胶的质量分数为 2%，关闭氮气，继续搅拌 15min，终止接枝反应。反应完成后，将接枝改性田菁胶分散液抽滤，制得接枝改性田菁胶浆料，烘干后密封存储。田菁胶与丙烯酸酯的反应方程式参如图 4-1 所示。

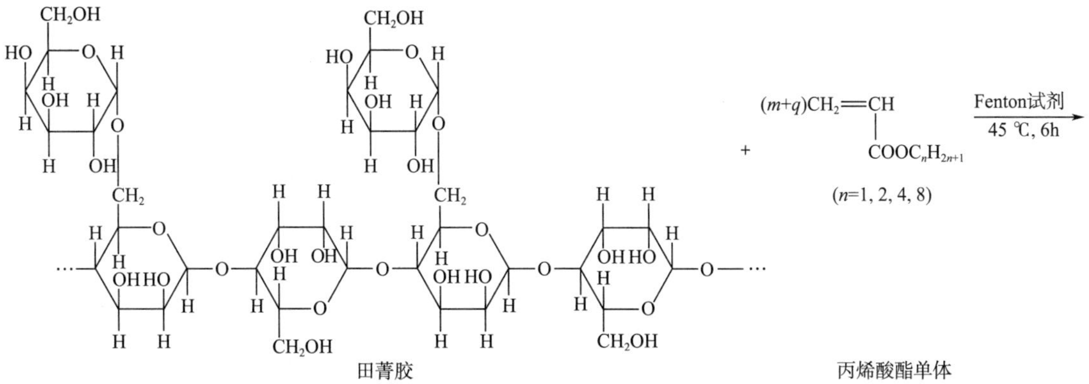

田菁胶　　　　　　　　　　　　　　　　　丙烯酸酯单体

图 4-1

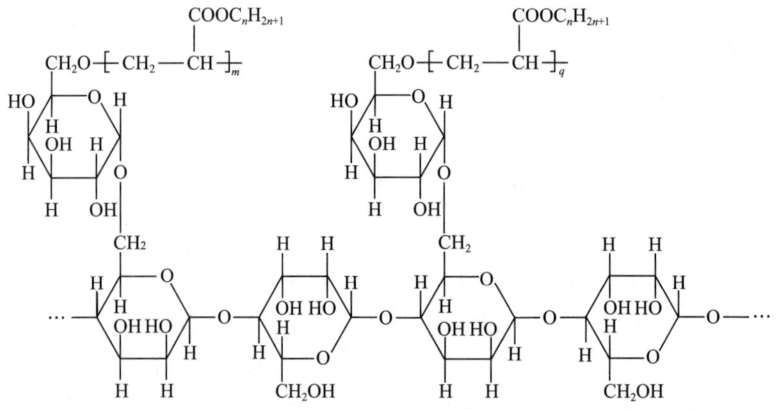

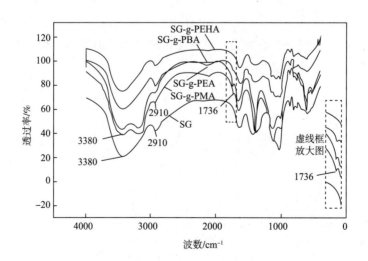

田菁胶—丙烯酸酯接枝共聚物

图 4-1　天然田菁胶与丙烯酸酯单体接枝共聚反应示意

4.4　田菁胶的结构表征

4.4.1　天然田菁胶与田菁胶—丙烯酸酯接枝共聚物的 FTIR 图谱分析

图 4-2 为天然田菁胶和接枝了不同碳链长度丙烯酸酯单体的改性田菁胶的 FTIR 谱图。由图 4-2 可知，除保留有天然田菁胶的全部特征吸收峰外（如出现在约 3380cm⁻¹ 处的—OH 伸缩振动，2910cm⁻¹ 处的—CH₂—、—CH₃ 伸缩振动），在引入了聚丙烯酸酯接枝支链的改性田菁胶谱图的约 1736cm⁻¹ 处均出现了一个新的特征峰，此峰由于酯基中羰基的伸缩振动而产

图 4-2　天然田菁胶与以丙烯酸甲酯、丙烯酸乙酯、丙烯酸丁酯及
丙烯酸异辛酯为接枝单体的改性田菁胶 FTIR 谱图

生。用于红外表征的田菁胶—丙烯酸酯接枝共聚物已经过充分的洗涤、索氏提取器萃取等纯化程序，其上附着的丙烯酸酯单体和聚丙烯酸酯均聚物已经全部去除，故该特征峰可作为各丙烯酸酯单体被接枝到田菁胶分子链上的证明。

4.4.2　天然田菁胶与田菁胶—丙烯酸酯接枝共聚物的核磁共振 H 谱分析

天然田菁胶与各田菁胶—丙烯酸酯接枝共聚物的核磁共振 H 谱如图 4-3 所示。分析可知，除保留 DMSO 的溶剂峰（2.5ppm）、溶剂中的 H_2O 峰（3.3ppm）及天然田菁胶所特有的化学位移峰（如 1.0~2.0ppm 处烷基的质子峰）外，接枝田菁胶的分子结构中还包含了新的链节。如图 4-3（b）~（e）中除包括图 4-3（a）中全部的化学位移峰外，在约 3.5ppm 处均出现了一个新的化学位移峰，此峰对应的正是酯基的质子峰，这就表明聚丙烯酸酯支链已被接枝到田菁胶的分子主链上。另外，1.0~2.0ppm 范围内烷基质子峰峰强的增大也可作为聚丙烯酸酯支链接枝到田菁胶上的佐证。

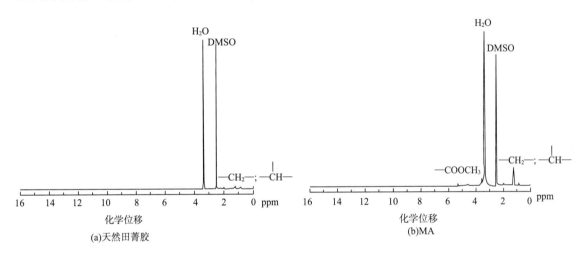

(a)天然田菁胶　　　　　(b)MA

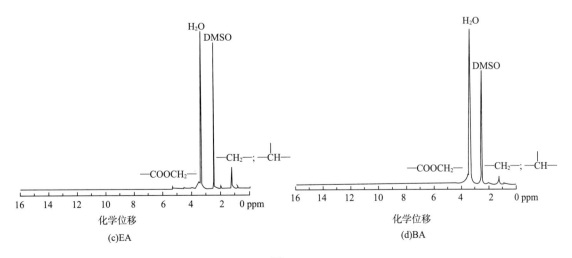

(c)EA　　　　　(d)BA

图 4-3

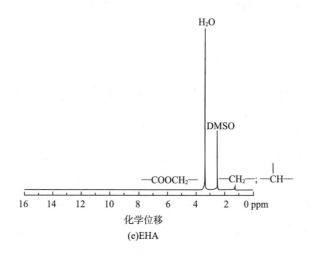

图 4-3　SG 与以 MA、EA、BA 及 EHA 为接枝单体的改性田菁胶的核磁共振 H 谱图

4.5　不同接枝率改性田菁胶的使用性能

4.5.1　单体浓度对接枝参数的影响

本章 4.5 节以接枝丙烯酸甲酯（MA）单体的改性田菁胶为例，阐述不同接枝率改性田菁胶的使用性能。单体浓度对单体转化率和改性田菁胶的接枝率的影响如图 4-4 所示。随着 MA 单体浓度的增加（10%~40%），单体转化率均能保持在 97.5% 左右，接枝率则呈现逐渐增加的趋势。

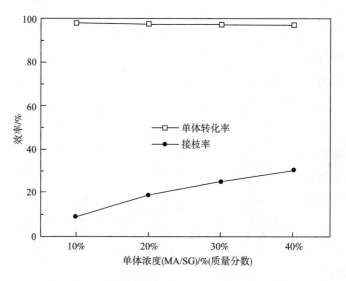

图 4-4　不同单体浓度下 SG-g-PMA 的接枝参数

在适当的条件下，如能投入足量的引发剂和达到适宜的聚合温度，通常在足够的聚合时间后就能获得较高的单体转化率。6h 的聚合时间可保证在接枝共聚反应中获得较高的单体转化率（>97%），能够使几乎所有的单体转化为聚合物。增加 MA 的浓度可以增加 PMA 的生成质量，这表明 PMA 接枝支链的数量或长度有所增加。因此，单体浓度越高，接枝率就越高。

4.5.2　接枝率对浆液黏度及其稳定性的影响

表 4-1 显示了天然田菁胶与具有不同接枝率的改性田菁胶浆液的黏度及其稳定性。田菁胶在经过接枝改性后，田菁胶浆液的黏度比接枝前降低了约 10 倍，处于 16~22mPa·s 范围内，已满足一般浆纱工程对浆液黏度的要求，且接枝后浆液的黏度稳定达到 90% 以上，优于天然田菁胶的黏度稳定性。随着接枝率的提高，改性田菁胶的浆液黏度逐步增加。

表 4-1　天然田菁胶与具有不同接枝率的改性田菁胶浆液的黏度及其稳定性

浆料类型	接枝率/%	黏度/(mPa·s)	黏度稳定性/%
SG	—	210	85.7
SG-g-PMA	8.80	16.0	90.6
	18.70	18.0	91.7
	25.02	19.0	91.1
	30.57	21.5	90.0

依据金（Jin）的研究，当 $H_2O_2/(NH_4)_2Fe(SO_4)_2·6H_2O$ 的摩尔比不低于 20:1 时，就能够保证有足量的 H_2O_2 和 $(NH_4)_2Fe(SO_4)_2·6H_2O$ 发生氧化还原反应生成初级自由基，从而引发接枝共聚反应。在设计确定 Fenton 试剂中 H_2O_2 和 $(NH_4)_2Fe(SO_4)_2·6H_2O$ 的用量时，适当增加 H_2O_2 与 $(NH_4)_2Fe(SO_4)_2·6H_2O$ 的比例（增至 50:1），不仅可以使氧化剂和还原剂充分发生氧化还原反应，引发田菁胶和 MA 的接枝共聚；同时，过量的 H_2O_2 还可氧化田菁胶，切断其分子链，降低其平均分子量，进而使其浆液的黏度下降。另外，氧化后改性田菁胶分子链的长短比天然田菁胶更加均一，分子量分布范围更窄，因此，在高温及高速剪切作用下，其浆液黏度波动率相对较小，有利于获得更稳定的上浆率。

对同种聚合物而言，其分子量越大，在相同温度下，能旋转的链段数越多，从各个方向运动、相互抵消的概率越大，大分子链重心位移越难，浆液的黏度就越大。无论是接枝支链的长度还是数量增加，都会使得接枝改性田菁胶的分子量有所提高，因此，随着接枝率的提高，改性田菁胶的浆液黏度逐步增加。

4.5.3　接枝率对接触角的影响

接枝改性对田菁胶溶液与涤纶的接触角的影响显示在表 4-2 中。随着 SG-g-PMA 接枝率的增加，其溶液在涤纶上的接触角逐渐减小。

表 4-2　天然田菁胶与具有不同接枝率的改性田菁胶在涤纶上的接触角及其水溶性

浆料类型	接枝率/%	接触角/(°)	水溶性	水溶稳定性
SG	—	73.8	+	+
SG-g-PMA	8.80	68.9	++	+++
	18.70	65.4	+++	+++
	25.02	61.6	++	++
	30.57	58.1	+	+

注　"+"越多,试样的水溶性及稳定性越好。

聚合物溶液对纤维的润湿性可以通过接触角来表示。高润湿性意味着液滴可以在纤维表面广泛扩散并形成较小的接触角。根据润湿方程,聚合物溶液与纤维的接触角与纤维的界面张力和溶液的表面张力密切相关。对于 SG-g-PMA 而言,接枝率越高,引至田菁胶分子链上的酯基数量就越大。众所周知,涤纶含有大量的酯基。基于相似相容原理,增加接枝田菁胶的酯基数量可以降低其溶液与涤纶之间的界面张力。此外,酯基是一种弱极性基团,随着接枝田菁胶酯基数量的增加,其溶液的极性减弱,表面张力亦随之下降。降低田菁胶溶液与涤纶之间的界面张力和 SG 溶液的表面张力均有利于减小接触角。因此,SG-g-PMA 接枝率的增加可赋予田菁胶溶液对涤纶更好的润湿性。

4.5.4　接枝率对水溶性的影响

接枝改性对田菁胶的水溶性及其稳定性的影响见表 4-2。随着接枝率的增加,水溶性及其稳定性开始都有所提高,在接枝率为 18.7%时达到峰值,然后转而下降。

天然田菁胶具有较高的聚合度和较强的分子间吸引力。欲克服分子间吸引力,使天然田菁胶在水相中均匀分散是相当困难的。此外,天然田菁胶是一种长链聚合物。长分子链具有很高的排列规整性和刚度,这就增加了天然田菁胶在水中的溶胀和溶解难度。在接枝改性过程中,Fenton 试剂中的 H_2O_2 能氧化田菁胶,切断其长分子链,降低其聚合度。H_2O_2 的氧化降解有助于削弱田菁胶分子间的吸引力。此外,PMA 支链的引入能够增加田菁胶的支化度。支化度的增加可以拓宽田菁胶分子间的距离,降低田菁胶的分子间作用力。当改性田菁胶的 $GR \leqslant 18.7\%$ 时,上述两个因素均有助于田菁胶水溶性的改善。然而,酯基是一种疏水性基团,在田菁胶上引入过量 PMA 分支($GR > 18.7\%$)将不可避免地降低田菁胶与水分子之间的相互作用,并导致其水溶性及水溶稳定性恶化。因此,当 SG-g-PMA 接枝率超过 18.7%时,水溶性开始呈现下降的趋势。

4.5.5　接枝率对浆膜力学性能的影响

接枝改性对田菁胶浆膜的拉伸断裂强度、伸长率和耐磨性的影响如图 4-5 所示。可以观察到,接枝田菁胶表现出比天然田菁胶更好的浆膜力学性能。随着 SG-g-PMA 接枝率的增加,田菁胶浆膜的拉伸断裂强度、伸长率和耐磨性开始都有所改善,当接枝率为 18.7%时达到最佳值，然后转而下降。

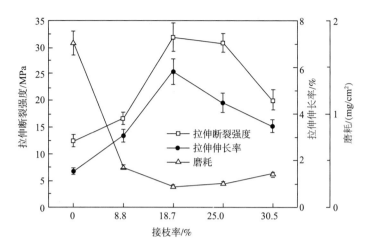

图 4-5　天然田菁胶与具有不同接枝率的改性田菁胶的浆膜力学性能

由表 4-1 可知，天然田菁胶浆具有高黏度（>200mPa·s）、流动性差等特点。在浆膜的干燥过程中，天然田菁胶膜的收缩和开裂现象较为明显，所获得的浆膜龟裂严重且厚薄不匀。拉伸试验发现，断裂多发生在天然田菁胶膜过薄或含有裂纹的部分。因此，尽管天然田菁胶具有较高的分子量，天然田菁胶却表现出比接枝田菁胶浆膜更低的拉伸断裂强度。如上所述，接枝率越高，SG-g-PMA 的分子量就越高。分子量是聚合物膜拉伸断裂强度的重要影响因素之一。对于相同种类的聚合物而言，在一定范围内，分子量越高，聚合物膜的拉伸断裂强度就越高。因此，SG-g-PMA 浆膜的拉伸断裂强度最初随着接枝率的增加而增加。然而，当接枝率超过 18.7% 时，SG-g-PMA 浆膜的拉伸强度反而开始降低，其原因是田菁胶的水溶性开始下降。若 SG-g-PMA 的接枝率过高，在整个煮浆过程中，可观察到大量的田菁胶颗粒始终不溶。应当明确，浆膜的力学性能也取决于浆料的水溶性。水溶性差不利于田菁胶在水中的均匀分散，导致成膜过程中分子之间的相互扩散不完全，并使杂质（即不溶性的田菁胶颗粒）嵌入所获得的浆膜中。因此，在拉伸过程中浆膜中发生应力集中的可能性增大。当接枝率超过 18.7% 时，水溶性降低带来的不利影响最终超过了田菁胶分子量增加对浆膜力学性能带来的有利影响，故浆膜力学性能转而下降。

田菁胶的分子链含有大量的羟基，因此其大分子之间可形成大量的氢键。此外，田菁胶被认为是半乳糖和甘露糖的缩聚物，大分子之间的氢键相互作用强，组成单元的环状结构导致其分子链的柔性差，因此天然田菁胶膜体现出硬而脆的特点。在田菁胶的主链上引入弱极性合成聚合物支链（如 PMA）后，由于其产生的空间位阻效应，干扰了羟基的缔合，破坏了多糖分子的规整排列，使田菁胶大分子松散堆积，这些因素导致了田菁胶分子链柔性的提高。因此，当接枝率在 0~18.7% 范围内时，田菁胶浆膜的拉伸断裂伸长率持续增加。然而，过高的接枝率却会导致田菁胶浆膜的伸长率下降，其原因亦为田菁胶水溶性下降过甚而导致。浆膜的耐磨性是由浆膜的强度和伸长率综合决定的。当接枝率为 18.7% 时，浆膜的拉伸强度和伸长率都达到了最高水平。因此，浆膜在该接枝率下的磨损最低。

4.5.6 接枝率对纤维黏附性的影响

接枝改性对田菁胶浆料与涤纶黏附性的影响如图 4-6 所示。随着 SG-g-PMA 接枝率的增加，黏附强度和黏附功开始都有所增加，在接枝率为 18.7% 时达到最大值，然后出现小幅降低。

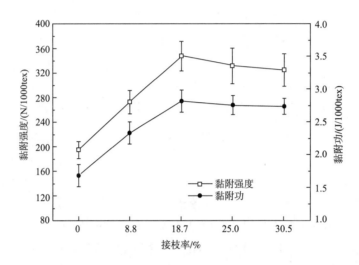

图 4-6 天然田菁胶与具有不同接枝率的改性田菁胶对涤纶的黏附性能

天然田菁胶是一种强极性植物胶，而涤纶纤维是一种非极性合成聚合物。浆料和纤维间极性的巨大差异必定会导致二者之间较弱的黏合作用。因此，选择天然田菁胶作为涤纶纱的上浆剂并不适宜。在接枝 PMA 支链后，田菁胶分子链上引入了弱极性基团（—COOCH$_3$），从而降低了接枝田菁胶的极性。接枝田菁胶和涤纶纤维之间的极性相似性增强，田菁胶浆料对涤纶纤维的亲和力就会随之增加。此外，由表 4-2 可知，随着接枝率的增加，田菁胶溶液在涤纶纤维表面的接触角不断减小，这表明田菁胶溶液对涤纶纤维的润湿性亦有所改善。这两个主要因素均有助于提升田菁胶对涤纶纤维的黏附性能。

界面破坏和内聚破坏是基于破坏位置的两种主要破坏类型。前者取决于浆料和纤维的亲和力以及浆液对纤维的润湿性。对于经过田菁胶上浆过的涤纶纱而言，界面破坏发生在田菁胶胶层与涤纶纤维的交界处。就内聚破坏而言，它完全发生在浆料胶层相中，与胶层的力学性能密切相关。因此，在分析黏合的破坏时，浆料胶层的力学性能是一个主要考虑因素。然而，在没有任何机械损伤的情况下剥离纤维之间的浆料胶层是不可能的。朱（Zhu）等介绍了一种方便的方法来评估纤维间浆料胶层的力学性能，其利用浆液浇铸成浆膜，并测试了浆膜的断裂强度。该强度近似地被认为是浆料胶层的内聚强度。如图 4-5 所示，当接枝率为 18.7% 时，接枝田菁胶浆膜的力学性能达到峰值，如果进一步提高接枝率，则浆膜的力学性能变差。换句话说，此时接枝田菁胶胶层的内聚强度开始随着接枝率的增加而降低。在考虑界面破坏和内聚破坏后，可以推测，若改性田菁胶的接枝率过高（>18.7%），涤纶纤维之间田菁胶胶层的内聚强度降低对黏合力的不利影响可能会超过田菁胶浆液对涤纶纤维的极性相似性和润湿性改善带来的有益影响，而图4-6所示的结果与推测结论十分吻合。当接枝率超过18.7%时，黏附强度和黏附功都开始下降。

4.5.7 接枝率对浆纱力学性能与毛羽贴服性能的影响

接枝改性对涤/棉（65/35）浆纱力学及毛羽贴服性能的影响分别见表4-3及表4-4。分析表4-3可知，接枝改性田菁胶的各项浆纱力学性能均优于天然田菁胶。随着接枝率的增加，浆纱的上浆率、增强率及耐磨次数均呈现出先增大后减小的趋势，当改性田菁胶的接枝率为18.70%时，浆纱的综合力学性能最佳。

表4-3　经天然田菁胶与接枝田菁胶上浆后涤/棉（65/35）经纱的强伸及耐磨性能

浆料类型	接枝率/%	上浆率/%	增强率/%	减伸率/%	耐磨次数
SG	—	9.92	9.78	30.14	219
SG-g-PMA	8.80	10.40	21.76	13.87	432
	18.70	10.80	36.13	7.22	731
	25.02	10.25	33.31	4.70	648
	30.57	10.05	28.54	9.45	507

注　原纱的拉伸断裂强力为2.36N，断裂伸长率为8.30%，耐磨次数为90次。

表4-4　涤/棉（65/35）原纱与浆纱上不同长度的毛羽数量

MA/AA投料摩尔比	接枝率/%	3~4mm 毛羽数量	4~5mm 毛羽数量	5~6mm 毛羽数量	6~7mm 毛羽数量	7~8mm 毛羽数量	8~9mm 毛羽数量
原纱	—	39.0	22.3	6.1	4.5	2.5	1.0
SG	—	30.1	14.5	5.4	3.3	1.3	0.4
SG-g-PMA	8.80	7.8	4.8	2.0	0.6	0.2	0.1
	18.70	3.2	0.8	0.6	0.2	0.1	0
	25.02	2.8	0.9	0.5	0.3	0.1	0
	30.57	6.3	3.1	1.6	0.4	0.2	0.1

改性田菁胶浆料的接枝支链上含有大量的弱极性基团——酯基，而涤纶纤维的分子链上也含有大量的酯基，依据相似相容原理，相对天然田菁胶而言，改性田菁胶对涤纶纤维的黏附性更强，在受到外力作用时，可表现出更好的强伸性与耐磨性。另外，H_2O_2对田菁胶的氧化作用是伴随着接枝共聚改性同时发生的，经氧化后的田菁胶浆液流动性更佳，更易渗透入纱线内部，弥补了天然田菁胶浆液黏度过大、对纱线被覆有余而浸透不足的缺陷，使得纱线内纤维间的抱合力更高。因此，接枝改性田菁胶比天然田菁胶具备更加优良的浆纱力学性能。

尤其在保伸性方面，适量接枝支链的引入提高了田菁胶大分子的支化度，破坏其原有的规整性，扩大分子间的距离，降低分子间的强氢键作用，改善了田菁胶胶层的韧性，故浆纱的断裂伸长率有了显著改善，在接枝率为25.02%时，浆纱减伸率仅为4.70%时，接枝改性由此可消除天然田菁胶浆料增强有余、保伸不良的缺陷。

然而，当接枝率过高时（>25.02%），浆纱的各项性能转而降低，这可以从两个方面来探究：一方面，田菁胶—丙烯酸甲酯接枝共聚物的接枝率过高意味着疏水性基团酯基的引入量过大，这将导致接枝改性田菁胶的水溶性变差。当接枝率达到30.57%时，接枝改性田菁胶在煮浆的过程中有少量颗粒始终未能溶解。浆料水溶性的降低意味着浆液中有效成分的减少，浆纱的使用性能就会受到损害。另一方面，因涤/棉（65/35）混纺纱中的次要成分棉纤维属亲水性纤维，过量疏水性聚合物聚丙烯酸甲酯支链的引入势必会降低接枝改性田菁胶对棉纤维的黏附性，降低纱线中纤维间的抱合力，故过高的接枝率反而不利于改善涤棉纱的力学性能。

分析表4-4可知，接枝改性田菁胶的浆纱毛羽数量明显低于天然田菁胶。随着改性田菁胶接枝率的增加，浆纱的毛羽数量先是逐渐降低，当接枝率处于18.70%～25.02%时毛羽最少，超过此范围后毛羽转而增多。

接枝改性田菁胶的接枝支链聚合物聚丙烯酸甲酯上具有较多的酯基，因此，接枝改性田菁胶对同样含有大量酯基的涤纶的黏附性要高于天然田菁胶。所以，在对涤纶纯纺纱或高比例涤纶混纺纱实施上浆时，接枝改性后的田菁胶比接枝前具有更佳的毛羽贴服能力。然而，若引入过多的聚丙烯酸甲酯支链，会使接枝改性田菁胶的疏水性过度提高。田菁胶水溶性的降低无形中会使浆液中的有效成分减少。在调制浆液的过程中发现，当接枝率为30.57%时，田菁胶浆液中仍然存在少量沉淀物，这些未能较好溶解的田菁胶颗粒无法起到贴服毛羽的功能。此外，田菁胶中过量疏水性聚合物PMA支链的引入会引发涤棉混纺纱中棉纤维头端在纱体上的贴服不良，同样会导致浆纱毛羽的增多。

4.6　接枝不同碳链长度丙烯酸酯单体的改性田菁胶的使用性能

4.6.1　丙烯酸酯单体碳链长度对接枝参数的影响

丙烯酸酯单体的碳链长度对接枝田菁胶的单体转化率（MC）、接枝率（GR）和接枝效率（GE）的影响如图4-7所示。随着丙烯酸酯碳链长度的增加，单体转化率均保持在97%左右，未有显著变化。为了消除接枝田菁胶浆料的接枝率对其性能的影响，研究表明，当田菁胶—丙烯酸酯接枝共聚物浆料的接枝率在18%～19%时，其主要使用性能优良。所有由不同碳链长度的丙烯酸酯接枝改性田菁胶的接枝率都控制在适当的范围内（19%±1.5%）。就接枝效率而言，随着碳链长度的增加，其数值由88.8%持续下降至76.6%。

一旦确定了由Fenton试剂引发的接枝聚合的合适条件［例如H_2O_2浓度、$H_2O_2/(NH_4)_2Fe(SO_4)_2 \cdot 6H_2O$的摩尔比以及聚合温度］，足够长的聚合时间是获得高单体转化率

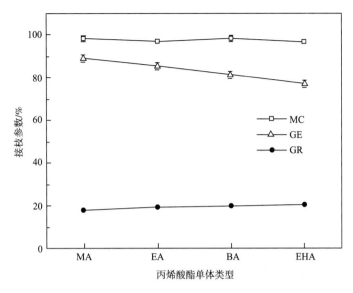

图 4-7　接枝不同碳链长度丙烯酸酯单体的改性田菁胶的接枝参数

的充分条件。无论在研究中使用何种丙烯酸酯单体，由于单体转化率接近 100%，可证明 6h 为足够长的聚合反应时间。在接枝聚合反应中，接枝支链（即 PMA、PEA、PBA 和 PEHA）的形成是基于田菁胶大分子自由基与各种丙烯酸酯单体的键合。MA、EA、BA 和 EHA 单体的侧基的烷基空间体积依次增加，当丙烯酸酯单体处于田菁胶大分子自由基附近时，由于空间位阻的增加，丙烯酸酯碳链长度的增加将不可避免地增加丙烯酸酯参与接枝聚合反应的难度。因此，丙烯酸酯单体的投料量必须随着碳链长度的增加而增加，才能获得预期的接枝率（约 19%）。换言之，丙烯酸酯单体的碳链越长，与田菁胶接枝聚合反应的接枝效率就越低。

4.6.2　丙烯酸酯单体碳链长度对热稳定性能的影响

图 4-8 描述了天然田菁胶和接枝田菁胶的热降解过程。如图 4-8（a）所示，天然田菁胶的热降解过程可分为三个主要阶段：①脱水（<130℃）；②热降解（220~320℃）；③碳化和部分碳的氧化（>580℃）。在第一阶段中，田菁胶的游离水和结合水都被去除。在第二阶段，田菁胶螺旋状碳水聚合物链之间的多个氢键被破坏，并释放出水蒸气等气体。田菁胶大分子发生了解聚和热裂解。在第三阶段，田菁胶被碳化，一些碳被氧化成气体。

与天然田菁胶的热谱图相比，接枝田菁胶在热降解的第一阶段的热行为非常相似。然而，天然田菁胶和接枝田菁胶在第二阶段和第三阶段的热降解趋势具有较大的差异。在第二阶段，接枝田菁胶的失重率远高于天然田菁胶。在第三阶段，天然和接枝田菁胶之间最显著的差异是后者的碳化起始温度降至约 430℃。第二阶段中较高的失重率和第三阶段中较低的碳化温度都表明接枝田菁胶在高温下表现出比天然田菁胶更低的热稳定性。

接枝田菁胶热稳定性下降的主要原因有二：一方面，在田菁胶主链上接枝聚丙烯酸酯支

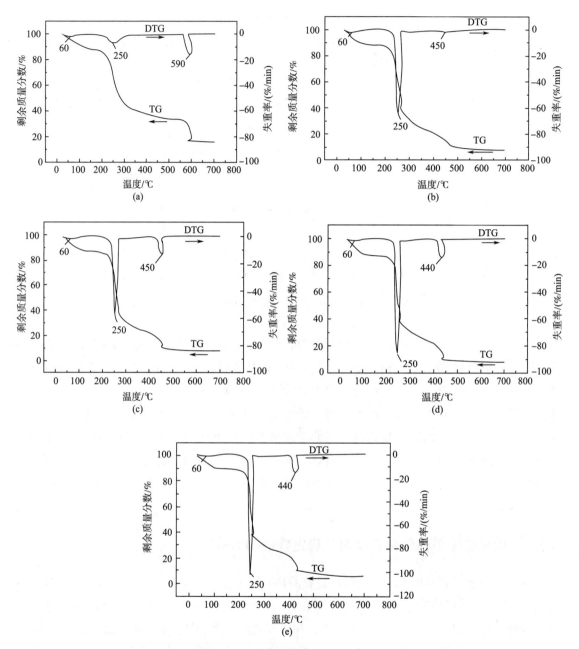

图 4-8 天然田菁胶和接枝不同碳链长度丙烯酸酯单体改性田菁胶的 TGA 谱图

链可以提高大分子的支化度，加宽大分子链之间的距离，减少氢键的数量；另一方面，如上所述，在接枝聚合过程中过量的 H_2O_2 氧化切断了田菁胶的分子链，故接枝田菁胶具有比天然田菁胶低得多的分子量。就同一种聚合物而言，分子量越低，热分解速率就越高。对于图中四种田菁胶—丙烯酸酯接枝共聚物，由于接枝率几乎相同，故表现出较为相似的热降解行为。在实际上浆过程中，田菁胶所要承受的最高温度通常发生在浆纱的烘房中（约 110℃）。在 20~130℃的温度范围内，通过分析 TG 热谱图，可以认为天然和接枝田菁胶具有相近的热稳定性。

4.6.3　丙烯酸酯单体碳链长度对浆液表观黏度和接触角的影响

丙烯酸酯单体的碳链长度对接枝改性田菁胶浆液的表观黏度、黏度稳定性和在涤纶纤维上接触角的影响见表 4-5。由表 4-5 可知，接枝改性田菁胶浆液的表观黏度比天然田菁胶降低了至少 90%，而前者的黏度稳定性显著高于后者。就改性田菁胶而言，在接枝率相近的情况下，随着丙烯酸酯单体碳链长度的增加，接枝改性田菁胶浆液的黏度略有降低，而黏度稳定性并无明显差别，均达到 92% 左右。表 4-5 中的结果也表明，接枝田菁胶浆液在涤纶纤维上的接触角小于天然田菁胶，且丙烯酸酯单体的碳链越长，接触角越大。

表 4-5　天然田菁胶与接枝不同碳链长度丙烯酸酯的改性田菁胶的接枝率、
浆液的表观黏度及其在涤纶纤维上的接触角

浆料类型	接枝率/%	黏度/(mPa·s)	黏度稳定性/%	接触角/(°)
SG	—	210	85.7	76.4
SG-g-PMA	19.5	19.0	92.1	62.3
SG-g-PEA	19.3	18.5	91.9	64.3
SG-g-PBA	20.0	17.5	91.4	65.6
SG-g-PEHA	20.3	17.0	91.2	68.5

有关 Fenton 试剂引发田菁胶与丙烯酸甲酯单体接枝共聚反应的研究表明，在对 H_2O_2 和 $(NH_4)_2Fe(SO_4)_2 \cdot 6H_2O$ 的用量进行工艺设计时，若适当增加二者物质的量的比例（50/1），可使 H_2O_2 同时发挥对接枝共聚反应的引发作用和对田菁胶的氧化降黏作用，使天然田菁胶浆液过高的黏度数值（200~400mPa·s）降至涤棉混纺纱上浆的适宜范围内（8~15mPa·s）。另外，经过氧化后，田菁胶分子链变得更短、长度更均匀，分子量分布更窄。故在经受较长时间的高温、剪切作用后，浆液黏度的降幅能够减小，有利于保持上浆率的稳定。当丙烯酸酯被接枝到田菁胶的分子链上后，生成的聚丙烯酸酯支链的烷基链越长，疏水性越强，换言之，田菁胶—丙烯酸酯接枝共聚物与水分子间的缔合力会稍有减弱，宏观上表现为浆液表观黏度的下降，故丙烯酸酯单体碳链长度的增加会引起接枝田菁胶浆液黏度的小幅降低。

润湿方程［式（4-1）］提供了液体在纤维上接触角的量化计算方法。依据李曼丽等对田菁胶、淀粉等多糖类浆液对涤纶纤维润湿性能的研究结果，接触角越小，液体对纤维的润湿能力越强。

$$\cos\theta = \frac{\gamma_S - \gamma_{SL}}{\gamma_L} \tag{4-1}$$

式中：θ 为接触角；γ_S 为固体的表面张力；γ_L 为液体的表面张力；γ_{SL} 为固—液界面

张力。

涤纶的 γ_S 为常数，由润湿方程可推知，接触角主要由田菁胶浆液的表面张力 γ_L 及田菁胶浆液与涤纶间的界面张力 γ_{SL} 决定。γ_L、γ_{SL} 越小，$\cos\theta$ 越大，θ 越小。田菁胶由多个糖环构成，其分子链上有大量的羟基，因而其极性很强。涤纶大分子上含有大量的苯环和酯基，属典型的非极性聚合物。依据"相似相容原理"，天然田菁胶浆液与涤纶的界面张力很大。聚丙烯酸酯支链中含有大量弱极性基团——酯基，将其引入田菁胶的主链上能显著降低田菁胶的极性，提升田菁胶与涤纶的相容性，降低田菁胶浆液与涤纶的界面张力，故接枝田菁胶浆液的润湿角小于天然田菁胶。若田菁胶—丙烯酸酯接枝共聚物的接枝率接近，就意味着各改性田菁胶上接枝支链的质量基本相同。显然，丙烯酸酯单体的碳链越短，接枝支链聚丙烯酸酯结构单元的分子量越低。在接枝支链质量接近的前提下，聚丙烯酸酯支链结构单元的分子量越低，引入田菁胶分子链上酯基的摩尔数越多，接枝田菁胶与同样带有大量酯基的涤纶相容性越好。图 4-2 也表明，随着丙烯酸酯单体碳链长度的减小，接枝田菁胶上酯基中羰基的伸缩振动确有增强，这也成为改性田菁胶分子链上酯基数目增多的佐证。对于同类型聚合物而言，极性越弱，其水溶液的表面张力通常就越小。由此可推断，随着丙烯酸酯单体碳链长度的降低，接枝田菁胶浆液本身的表面张力、与涤纶的界面张力都有所降低，故 $\cos\theta$ 越大，θ 越小，对涤纶的润湿性也就越好。

4.6.4　丙烯酸酯单体碳链长度对浆膜力学性能的影响

丙烯酸酯单体碳链长度对田菁胶浆膜力学性能的影响如图 4-9 所示。随着丙烯酸酯单体碳链长度的增加，接枝田菁胶浆膜的拉伸断裂伸长率以损伤断裂强度为代价而逐步提升，而 SG-g-PEA 浆膜的耐磨性最高。天然田菁胶（a）和四种接枝田菁胶［（b）～（e）］浆膜的 SEM 图如图 4-10 所示。

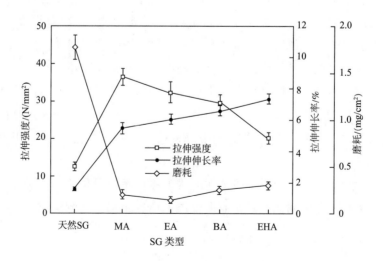

图 4-9　天然田菁胶和接枝不同碳链长度丙烯酸酯单体的改性田菁胶浆膜的力学性能

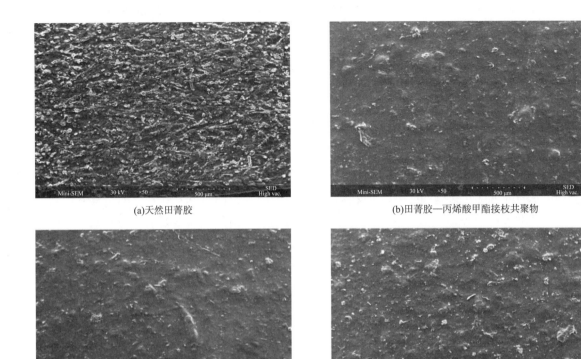

(a)天然田菁胶　　　　　　　　　　　　　　(b)田菁胶—丙烯酸甲酯接枝共聚物

(c)田菁胶—丙烯酸乙酯接枝共聚物　　　　　　(d)田菁胶—丙烯酸丁酯接枝共聚物

(e)田菁胶—丙烯酸异辛酯接枝共聚物

图4-10　天然田菁胶和接枝不同碳链长度丙烯酸酯单体的改性田菁胶浆膜的 SEM 照片

纺织领域内的浆膜是通过水溶液浇铸法制备的。在田菁胶和丙烯酸酯进行接枝共聚反应的过程中，H_2O_2 的氧化增强了田菁胶浆液的流动性，有利于形成连续、均匀、完整的浆膜。天然田菁胶浆膜在干燥过程中出现较多的收缩和裂纹。在力学评估过程中，发现大多数断裂发生在天然田菁胶浆膜的过薄部分，接枝改性显著降低了这种力学破坏发生的可能性。因此，所有接枝田菁胶均表现出比天然田菁胶浆膜更高的拉伸性能和耐磨性。通过对浆膜表面形貌的观察（图4-10），天然田菁胶比接枝田菁胶浆膜更粗糙、更不均匀。

当田菁胶—丙烯酸酯接枝共聚物的接枝率达到 19% 左右时，大量的聚丙烯酸酯支链的引入破坏了田菁胶分子原有的规整性，破坏了田菁胶的分子间氢键，并赋予分子链良好的柔性。聚丙烯酸酯分子链的柔性很大程度上取决于其结构单元侧基的碳链长度。Jin 的研究表明，增加丙烯酸酯单体的碳链长度能够增加其聚合物分子间的距离，降低分子间作用力。因此，聚丙烯酸酯的大分子链段的运动能力得到增强，分子链的柔性得到改善。因此，丙烯酸酯单体的碳链越长，田菁胶—丙烯酸酯接枝共聚物的分子链柔性越佳。可以推测，当增加丙烯酸酯的碳链长度时，接枝田菁胶浆膜以降低拉伸断裂强度为代价获得更高的断裂伸长率，图 4-9 中的结果较好地证实了此推测。田菁胶是半乳糖和甘露糖的缩聚物，其多糖结构导致其浆膜表现出过高的脆性和硬度。采用田菁胶接枝长碳链的丙烯酸酯就成为弥补天然田菁胶结构缺陷的有效方法之一。

聚合物膜的耐磨性由膜的拉伸断裂强度和断裂伸长率综合决定。由图 4-9 可知，SG-g-PEA 浆膜在所有接枝田菁胶中都具有良好的拉伸断裂强度和断裂伸长率。因此，SG-g-PEA 浆膜的磨耗低于其他田菁胶—丙烯酸酯接枝共聚物浆膜。形成于经纱表面的具有高耐磨性的 SG-g-PEA 浆膜有助于浆纱在织造过程中更好地抵御与机器元件（如经停片、综丝和钢筘）的反复摩擦。

4.6.5 丙烯酸酯单体碳链长度对黏附性能的影响

黏附是当固固或固液两相表面相互靠近形成界面时，物理作用力、化学键或二者同时作用形成的一种两相相互吸引的界面现象。浆纱通过浆料将纤维黏合在一起，从而提高经纱抵抗各种外部机械外力（如张力和摩擦力）的能力，从而提高经纱的可织性。丙烯酸酯单体碳链长度对田菁胶与涤纶黏附性能的影响如图 4-11 所示。显然，接枝田菁胶对涤纶的黏附性比天然田菁胶要好得多。随着丙烯酸酯单体碳链长度的增加，接枝田菁胶对涤纶的黏附强度和黏附功均呈现下降趋势，但下降的幅度不同。

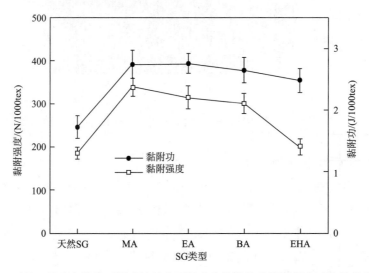

图 4-11　天然田菁胶和接枝不同碳链长度丙烯酸酯单体的改性田菁胶对涤纶的黏附性能

前文（4.5.6 节）已揭示了田菁胶—丙烯酸酯接枝共聚物对涤纶的黏附性能优于天然田菁胶的原因。就四种接枝不同碳链长度丙烯酸酯单体的改性田菁胶而言，在接枝率相似的基础上，随着丙烯酸酯碳链长度的增加，接枝田菁胶上引入的酯基摩尔数逐渐减少。由于对涤纶纤维的亲和力和润湿性都降低，田菁胶—丙烯酸酯接枝共聚物的黏附性也就随着碳链长度的增加而降低。然而，黏附强度和黏附功的下降幅度并不同。其原因在于，黏附功不仅取决于黏附强度，还取决于浆料在纤维之间形成的胶层的伸长率。前文已述，浆膜的拉伸断裂伸长率可被近似认为是黏合胶层的伸长率。如图 4-9 所示，接枝田菁胶浆膜的拉伸伸长率随着碳链长度的增加而不断增加。换言之，涤纶之间接枝田菁胶浆料胶层的伸长率不断增加。随着碳链长度的增加，接枝田菁胶与涤纶的黏附强度降低对黏附功的不利影响可以在一定程度上被田菁胶胶层伸长率提高带来的有益影响所抵消。因此，黏附功的下降幅度比黏附强度的下降幅度更小。

4.6.6　丙烯酸酯单体碳链长度对浆纱力学性能与毛羽贴服性能的影响

丙烯酸酯单体碳链长度对涤/棉（65/35）浆纱力学及毛羽贴服性能的影响分别见表 4-6 及表 4-7。前文已阐明，天然田菁胶不适用于高比例含涤纱上浆主要有三个原因：一是，二者因极性差异过大而导致较差的相容性；二是，天然田菁胶浆液过高的黏度导致其对纱线被覆有余而浸透不足；三是，天然田菁胶浆液对涤纶的润湿能力过低。由表 4-6 可知，相较于天然田菁胶，接枝改性产物所浆涤/棉纱的各项力学性能均有明显改善。随着丙烯酸酯单体碳链的增长，改性田菁胶浆纱的拉伸断裂强力逐渐降低而断裂伸长率有所提升。就耐磨性而言，以 EA 为接枝单体的改性田菁胶浆纱的耐磨次数最多。

在进行织造时，经纱与纬纱、经停片、综丝、钢筘间均存在着摩擦，尤其是目前无梭织机已在纺织厂广为普及，高速织造使得上述摩擦作用更为剧烈，故耐磨性也是浆纱最为重要的力学性能之一。浆纱的耐磨性是浆纱强力与延伸性的综合体现，以 EA 为接枝单体合成出的改性田菁胶所浆纱线的断裂强力与伸长率均较为优良，故如表 4-3 所示，其浆纱表现出最为优异的耐磨性，已超原纱耐磨次数的 8 倍。

表 4-6　经天然田菁胶与接枝不同碳链长度丙烯酸酯单体的改性

田菁胶上浆后涤/棉（65/35）经纱的强伸及耐磨性能

浆料类型	上浆率/%	增强率/%	减伸率/%	耐磨次数
SG	9.92	9.78	30.14	219
SG-g-PMA	10.34	32.21	7.53	700
SG-g-PEA	11.22	25.92	6.49	755
SG-g-PBA	11.12	23.90	6.10	505
SG-g-PEHA	10.53	19.98	5.83	420

注　原纱的拉伸断裂强力为 2.36N，断裂伸长率为 8.30%，耐磨次数为 90 次。

表 4-7　涤/棉（65/35）原纱与浆纱上不同长度的毛羽数量

浆料类型	3~4mm 毛羽数量	4~5mm 毛羽数量	5~6mm 毛羽数量	6~7mm 毛羽数量	7~8mm 毛羽数量	8~9mm 毛羽数量
原纱	39.0	22.3	6.1	4.5	2.5	1.0
SG	30.1	14.5	5.4	3.3	1.3	0.4
SG-g-PMA	3.0	0.8	0.6	0.3	0.1	0
SG-g-PEA	3.2	1.8	0.9	0.4	0.2	0.1
SG-g-PBA	12.8	9.6	2.4	1.2	0.8	0.2
SG-g-PEHA	17.6	13.3	3.6	1.6	1.0	0.2

由表 4-7 可知，经接枝改性田菁胶上浆后的涤棉混纺纱的毛羽数量均显著低于天然田菁胶。丙烯酸酯单体的碳链越长，浆纱表面毛羽数量越多。

首先，田菁胶—丙烯酸酯接枝共聚物和涤纶的分子链上均包含了大量的酯基，依据"相似相容原理"，聚丙烯酸酯支链的引入可有效提高田菁胶浆料对涤纶的亲和力，改善田菁胶对涤纶纤维的黏附性，促使浆料将更多暴露于纱线表面的毛羽（即纤维头端）黏结在纱体上。引入的酯基数量越多，接枝田菁胶对涤纶的黏附性越佳。在接枝率相近的前提下，随着丙烯酸酯单体碳链长度的减小，改性田菁胶分子链上的酯基数量有所增多，故其贴服高比例涤/棉纱表面毛羽的能力越强。其次，前文已阐明，丙烯酸酯单体的碳链长度越短，接枝改性田菁胶浆液的黏度越高。适当提高浆液黏度可使经纱上的毛羽在通过浆液时所遇阻力增加，有利于其贴服在纱干上。上述两个因素决定了以 MA 为接枝单体的改性田菁胶浆纱的毛羽数量最少。

参考文献

[1] EL-RAMADY H, ABDALLA N, ELBASIOUNY H, et al. Nano-biofortification of different crops to immune against COVID-19：A review [J]. Ecotoxicology and Environmental Safety, 2021, 222：112500.

[2] RAHAMAN A, KUMARI A, ZENGX A, et al. The increasing hunger concern and current need in the development of sustainable food security in the developing countries [J]. Trends in Food Science & Technology, 2021, 113：423-429.

[3] PENG W X, MA N L, ZHANG D Q, et al. A review of historical and recent locust outbreaks：Links to global warming, food security and mitigation strategies [J]. Environmental Research, 2020, 191：110046.

[4] 沈艳琴，杨树，武海良，等. 浆纱用中低温水溶性淀粉浆料的研究进展 [J]. 纺织学报，2019, 40 (6)：143-152.

[5] 张希文，沈艳琴，武海良，等. 乙醇胺对淀粉浆料增塑作用的研究 [J]. 现代纺织技

术，2017，25（6）：13-17.

［6］POLLARD M A，FISCHER P，WINDHAB E J. Characterization of galactomannans derived from legume endosperms of genus Sesbania（Faboideae）［J］. Carbohydrate Polymers，2011，84（1）：550-559.

［7］WANG Z，ZHU L，ZHANG G. Investigation of pyrolysis kinetics of carboxymethyl hydroxypropyl sesbania gum［J］. Journal of Thermal Analysis and Calorimetry，1997，49（3）：1509-1512.

［8］陈虹宇，唐洪波，王锦霞，等．高分子田菁胶化学结构式修饰方法综述［J］. 高分子材料科学与工程，2017，33（3）：186-190.

［9］崔元臣，周大鹏，李德亮．田菁胶的化学改性及应用研究进展［J］. 河南大学学报（自然科学版），2004（4）：30-33.

［10］TANG H，GAO S，LI Y，et al. Modification mechanism of sesbania gum，and preparation，property，adsorption of dialdehyde cross-linked sesbania gum［J］. Carbohydrate Polymers，2016，149：151-162.

［11］孙敏，车辉，唐洪波．交联琥珀酸酯田菁胶及其制备方法［P］. 国家发明专利：CN201310492425.4，2013-10-18.

［12］钱延龙，吕家琪，吕诚炎，等．有机钛与田菁胶的交联及其压裂液的应用［J］. 油田化学，1992（3）：220-224.

［13］李东虎，曹光群，董伟．阳离子田菁胶的合成及性能研究［J］. 日用化学工业，2014，44（7）：390-393.

［14］郑辉，赵玉婷，王蕾，等．改性田菁胶作为重金属离子捕集剂的研究进展［J］. 化工管理，2014（8）：104.

［15］周永治．田菁胶酶法制备半乳甘露寡糖的研究［J］. 中国调味品，2010，35（9）：104-107.

［16］毕静．酶法水解田菁胶制备半乳甘露寡糖水解液的分析研究［J］. 中国酿造，2010（4）：92-94.

［17］MERLINI L，BOCCIA A C，MENDICHI R，et al. Enzymatic and chemical oxidation of polyga-lactomannans from the seeds of a few species of leguminous plants and characterization of the oxidized products［J］. Journal of Biotechnology，2015，198：31-43.

［18］刘田，沈艳琴．田菁胶在纺织经纱上浆中的应用［J］. 西安工程大学学报，2009，23（4）：19-22.

［19］薛蔓，申鼎，崔元臣，等．氧化田菁胶 PR-Su 复合浆料的制备及浆纱效果［J］. 棉纺织技术，2018，46（11）：11-14.

［20］申鼎，薛蔓，崔元臣，等．改性田菁胶接枝丙烯酸浆料的制备及浆纱效果［J］. 棉纺织技术，2012，40（10）：16-19.

［21］陈诗瑶，李曼丽，金恩琪．接枝改性田菁胶浆料对涤棉纱的上浆性能研究［J］. 棉纺

织技术, 2019, 47 (6): 11-15.

[22] 王双双, 陆浩杰, 金恩琪, 等. 含聚丙烯酸酯支链的接枝田仁粉上浆性能 [J]. 现代纺织技术, 2022, 30 (4): 170-177.

[23] 李睿, 贾鑫, 王晨, 等. 田菁胶的改性和应用的研究进展 [J]. 中国食物与营养, 2019, 25 (7): 52-55, 20.

[24] 叶秋娟, 李曼丽, 金恩琪, 等. 丙烯酸酯单体结构对接枝淀粉上浆性能的影响 [J]. 棉纺织技术, 2015, 43 (4): 9-12.

[25] LI M L, JIN E Q, LIAN Y Y. Effects of monomer compatibility on sizing properties of feather keratin-g-P (AA-co-MA) [J]. Journal of the Textile Institute, 2018, 109 (3): 376-382.

[26] JIN E Q, LI M L, ZHANG L Y. Effect of Polymerization conditions on grafting of methyl methacrylate onto feather keratin for thermoplastic applications [J]. Journal of Polymer Materials, 2014, 31 (2): 169-183.

[27] LI M L, ZHU Z F, JIN E Q. Graft copolymerization of granular allyl starch with carboxyl-containing vinyl monomers for enhancing grafting efficiency [J]. Fibers and Polymers, 2010, 11 (5): 683-688.

[28] ZHU Z F, LIN X P, LONG Z, et al. Adhesion, Film and anti-flocculation behavior of amphoteric starch for warp sizing [J]. AATCC Review, 2008, 8 (4): 38-43.

[29] JIN E Q, LI M L, XI B J, et al. Adhesion, Effects of Molecular Structure of Acrylates on Sizing Performance of Allyl Grafted Starch [J]. Indian Journal of Fibre & Textile Research, 2015, 40 (4): 437-446.

[30] SHAW D J. Introduction to Colloid & Surface Chemistry [M]. 4th ed. Oxford: Butterworth-Heinemann, 1992.

[31] JIN E Q, ZHU Z F, YANG Y Q, et al. Blending water-soluble aliphatic-aromatic copolyester in starch for enhancing the adhesion of sizing paste to polyester fibers [J]. Journal of the Textile Institute, 2011, 102 (8): 681-688.

[32] ZHU Z F, CHEN P H. Carbamoyl ethylation of starch for enhancing the adhesion capacity to fibers [J]. Journal of Applied Polymer Science, 2007, 106 (4): 2763-2768.

[33] BISMARK S, ZHU Z F. Amphipathic starch with phosphate and octenylsuccinate substituents for strong adhesion to cotton in warp sizing [J]. Fibers and Polymers, 2018, 19 (9): 1850-1860.

[34] ZHU Z F, CHENG Z Q. Effect of inorganic phosphates on the adhesion of mono-phosphorylated cornstarch to fibers [J]. Starch, 2008, 60 (6): 315-320.

[35] JIN E Q, LI M L, ZHOU S. Crab and prawn shell utilization as a source of bio-based thermoplastics through graft polymerization with acrylate monomers [J]. Journal of Material Cycles and Waste Management, 2018, 20 (1): 496-504.

第5章　接枝改性槐豆胶浆料

5.1　概述

刺槐，又名洋槐，蝶形花科刺槐属落叶乔木，适于生长在沙荒、黄土丘陵以及地势较低的荒山地区，是地中海地区半干旱环境典型的树种。刺槐是世界上除了桉树以外，人工种植面积最大的速生树种。据统计，全球刺槐种植面积已达1190万公顷，而我国刺槐的面积约在900万公顷以上。种植刺槐可以用于水土保持、美化环境，又可以提供大量木料，如枕木等；其叶和豆荚可作为饲养牛的饲料，又可作为茶叶的代替品；其花作为重要的蜜源供昆虫采食，又可拌面蒸煮供人们食用；其种子可以用于榨油，也可提供一些活性物质，如槐豆胶（locust bean gum，LBG）；其作为健康产品资源的应用也有很长的历史了。在意大利，由于过去几十年中生活水平的改善而导致刺槐产量的下降，刺槐逐渐在意大利南部和西西里岛的大部分地方消失了，如今刺槐集中种植在西西里岛的拉古萨地区，为意大利提供大约70%的刺槐产品。现在，因刺槐种子可加工得到槐豆胶，其可作为普遍添加剂而广泛应用于食品工业，所以刺槐又开始在欧亚多国被广泛种植。因此刺槐是个世界性树种，对刺槐资源的研究开发在国外早已受到人们的关注，如欧洲食品药典认为槐豆胶可作为食品添加剂而被人类接受。

对刺槐角豆的研究发现，刺槐角豆包含90%的果肉，富含蔗糖、葡萄糖、纤维素、丹宁酸和10%的种子，种子胚乳普遍由半乳甘露聚糖构成，多糖具有增稠的性质，当半乳甘露聚糖与其他带电荷的多糖相结合是可能会产生协同作用。近些年的研究增加了人们对刺槐豆荚成分的认识，其果肉含有松醇，并被用于鉴定角豆果肉粉末中是否掺入了可卡因；种子胚芽中有油脂、蛋白质、酚类物质等，已经分离获取了种子胚芽中的芳香类挥发成分；在种子中还发现了各种各样的芹菜素、浓缩丹宁、没食子酸；刺槐角豆种子油中脂肪酸和植物甾醇的分布以及利用种子油制备醇酸树脂等都已见报道。

槐豆胶又名刺槐豆胶、洋豆胶、槐豆粉，是一种中性储能多糖。是由刺槐植物角豆的种子胚乳部分，经焙炒后，用热水抽提，除去不溶物后浓缩、干燥、粉碎而成。性状为白色至黄白色粉末、颗粒或扁平状片，无臭或带微臭。槐豆胶主要是以甘露糖为主链的半乳甘露聚糖。其半乳糖与甘露糖单元的平均比例为1∶4，如图5-1所示。槐豆胶含有75%~81%的多糖、5%~8%的蛋白质、1%~4%的不溶性纤维和1%的灰分。槐豆胶的分子量在960000~1100000g/mol和其多分散系数处于1.5~1.8。

槐豆胶外观为灰白色粉末，无味，中性，能溶于水形成胶状液体，其黏度高，属低浓高黏型浆料，2%的槐豆胶浆液在25℃时的黏度可达约2000mPa·s。黏度随浓度变化，浓度增加，黏度急剧上升。槐豆胶浆液的黏度起初随温度升高而增大，超过80℃后，若继续升温，

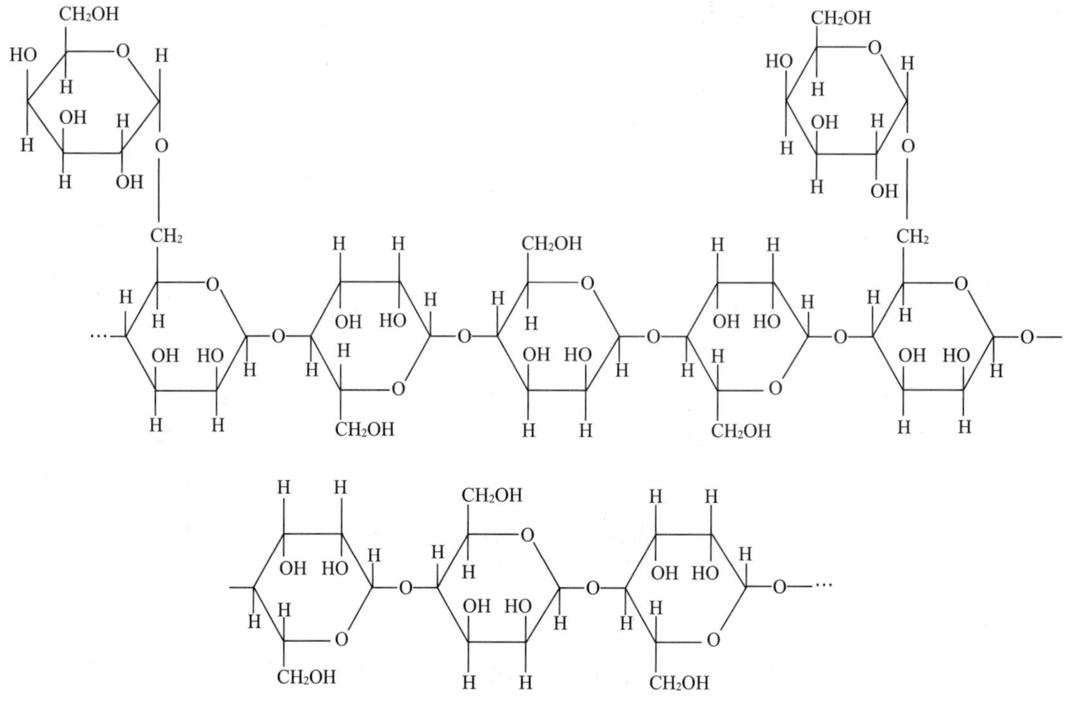

图 5-1 槐豆胶的分子结构

黏度则开始下降。高温下煮浆时间越长，黏度下降越剧烈。因此，槐豆胶宜少量调浆。槐豆胶浆液的黏附性好，浸透性差，属被覆性浆料，浆膜强度高，但过于脆硬，缺乏弹性。浆料配方中通常需要添加浸透剂、柔软剂、防腐剂等辅助材料。槐豆胶在酸性条件下，容易水解成低聚糖甚至单糖，故其浆液通常控制成弱碱性。槐豆胶吸湿性强，与 CMC、海藻酸钠接近，浆纱回潮率及织造车间相对湿度应控制在 65% 左右。

5.2 国内外研究现状

槐豆胶在食品工业中应用较为广泛，主要用于增稠剂、乳化剂、稳定剂。杨永利等研究了槐豆胶的流变性。结果表明，槐豆胶为非牛顿流体，其黏度随剪切速度的增加而降低，并且随浓度的升高而升高，热水溶槐豆胶的黏度比冷水溶的高，当 pH 在 3~11 范围内时，槐豆胶溶液的黏度几乎不变。斯皮罗普洛斯（Spyropoulos）对蔗糖影响多糖/蛋白质混胶的流动性和相位方面做了研究，发现槐豆胶占优势的混胶中加入蔗糖可以明显提高混胶的黏度和抗剪切能力，这种趋势随着蔗糖浓度的增加而提升，尤其以 40% 蔗糖的影响最为明显。里祖（Rizzo）研究了不同品种槐豆胶的单糖组成及流变学性质，结果发现，直链上的半乳糖控制了槐豆胶的流变学性质，特别是高的甘露糖/半乳糖比例会导致高的增稠能力，并且会影响槐豆胶的溶解度、机械能力、形成凝胶结构的温度。因半乳甘露聚糖高分子链不能很好地无规则卷曲，所以需利用高温和强力振荡使其完全分散于水，以实现最好的水合能力。

目前，国内外很少有关于槐豆胶及其衍生物用作纺织浆料的研究报道。早在 20 世纪 70 年代初，石家庄市纺织研究所就曾研究了天然槐豆胶的上浆性能，其对于中、粗支纱织物采用纯槐豆胶浆或加入少量 PVA 的槐豆胶/PVA 共混浆。对宽幅及高支纱织物，为适当提高上浆率，可在槐豆胶中适量地加入淀粉。测试结果显示，槐豆胶的上浆率比玉米淀粉低，布机断经比淀粉浆略高，布机单产基本相同，其有很大潜力替代粮食上浆。

天然槐豆胶的分子链上有大量的羟基，对棉、黏胶等亲水性纤维纱线的上浆效果虽好，却并不适用于涤纶纯纺纱与高比例涤/棉混纺纱的上浆；此外，天然槐豆胶聚合度高，分子量大，导致浆液的表观黏度过大，对经纱被覆有余而浸透不足。因此，槐豆胶浆料在纺织上浆工业中的使用受到了较大的限制，对于槐豆胶浆料的研究停滞了数十年。

为了赋予用于涤纶纱线的槐豆胶浆料良好的应用性能，金恩琪等通过 Fenton 试剂的引发，将投料摩尔比在 1/9~4/6 范围内的丙烯酸甲酯（MA）和丙烯酸（AA）单体接枝到天然槐豆胶（LBG）的分子链上，获得接枝率相似的 LBG-g-P（MA-co-AA）产物。从表观黏度、浆液与涤纶纤维的接触角、槐豆胶的水溶性、浆膜的力学性能和对涤纶纤维的黏附力等方面研究了 MA 和 AA 的单体配伍对 LBG-g-P（MA-co-AA）浆料使用性能的影响。研究发现，在 LBG 的分子链上接枝适宜配比的 MA 和 AA 是提高其应用性能的有效方法，如 LBG-g-P（MA-co-AA）的浆膜韧性、对涤纶纤维的黏附性均显著优于天然槐豆胶。

为扩大槐豆胶浆料的纱线适用品种，金恩琪等又研究了丙烯酸酯单体的碳链长度对接枝改性槐豆胶浆料上浆性能的影响。在 Fenton 试剂的引发下，分别将具有不同碳链长度的 4 种丙烯酸酯单体及亲水性单体丙烯酸共同接枝到天然槐豆胶的分子链上，制得接枝率相近而接枝支链分子结构各有不同的改性槐豆胶。然后，采用此系列改性槐豆胶对涤/棉（65/35）混纺纱进行上浆试验并测试浆纱的常用性能。结果表明，当选用丙烯酸甲酯为接枝单体时，所得涤/棉浆纱拉伸断裂强力最佳且毛羽数量最少；当选用丙烯酸丁酯为接枝单体时，浆纱的耐磨性则较为优异。

5.3 接枝不同碳链长度丙烯酸酯单体的改性槐豆胶浆料的制备

将干态质量为 60g 的天然槐豆胶分散于适量蒸馏水中形成分散液，将其倒入置于恒温水浴锅的四颈烧瓶中，使用机械搅拌器充分搅拌槐豆胶分散液并缓慢加热，搅拌速度 400r/min。向烧瓶内通氮排氧至少 30min。将 25.2g H_2O_2，5.8g（NH_4）$_2$Fe（SO_4）$_2$·$6H_2O$ 配制成水溶液，当烧瓶内温度达到 45℃时，在氮气保护下用 4 个滴液漏斗分别向烧瓶中同时滴加氧化剂 H_2O_2 溶液、还原剂（NH_4）$_2$Fe（SO_4）$_2$·$6H_2O$ 溶液、AA 单体以及具有不同碳链长度的丙烯酸酯单体，控制滴液速度使四者在 15~20min 内同时滴完。当 AA 与丙烯酸酯单体的投料摩尔比均保持为 7∶3 且改性槐豆胶的目标接枝率均为 19%±2.5% 时，投入的丙烯酸（AA）与丙烯酸甲酯（MA）、丙烯酸乙酯（EA）、丙烯酸丁酯（BA）、丙烯酸异辛酯（EHA）单体的质

量之和分别为 15.0g、16.8g、21.0g、22.8g，反应体系的浴比为 1∶7，在氮气保护下反应 6h
后，加入终止剂对苯二酚，终止剂与槐豆胶的质量分数为 2%，关闭氮气，继续搅拌 15min，
终止接枝共聚反应。反应完成后，将接枝改性槐豆胶分散液抽滤、洗涤、烘干后密封存储。
槐豆胶与丙烯酸、丙烯酸酯单体的接枝共聚反应示意如图 5-2 所示。

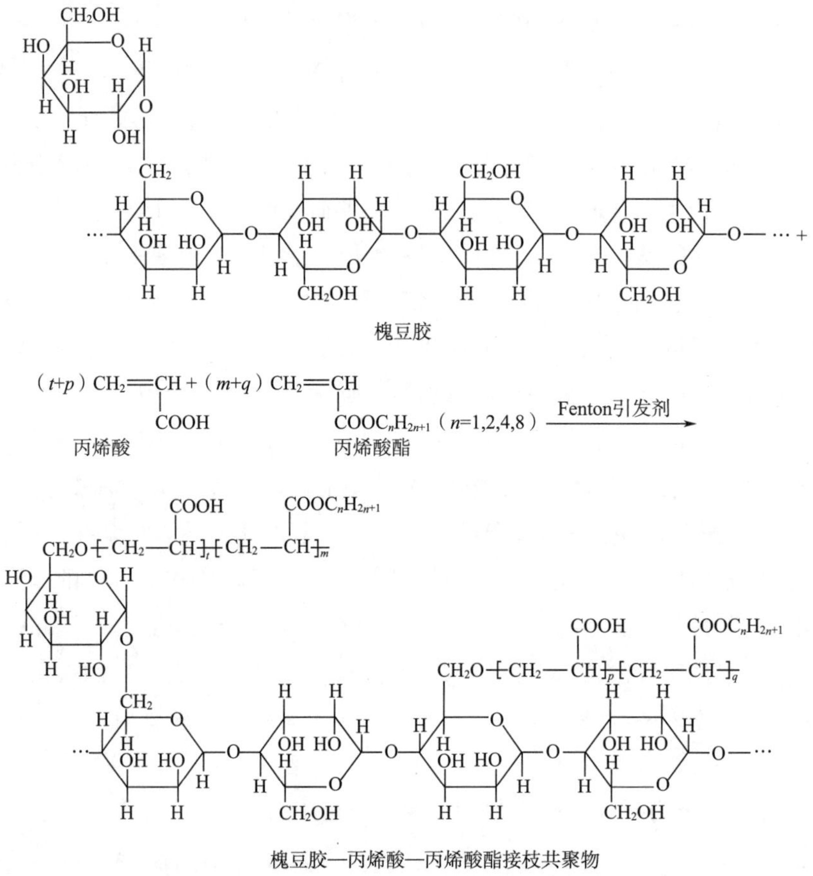

图 5-2　槐豆胶与丙烯酸、丙烯酸酯单体的接枝共聚反应示意

5.4　接枝不同碳链长度丙烯酸酯单体的改性槐豆胶的结构表征

5.4.1　FTIR 图谱分析

　　天然和接枝槐豆胶的 FTIR 光谱如图 5-3 所示。在天然槐豆胶的曲线中可以观察到主要
的特征峰，如分别由羟基和甲基/亚甲基的拉伸振动引起的约 $3360cm^{-1}$ 和约 $2920cm^{-1}$ 处的特
征峰。对于槐豆胶—丙烯酸—丙烯酸酯接枝共聚物而言，在每个接枝样品的曲线上，约
$1738cm^{-1}$ 处均出现了新的特征吸收带，这是由于羧基和酯基的羰基伸缩振动而引起的。该峰
证明了在改性槐豆胶的接枝支链中存在羧基和丙烯酸酯基，可视为是丙烯酸和丙烯酸酯接枝

到槐豆胶分子链上的证据。

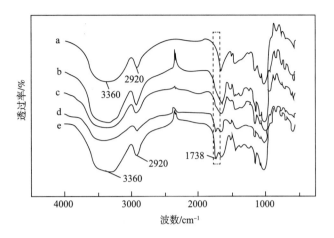

图 5-3　天然 LBG、LBG-g-P（AA-co-EHA）、LBG-g-P（AA-co-BA）、LBG-g-P（AA-co-EA）

和 LBG-g-P（AA-co-MA）的 FTIR 谱图

a—天然 LBG　b—LBG-g-P（AA-co-EHA）　c—LBG-g-P（AA-co-BA）

d—LBG-g-P（AA-co-EA）　e—LBG-g-P（AA-co-MA）

5.4.2　核磁共振 H 谱分析

天然和接枝槐豆胶的核磁共振 H 谱如图 5-4 所示。在所有的 H 谱中，在约 2.5ppm 和约 3.3ppm 处均出现了化学位移峰，这 2 个峰分别对应于溶剂（DMSO）和残留 H₂O 的质子峰。除了包含天然槐豆胶所有的化学位移峰外（如甘露糖和半乳糖糖环在 4.2～5.3ppm 范围内质子的化学位移），在接枝样品的 H 谱中约 3.5ppm 和约 12.9ppm 处还发现了 2 个新的化学位移峰，这两个新峰分别对应于：一个直接连接于丙烯酸酯的羧基上的甲基/亚甲基的化学位移，

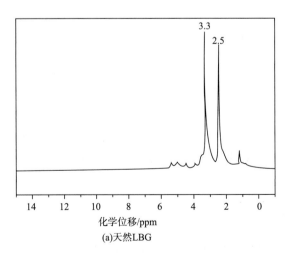

(a)天然LBG

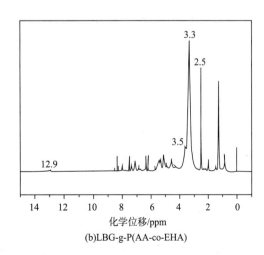

(b)LBG-g-P(AA-co-EHA)

图 5-4

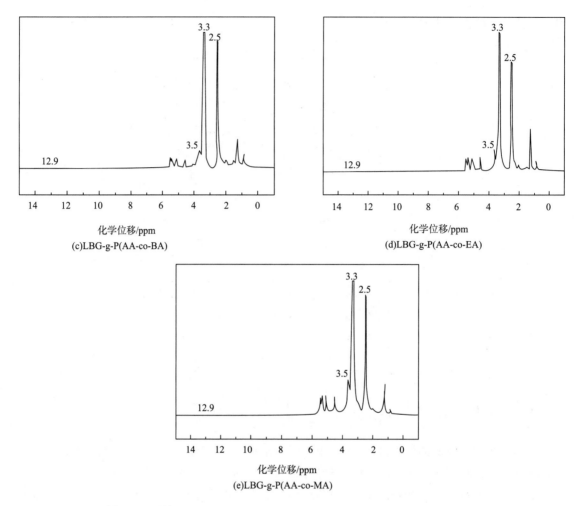

图 5-4 天然 LBG、LBG-g-P（AA-co-EHA）、LBG-g-P（AA-co-BA）、
LBG-g-P（AA-co-EA）和 LBG-g-P（AA-co-MA）的核磁共振 H 谱图

另一个丙烯酸的羧基上的质子的化学位移，这两个新的峰证实了改性槐豆胶的接枝支链中存在羧基和丙烯酸酯。此外，在接枝槐豆胶的 H 谱中，0.9～2.0ppm 范围内的烷基质子峰（例如—CH₂—和 —CH—）强度的增加可以被认为是改性槐豆胶上存在聚丙烯酸和聚丙烯酸酯接枝支链的另一个证据。

5.5 接枝不同碳链长度丙烯酸酯单体的改性槐豆胶的使用性能

5.5.1 丙烯酸酯单体碳链长度对接枝参数的影响

丙烯酸酯单体的碳链长度对接枝改性槐豆胶接枝率的影响见表 5-1。为了去除改性槐豆胶的接枝支链物质的量对上浆性能的影响，合成出四种接枝率（约 20%）相互接近的槐豆胶。由表 5-1 可知，若要获得相近的接枝率，四种接枝单体的投入浓度随着丙烯酸酯单体碳链长度的增加而提高，换言之，丙烯酸酯单体的接枝共聚反应效率随其碳链长度的增加而降低。

表 5-1　天然槐豆胶和槐豆胶—丙烯酸—丙烯酸酯接枝共聚物的接枝率、
浆液的表观黏度及其在涤纶上的接触角

丙烯酸酯接枝单体类型	单体投入浓度/%	接枝率/%	表观黏度/（mPa·s）	黏度稳定性/%	接触角/(°)
天然槐豆胶	—	—	130	84.6	46.4
MA	25	19.0	10.0	95.0	41.1
EA	28	20.6	9.0	94.4	41.6
BA	35	21.2	8.5	94.1	42.3
EHA	38	20.0	8.0	93.8	43.2

注　单体投入浓度为投料时丙烯酸酯与丙烯酸单体的质量之和与槐豆胶质量的百分比。

同一类型的乙烯基单体侧基的体积越大，其空间位阻效应就越明显，丙烯酸酯类单体亦不例外。因此，当丙烯酸酯单体处于槐豆胶大分子自由基附近时，具有较大侧基的单体更难接枝到槐豆胶的分子链上。显然，MA、EA、BA、EHA 的侧基——甲基、乙基、丁基、异辛基的体积是依次增大的，故四者参加接枝共聚反应的难度也依次加大。欲得到相似的接枝率，EHA 的投入浓度最大，MA 所需的浓度则最小。

5.5.2　丙烯酸酯单体碳链长度对表观黏度和接触角的影响

丙烯酸酯单体的碳链长度对接枝改性槐豆胶浆液的表观黏度及其稳定性和在涤纶纤维上接触角的影响见表 5-1。由此表可知，接枝改性槐豆胶浆液的表观黏度比天然槐豆胶降低了一个数量级，而前者的黏度稳定性显著高于后者。就改性槐豆胶本身而言，在接枝率相近的情况下，随着丙烯酸酯单体碳链长度的增加，接枝改性槐豆胶浆液的黏度逐步降低，而黏度稳定性并无明显差别，均达到 94% 左右。表 5-1 的结果也表明，接枝改性槐豆胶浆液在涤纶纤维上的接触角小于天然槐豆胶，丙烯酸酯单体的碳链越长，接触角越大。

关于采用 Fenton 试剂引发多糖类高分子与丙烯酸类单体接枝共聚反应的研究表明，当 $H_2O_2/(NH_4)_2Fe(SO_4)_2 \cdot 6H_2O$ 的物质的量比为 20:1 时，可以保证有足量的 H_2O_2 和 $(NH_4)_2Fe(SO_4)_2 \cdot 6H_2O$ 发生氧化还原反应生成初级自由基，从而顺利引发接枝共聚。基于此结论，在对 H_2O_2 和 $(NH_4)_2Fe(SO_4)_2 \cdot 6H_2O$ 的用量进行工艺设计时，适当增加了二者的物质的量比（50:1），使 H_2O_2 不仅能够参与氧化还原反应，引发槐豆胶和丙烯酸酯、AA 的接枝共聚；同时，过量的 H_2O_2 还可氧化槐豆胶，切断其分子链，进而使其浆液黏度下降至对涤/棉混纺纱上浆的适宜范围内（5~15mPa·s）。除表观黏度大幅降低外，经氧化后槐豆胶分子链的长短比天然槐豆胶更加均一，分子量分布的范围更窄，因此，在高温、高速剪切条件下，浆液的黏度波动率降低，有利于获得更加稳定的上浆率。当丙烯酸酯被接枝到槐豆胶的分子链上后，生成的聚丙烯酸酯支链的烷基链越长，疏水性越强，换言之，接枝改性槐豆胶与水分子间的缔合力越弱，宏观上表现为浆液黏度的下降。

浆液在纺织纤维上的接触角可视为浆液对纤维润湿能力的反映。接触角（θ）越小，润湿能力越强。由润湿方程可知，接触角与溶液的表面张力、溶液和纤维的界面张力之间存在着直接关联。由于涤纶纤维的表面张力（γ_S）为常数，故接触角主要由槐豆胶浆液的表面张力（γ_L）及槐豆胶浆液与涤纶纤维间的界面张力（γ_{SL}）决定。γ_L、γ_{SL}越小，$\cos\theta$越大，θ越小。槐豆胶由多个糖环构成，其分子链上有大量的羟基，故天然槐豆胶是一种极性很强的聚合物。涤纶纤维大分子上含有大量的苯环和酯基，属典型的非极性聚合物。依据相似相容原理，天然槐豆胶浆液与涤纶纤维的界面张力很大。将含有大量弱极性基团——酯基的聚丙烯酸酯支链引入槐豆胶的主链上可以显著降低槐豆胶的极性，提升槐豆胶与涤纶的相容性，降低槐豆胶浆液与涤纶纤维的界面张力，故接枝槐豆胶浆液的润湿角小于天然槐豆胶。此外，若改性槐豆胶具有相近的接枝率（约20%），这意味着接枝支链的总质量接近。丙烯酸酯单体的碳链越短，接枝支链聚丙烯酸酯结构单元的分子量越低（EHA、BA、EA和MA的分子量依次为184g/mol、128g/mol、100g/mol和86g/mol）。在接枝支链总质量接近的前提下，聚丙烯酸酯支链结构单元的分子量越低，引入至槐豆胶分子链上的酯基摩尔数越多，接枝槐豆胶与同样带有大量酯基的涤纶纤维相容性越好，其极性降幅就越大。观察图5-3可知，随着丙烯酸酯单体碳链长度的减小，接枝改性槐豆胶上酯基中羰基的伸缩振动的确有所增强，这也成为改性槐豆胶分子链上酯基数目增多的佐证。对于同类型聚合物而言，极性越弱，其水溶液的表面张力通常就越小。由此可知，随着丙烯酸酯单体碳链长度的降低，接枝改性槐豆胶浆液本身的表面张力、与涤纶纤维的界面张力都有所降低，故$\cos\theta$越大，θ越小，对涤纶纤维的润湿性就越好。

5.5.3 丙烯酸酯单体碳链长度对槐豆胶浆膜水溶性的影响

丙烯酸酯的单体结构对槐豆胶浆膜水溶性的影响见表5-2。所有接枝槐豆胶浆膜的水溶时间均比天然槐豆胶短。随着丙烯酸酯单体碳链长度的增加，接枝槐豆胶浆膜的水溶时间逐渐增加。

表5-2 天然槐豆胶和槐豆胶—丙烯酸—丙烯酸酯接枝共聚物浆膜的水溶时间

丙烯酸酯接枝单体类型	天然槐豆胶	MA	EA	BA	EHA
水溶时间/s	4493	2722	2966	3702	4174
$CV/\%$	8.96	3.59	3.81	3.47	4.90

槐豆胶是一种典型的长链多糖，其长分子链排列规则并表现出较高的刚性。较强的分子间氢键相互作用使槐豆胶难以溶解在水中。在接枝过程中，过量的H_2O_2同时使槐豆胶受到了氧化，氧化作用显著降低了槐豆胶的聚合度。聚丙烯酸和聚丙烯酸酯支链的引入扩大了槐豆胶分子链之间的距离，在一定程度上削弱了其分子间氢键的相互作用，增强了槐豆胶的支化度。结果表明，接枝共聚有助于提高槐豆胶浆膜的水溶性。如上所述，丙烯酸酯单体碳链

长度的增加会增强槐豆胶—丙烯酸—丙烯酸酯接枝共聚物支链的疏水性。因此，丙烯酸酯单体的碳链越长，接枝槐豆胶浆膜的水溶性就越差。

5.5.4 丙烯酸酯单体碳链长度对槐豆胶浆膜力学性能的影响

丙烯酸酯的单体结构对槐豆胶浆膜的拉伸断裂强度、伸长率和耐磨性的影响如图 5-5 所示。可见，接枝共聚改性是提高槐豆胶浆膜力学性能的有效途径。随着丙烯酸酯单体碳链长度的增加，浆膜的拉伸断裂强度不断降低，断裂伸长率逐步增加。LBG-g-P（AA-co-BA）浆膜的耐磨性最高。天然槐豆胶和接枝了 MA、EA、BA 以及 EHA 的槐豆胶—丙烯酸—丙烯酸酯接枝共聚物浆膜的 SEM 照片如图 5-6 所示。

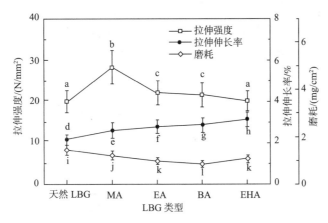

图 5-5 天然槐豆胶和槐豆胶—丙烯酸—丙烯酸酯接枝共聚物浆膜的力学性能

槐豆胶浆膜是用流延法制成的。由表 5-1 和表 5-2 可知，由于接枝共聚改性，槐豆胶浆液的流动性和槐豆胶的水溶性得到改善，有利于形成连续而均匀的浆膜，浆膜中的不溶性杂质较少。在力学性能评估的过程中，发现大多数浆膜的断裂发生在浆膜的过薄处或含有未溶解颗粒的部位。接枝共聚大大降低了此种断裂发生的可能性，因此，接枝槐豆胶浆膜表现出比天然槐豆胶浆膜更高的抗拉伸性和耐磨性。根据浆膜表面的形貌观察（图 5-6），天然槐豆胶浆膜含有比接枝槐豆胶浆膜更多的孔洞和裂纹，前者比后者更加粗糙。

槐豆胶—丙烯酸—丙烯酸酯接枝共聚物的接枝率达到 19% 左右时，其作为浆料的使用性能较好。大量聚丙烯酸酯支链的引入破坏了槐豆胶分子原有的排列规整性，对槐豆胶分子链的柔韧性产生了显著的有益影响。聚丙烯酸酯分子链的柔性与其结构单元侧基的碳链长度密切相关。研究表明，增加碳链长度有助于提高聚丙烯酸酯分子链的柔性。因此，丙烯酸酯单体的碳链越长，所制备的接枝槐豆胶的分子链柔性越高。可以推测，当增加丙烯酸酯的碳链长度时，接枝槐豆胶浆膜将以损失拉伸断裂强度为代价而获得更高的伸长率，图 5-5 中的结果很好地印证了推测。聚合物薄膜的耐磨性由膜的拉伸断裂强度和伸长率综合决定。LBG-g-P（AA-co-BA）浆膜在所有接枝样品中都具有中等的拉伸断裂强度和伸长率。因此，LBG-g-P（AA-co-BA）浆膜的磨耗略低于其他接枝槐豆胶浆膜。换言之，LBG-g-P（AA-co-

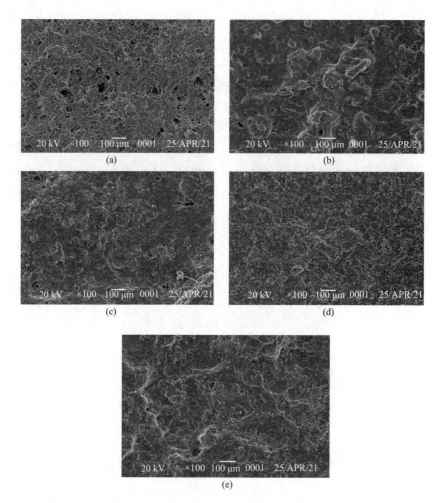

图 5-6　天然槐豆胶（a）和槐豆胶—丙烯酸—丙烯酸酯接枝共聚物（b）~（e）浆膜的 SEM 图

BA）浆膜显示出最佳的耐磨性。

5.5.5　丙烯酸酯单体碳链长度对接枝槐豆胶与涤纶黏附性能的影响

丙烯酸酯的单体结构对接枝槐豆胶与涤纶黏合的影响如图 5-7 所示。接枝槐豆胶比天然槐豆胶表现出对涤纶纤维更好的黏附性。接枝槐豆胶对涤纶纤维的黏附力随着丙烯酸酯单体碳链长度的增加而降低。

如上所述，天然槐豆胶和涤纶较大的极性差异直接导致彼此之间的结合力较弱，若黏合剂和被黏物的极性相反，二者就无可能形成强黏附。故若选择天然槐豆胶作为涤纶经纱上浆剂，就不可能获得高质量的浆纱。接枝聚丙烯酸酯支链后，引入了大量的弱极性基团酯基，有效地降低了槐豆胶分子的极性。接枝槐豆胶和涤纶之间的极性相似性增强，因此槐豆胶浆料对涤纶的亲和力增加。此外，如表 5-1 所示，聚丙烯酸酯支链的引入改善了槐豆胶溶液对涤纶的润湿性，浆液在纤维表面的良好润湿性是浆液渗透到纱线中的基础。接枝槐豆胶具备的更好的亲和性和润湿性使得其与涤纶纤维的黏附性超过了天然槐豆胶。

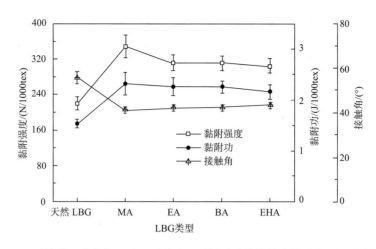

图 5-7　天然槐豆胶和槐豆胶—丙烯酸—丙烯酸酯接枝共聚物对涤纶的黏附性能

当槐豆胶—丙烯酸—丙烯酸酯接枝共聚物的接枝率几乎相同时，引入槐豆胶分子链中的酯基摩尔数随着丙烯酸酯单体碳链长度的减小而逐渐增加。由于对涤纶亲和力和润湿性的提高，接枝槐豆胶的黏附力随着碳链长度的减小而增加。故在所有接枝槐豆胶样品中，LBG-g-P（AA-co-MA）对涤纶表现出最高的黏附性。

5.5.6　丙烯酸酯单体碳链长度对浆纱力学性能的影响

当采用槐豆胶对涤/棉（65/35）经纱上浆时，丙烯酸酯单体的碳链长度对接枝改性槐豆胶浆纱力学性能的影响见表 5-3。如前文所述，天然槐豆胶与涤纶较差的相容性、其浆液过高的黏度以及对涤纶较低的润湿能力导致其不适用于高比例含涤纱的上浆。由表 5-3 可知，经接枝改性槐豆胶上浆后的涤/棉混纺纱的各项力学性能均显著优于天然槐豆胶。随着丙烯酸酯单体碳链长度的增加，浆纱的拉伸断裂强力逐渐降低而伸长率有所提升。就耐磨性而言，以 BA 为接枝单体的改性槐豆胶浆纱的耐磨次数最多。

表 5-3　涤/棉（65/35）浆纱的强伸与耐磨性能

丙烯酸酯接枝单体类型	上浆率/%	增强率/%	减伸率/%	耐磨次数
天然槐豆胶	10.85	12.80	14.78	143
MA	10.00	36.42	11.35	161
EA	10.43	32.31	10.28	173
BA	10.31	26.31	9.78	180
EHA	10.28	17.78	8.78	145

注　原纱的断裂强力为 1.72N，断裂伸长率为 7.01%，耐磨次数为 86 次。

由表 5-1 可知，丙烯酸酯单体的碳链越短，接枝槐豆胶浆液在涤纶上的接触角越小。换言之，减小丙烯酸酯的碳链长度更有利于接枝槐豆胶浆液在涤纶纤维表面的润湿和铺展，也有利于浆液对于涤/棉纱的浸透，使纱线中的纤维能更好地相互黏结，增加了纤维之间的抱合力，提高了浆纱的断裂强力。一般说来，丙烯酸酯单体侧基的烷基链越长，其形成的聚合物支链的柔顺性就越好，故增加丙烯酸酯的碳链长度可同时提高浆纱表面接枝槐豆胶浆膜以及浆纱内纤维间槐豆胶浆料胶层的延伸性，浆纱的断裂伸长率随之提升。在进行织造时，经纱与纬纱、经停片、综丝、钢筘间均存在剧烈的摩擦作用，故耐磨性也是浆纱最为重要的力学性能之一。浆纱的耐磨性是浆纱强力与延伸性的综合体现，故以碳链长度居于中间位置的 BA 为接枝单体的改性槐豆胶浆纱表现出最为优异的耐磨性能。

5.5.7 丙烯酸酯单体碳链长度对浆纱毛羽贴服性能的影响

丙烯酸酯单体的碳链长度对接枝改性槐豆胶浆纱毛羽的影响如图 5-8 和图 5-9 所示。由图 5-8、图 5-9 可知，经接枝改性槐豆胶上浆后的涤/棉混纺纱的毛羽数量均显著低于天然槐豆胶。随着丙烯酸酯单体碳链长度的增加，浆纱的毛羽数量呈现逐步增多的趋势。

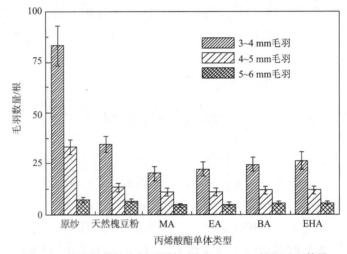

图 5-8　原纱与浆纱表面不同长度（3～6mm）的短毛羽数量

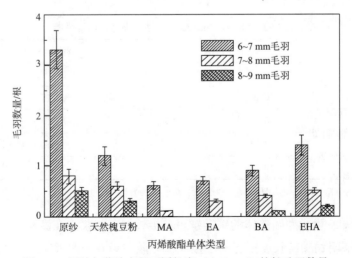

图 5-9　原纱与浆纱表面不同长度（6～9mm）的长毛羽数量

接枝改性槐豆胶的分子主链上引入了聚丙烯酸酯支链，涤纶大分子上也包含了大量的酯基，依据"相似相容原理"，槐豆胶分子链上酯基的引入可有效提高其对涤纶纤维的亲和力，增强槐豆胶浆料对涤纶纤维的黏附性，使浆料更有效地将纱线表面显露的毛羽（即纤维头端）贴服于纱干上。引入的酯基数量越多，接枝槐豆胶对涤纶的黏附性越强。前文已经阐明，在改性槐豆胶接枝率相近的前提下，随着丙烯酸酯单体碳链长度的减小，改性槐豆胶分子链上的酯基数量有所增多，故其贴服高比例涤/棉纱表面毛羽的能力增强，这也解释了以 MA 为接枝单体的改性槐豆胶浆纱的毛羽数量最少的原因。

5.6　不同乙烯基单体配伍下接枝槐豆胶浆料的制备

将干态质量为 60g 的天然槐豆胶分散于适量蒸馏水中形成分散液，将其倒入置于恒温水浴锅的四颈烧瓶中，使用机械搅拌器充分搅拌槐豆胶分散液并缓慢加热，搅拌速度 400r/min，向烧瓶内通氮排氧至少 30min。将 H_2O_2 和（NH_4）$_2$Fe（SO_4）$_2$·$6H_2O$ 分别配制成水溶液，本节以 AA 和 MA 分别作为亲水性/疏水性乙烯基单体代表。当烧瓶内温度达到 45℃时，在氮气保护下用 4 个滴液漏斗分别向烧瓶中同时滴加氧化剂 H_2O_2 溶液、还原剂（NH_4）$_2$Fe（SO_4）$_2$·$6H_2O$ 溶液、MA 单体、AA 单体，控制滴液速度使四者在 15~20min 内同时滴完。MA 与 AA 单体的投入摩尔比分别为 1/9、2/8、3/7、4/6，为确保改性槐豆胶的目标接枝率均为 19%±2.5%，投入的 MA 与 MA 单体质量之和分别为 12.24g、13.20g、15.00g、16.32g。反应体系的浴比为 1∶7，还原剂（NH_4）$_2$Fe（SO_4）$_2$·$6H_2O$ 在反应浴中的浓度为 0.0282mol/L，其与氧化剂 H_2O_2 的摩尔浓度比为 1∶50。在氮气保护下反应 6h 后，加入终止剂对苯二酚，终止剂与槐豆胶的质量分数为 2%，关闭氮气，继续搅拌 15min，终止接枝共聚反应。反应完成后，将接枝改性槐豆胶分散液抽滤、洗涤、烘干后密封存储。

5.7　不同乙烯基单体配伍下接枝槐豆胶浆料的使用性能

5.7.1　MA/AA 单体配伍对接枝参数的影响

MA/AA 单体配伍对 LBG-g-P（MA-co-AA）的单体转化率（MC）、接枝率（GR）和接枝效率（GE）的影响如图 5-10 所示。随着 MA/AA 投料摩尔比的增加，所有接枝样品的单体转化率均在 97.4% 左右，未出现显著变化。为了消除 LBG-g-P（MA-co-AA）浆料的接枝率对使用性能的影响，不同单体配伍下合成的 LBG-g-P（MA-co-AA）的接枝率均控制在相近的数值（约 19%）。对于接枝效率而言，其随着 MA/AA 投料摩尔比的增加而略有下降。

在适当的聚合条件下（如足量的引发剂和适宜的聚合温度），聚合时间越长，单体转化率就越高。研究证明 6h 的聚合时间已足以使反应充分，单体转化率均能保持在 97% 以上，证明几乎所有单体都转化为聚合物。

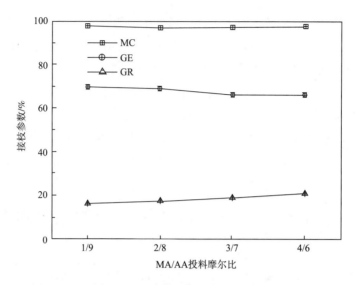

图 5-10　不同 MA/AA 单体配伍下改性槐豆胶的接枝参数

在接枝共聚反应中，LBG 大分子自由基与 MA、AA 结合形成接枝支链。MA 中甲酯的甲基比 AA 中羧基的氢原子占据更大的空间，因此，当 MA 和 AA 单体都在 LBG 自由基附近时，MA 由于其较大的空间位阻而更难接枝到 LBG 的分子链上。MA 单体更有可能参与均聚反应，即接枝共聚的竞争反应，由此形成比 AA 更多的均聚物。换句话说，增加 MA/AA 的投料摩尔比增加了接枝支链形成的难度，这是由于在均聚反应中 MA 单体的消耗量更大。较大的单体损耗导致接枝效率随着 MA/AA 单体投料摩尔比的增加而降低。

5.7.2　MA/AA 单体配伍对接枝槐豆胶浆液黏度的影响

MA/AA 单体配伍对 LBG-g-P（MA-co-AA）浆液表观黏度及其稳定性的影响见表 5-4。接枝改性后，浆液的表观黏度下降到天然槐豆胶浆液的约 1/15，降至 10~14mPa·s 范围内，满足上浆操作的一般要求。此外，接枝改性提高了槐豆胶浆液的黏度稳定性。对于 LBG-g-P（MA-co-AA）浆料而言，其黏度及其稳定性均随着 MA/AA 投料摩尔比的增加而降低。

表 5-4　槐豆胶浆液的表观黏度、在涤纶上的接触角及浆料的水溶性

MA/AA 的投料摩尔比	表观黏度/（mPa·s）	黏度稳定性/%	接触角/（°）	水溶性	水溶稳定性
天然槐豆胶	165	81.8	58.03	+	+
1/9	14.0	96.4	48.07	+++	+++
2/8	12.0	95.8	46.26	+++	++
3/7	11.0	90.9	42.63	++	++
4/6	10.0	90.0	40.87	+	+

　注　"+"越多，浆料的水溶及其稳定性越佳。

在 LBG-g-P（MA-co-AA）浆料的接枝率接近时，增加 MA/AA 的投料摩尔比可以认为减少了接枝槐豆胶上 PAA 支链的数量。接枝槐豆胶的 PAA 支链含有大量的羧基，这些羧基具有亲水性并带负电荷。加入的 AA 单体越少，接枝支链上的羧基就越少。羧基数量的减少降低了接枝槐豆胶的极性及其与水分子之间的相互作用。众所周知，聚合物溶液的表观黏度同聚合物与水分子之间的相互作用密切相关。相互作用越弱，聚合物溶液的表观黏度就越低。因此，接枝槐豆胶浆液的表观黏度随着 MA/AA 投料摩尔比的增加而降低。

实验证明，1h 的煮浆时间不足以使水溶性较低的 LBG-g-P（MA-co-AA）在 95℃下完全溶解在水中。为了评估黏度稳定性，记录不同时间点的黏度值时长为 3h。水溶性越低，接枝槐豆胶完全溶解所需的时间就越长。随着评价时间的延长，分散在水中残余的槐豆胶颗粒继续溶解。残余颗粒（如 MA/AA 投料摩尔比为 4/6 下合成的接枝槐豆胶）的可持续溶解必然会引起表观黏度的巨大变化。接枝槐豆胶浆料在水中的溶解时间越长，在蒸煮过程中表观黏度的变化就越显著。因此，MA/AA 投料摩尔比的增加导致表观黏度的剧烈振动。

5.7.3　MA/AA 单体配伍对接枝槐豆胶溶液在涤纶纤维上接触角的影响

MA/AA 单体配伍对 LBG-g-P（MA-co-AA）溶液与涤纶纤维的接触角的影响亦显示在表 5-4 中。从该表可观察到，接枝槐豆胶溶液的接触角比天然槐豆胶溶液小得多，接触角随着 MA/AA 投料摩尔比的增加而逐渐减小。

聚合物溶液对纤维的润湿性可以通过接触角来表示。高润湿性意味着液滴可在纤维表面广泛扩展形成较小的接触角。根据润湿方程，聚合物溶液和纤维的接触角与纤维的界面张力以及溶液的表面张力密切相关。接枝共聚中加入的 MA 单体越多，具有相近接枝率的改性槐豆胶分子链上的酯基数量就越大。众所周知，涤纶纤维也含有大量酯基。基于相似相容原理，增加槐豆胶接枝支链的酯基数量可以降低槐豆胶溶液和涤纶纤维之间的界面张力。此外，酯基是一类典型的弱极性基团，随着接枝槐豆胶分子链上酯基数量的增加，槐豆胶溶液的极性会减弱，因此溶液的表面张力会降低。槐豆胶溶液与涤纶纤维之间的界面张力和槐豆胶溶液表面张力的降低都有利于减小其在涤纶纤维上的接触角。因此，MA/AA 投料摩尔比的增加赋予槐豆胶溶液对涤纶纤维更好的润湿性。

5.7.4　MA/AA 单体配伍对接枝槐豆胶浆料水溶性的影响

MA/AA 单体配比对 LBG-g-P（MA-co-AA）的水溶性和溶解稳定性的影响也在表 5-4 中有所描述。接枝之后，槐豆胶的水溶性和溶解稳定性明显提高。随着 MA/AA 投料摩尔比的增加，接枝槐豆胶的水溶性和溶解稳定性均逐步下降。

首先，聚合物的水溶性与聚合度密切相关。聚合度越高，聚合物的溶解度通常越差。天然槐豆胶的聚合度在 280~330 范围内，聚合度高，分子间吸引力强。所以，克服分子间吸引力，使天然槐豆胶在水中充分溶解相当困难。在接枝共聚的过程中，Fenton 试剂中过量的 H_2O_2 氧化了槐豆胶，切断了其较长的分子链，降低了其聚合度。氧化降解有助于削弱槐豆胶的分子间吸引力，提高其水溶性。同时，含有大量亲水性基团——羧基的 PAA 接枝支链的引入也有利于槐豆胶水溶性的提高。这两个因素有助于接枝后槐豆胶水溶性的显著改善。酯基是疏水性基团，在槐豆胶分子链上过量引入 PMA 支链不可避免地削弱槐豆胶与水分子之间的相互作用，并导致水溶性和溶解稳定性的恶化。以 MA/AA 投料摩尔比为 4/6 下合成的接枝槐豆胶为例，其浆料颗粒在 95℃时的完全溶解时间甚至超过 3h。

5.7.5 MA/AA 单体配伍对接枝槐豆胶浆膜力学性能的影响

MA/AA 单体配比对 LBG-g-P（MA-co-AA）浆膜的拉伸断裂强度、伸长率和耐磨性的影响如图 5-11 所示。从该图可以观察到，接枝槐豆胶浆膜表现出比天然槐豆胶更好的力学性能。随着 MA/AA 投料摩尔比的增加，浆膜的拉伸断裂强度不断降低，伸长率和耐磨性最初增加，当摩尔比为 2/8 时达到最大值，然后逐步降低。天然槐豆胶［图 5-12（a）］和 MA/AA 投料摩尔比为 1/9、2/8、3/7 以及 4/6 下合成出的 LBG-g-P（MA-co-AA）［图 5-12（b）~（e）］浆膜的 SEM 图如图 5-12 所示。

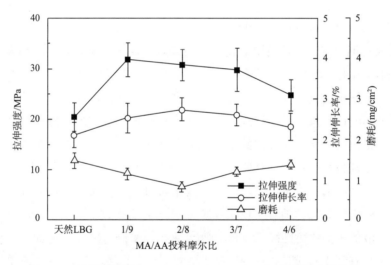

图 5-11　天然槐豆胶和 LBG-g-P（MA-co-AA）浆膜的力学性能

就同类共聚物而言，共聚物极性的降低有利于分子链的运动，从而降低共聚物膜的脆性和硬度。当降低共聚物的极性时，共聚物膜将以损失拉伸断裂强度为代价获得更高的伸长率。对于具有相近接枝率的 LBG-g-P（MA-co-AA）而言，随着 MA/AA 投料摩尔比的增加，接枝槐豆胶分子链中的羧基数量减少，从而降低了接枝槐豆胶的极性，因此，接枝槐豆胶浆膜的拉伸断裂伸长率开始时有所增加，而断裂强度持续降低。

然而，浆膜的力学性能不仅与大分子结构有关，还与浆料的水溶性有关。当过量的酯基引入槐豆胶的分子链时，接枝槐豆胶的水溶性恶化。如上所述，1h 的煮浆时间不足以使具有较低水溶性的接枝槐豆胶完全溶解在水中。水溶性差不利于接枝槐豆胶在水中的均匀分散，在成膜过程中导致槐豆胶分子间的相互扩散不足，并在干燥后形成的浆膜中留下杂质（即未

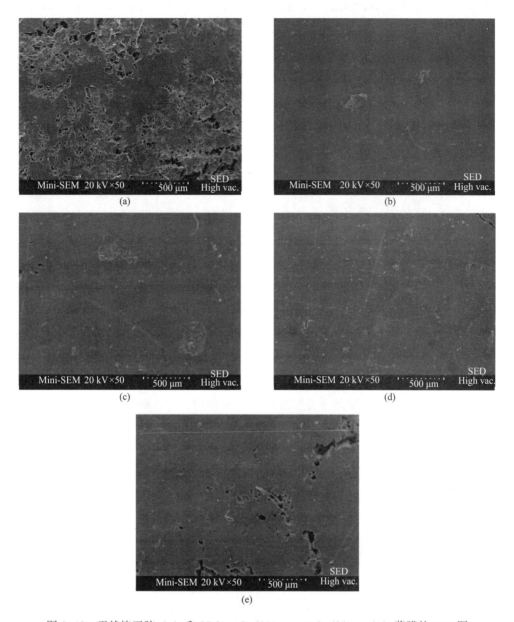

图 5-12　天然槐豆胶（a）和 LBG-g-P（MA-co-AA）（b）～（e）浆膜的 SEM 图

溶的槐豆胶颗粒）。槐豆胶浆膜的 SEM 照片显示，随着 MA/AA 投料摩尔比的增加，接枝槐
豆胶浆膜变得更粗糙、更不均匀并逐渐开裂。因此，在浆膜拉伸和耐磨性测试时，发生应力
集中和磨损的风险都增加了。当 MA/AA 的投料摩尔比超过 2/8 时，接枝槐豆胶浆膜的力学
性能开始下降。

5.7.6　MA/AA 单体配伍对接枝槐豆胶黏附性能的影响

MA/AA 单体配比对 LBG-g-P（MA-co-AA）浆料与涤纶纤维黏附性的影响如图 5-13 所

示。随着 MA/AA 投料摩尔比的增加，LBG-g-P（MA-co-AA）对涤纶纤维的黏附强度和黏附功都开始增加，当投料摩尔比为 3/7 时达到最大值，然后显著降低。

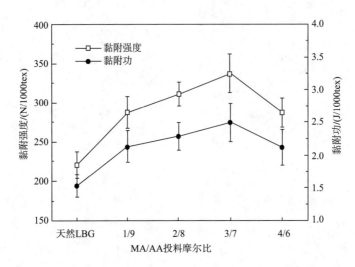

图 5-13 天然槐豆胶和 LBG-g-P（MA-co-AA）对涤纶的黏附性能

当 MA/AA 的投料摩尔比在 1/9~/3/7 范围内时，MA/AA 投料摩尔比的增加对 LBG-g-P（MA-co-AA）浆料与涤纶的黏附性产生了有益的影响。然而，当摩尔比达到 4/6 时，接枝槐豆胶与涤纶的黏附力反而开始下降。根据黏合破坏的位置，黏合破坏可分为界面破坏和内聚破坏。前者取决于浆料和纤维的亲和力以及浆液对纤维的润湿性，界面破坏恰好发生在槐豆胶胶层与涤纶的界面处。对于内聚破坏而言，黏合破坏完全发生在黏合剂胶层相中，与胶层的力学性能密切相关。因此，在分析黏合破坏时，黏合剂胶层的力学性能也是一个主要考虑因素。然而，在没有任何机械损伤的情况下从纤维之间将黏合剂胶层剥离下来是无法做到的，由此通过测试浆膜的拉伸断裂强度来近似拟合黏合剂胶层的内聚强度。如图 5-11 所示，当 MA/AA 的投料摩尔比超过 2/8 时，接枝槐豆胶浆膜的力学性能不断下降。换言之，接枝槐豆胶胶层的内聚强度从 MA/AA 的投料摩尔比为 2/8 时开始降低。在综合考虑界面破坏和内聚破坏之后，可以推测，在 MA/AA（≥4/6）高投料摩尔比条件下，涤纶纤维间接枝槐豆胶胶层的内聚强度降低对黏附性的不利影响会超过极性相似性和润湿性改善对黏附性带来的有利影响，图 5-13 中显示的结果与该推测基本一致。

参考文献

［1］ RIZZO V, TOMASELLI F, GENTILE A, et al. Rheological properties and sugar composition of locust bean gum from different carob varieties（Ceratonia siliqua L.）［J］. Journal of Agricultural and Food Chemistry, 2004, 52（26）: 7925-7930.

［2］ 宋永芳. 刺槐资源的开发利用［J］. 林业科技开发, 2002, 16（5）: 11-13.

［3］ 郭肖. 刺槐豆胶及其复配胶流变学性质的研究［D］. 兰州: 西北师范大学生命科学学

院，2013.

［4］ BELITZ H D, GROSCH W. Food Chemistry ［M］. New York：Springer−Verlag，1999.

［5］ GARCIA−OCHOA F, CASAS J A. Viscosity of locust bean（Ceratonia siliqua）gum solutions ［J］. Journal of the Science of Food and Agriculture，1992，59（1）：97−100.

［6］ KOK M S, HILL S E, MITCHELL J R. Viscosity of galactomannans during high−temperature processing：influence of degradation and solubilization ［J］. Food Hydrocolloids，1999，13（6）：535−542.

［7］ LAZARIDOU A, BILIADERIS C G, IZYDORCZYC M S. Structural characteristics and rheological properties of locust bean galactomannans：a comparison of samples from different carob tree populations ［J］. Journal of the Science of Food and Agriculture，2001，81（1）：68−75.

［8］ BAUMGARTNER S, GENNER−RITZMAN R, HAAS G, et al. Isolation and identification of cyclitols in carob pods（Ceratonia siliqua L.）［J］. Journal of Agricultural and Food Chemistry，1986，34（5）：827−829.

［9］ MAZA M P, ZAMORA R, ALAIZ M, et al. Carob bean germ seed（Ceratonia siliqua）：study of the oil and proteins ［J］. Journal of the Science of Food and Agriculture，1989，46（4）：495−502.

［10］ MACLEOD G, FORCEN M. Analysis of volatile components derived from the carob bean（Ceratonia siliqua）［J］. Phytochemistry，1992，31（9）：3113−3119.

［11］ BATISTA M T, GOMES E T. C−glycosylflavones from Ceratonia siliqua cotyledons ［J］. Phytochemistry，1993，34（4）：1191−1193.

［12］ AIGBODION A I, OKIEIMEN F E. An investigation of the utilization of African locust bean seed oil in the preparation of alkyd resins ［J］. Industrial Crops and Products，2001，13（1）：29−34.

［13］ 杨永利，张继，郭守军，等. 刺槐豆胶的流变性研究 ［J］. 食品科学，2001，22（12）：27−29.

［14］ 杨永利，郭守军，张继，等. 槐豆胶热水溶和冷水溶部分流变性的比较研究 ［J］. 西北师范大学学报（自然科学版），2001，37（4）：82−85.

［15］ SPYROPOULOS F, PORTSCH A, NORTON I T. Effect of sucrose on the phase and flow behaviour of polysaccharide/protein aqueous two−phase systems ［J］. Food Hydrocolloids，2010，24（2）：217−226.

［16］ 石家庄纺织研究所. 槐豆胶浆纱 ［J］. 棉纺织技术，1974（9）：50−54.

［17］ JIN E Q, WANG S S, SONG C X, et al. Influences of monomer compatibility on sizing performance of locust bean gum−g−P（MA−co−AA）［J］. Journal of the Textile Institute，2022，113（6）：1083−1092.

［18］ LI M L, JIN E Q, CHEN S Y. Effects of graft modification on apparent viscosity, adhesion, and film properties of sesbania gum for warp sizing ［J］. Journal of the Textile Institute，

2020, 111 (3): 309-317.

[19] JIN E Q, LI M L, XI B J. Effect of molecular structure of acrylates on sizing performance of allyl grafted starch [J]. Indian Journal of Fibre & Textile Research, 2015, 40 (4): 437-446.

[20] MALINOWSKA E, KLIMASZEWSKA M, STRĄCZEK T, et al. Selenized polysaccharides-Biosynthesis and structural analysis [J]. Carbohydrate Polymers, 2018, 198: 407-417.

[21] GJERSING E, HAPPS R M, SYKES R W, et al. Rapid determination of sugar content in biomass hydrolysates using nuclear magnetic resonance spectroscopy [J]. Biotechnology and Bioengineering, 2013, 110 (3): 721-728.

[22] ZHOU Y H, SONG B, HE D, et al. Galactose-based polymer-containing phenylboronic acid as carriers for insulin delivery [J]. Nanotechnology, 2020, 31: 395601.

[23] LI M L, JIN E Q, LIAN Y Y. Effects of monomer compatibility on sizing properties of feather keratin-g-P (AA-co-MA) [J]. Journal of the Textile Institute, 2018, 109 (3): 376-382.

[24] JIN E Q, LI M L, ZHANG L Y. Effect of polymerization conditions on grafting of methyl methacrylate onto feather keratin for thermoplastic applications [J]. Journal of Polymer Materials, 2014, 31 (2): 169-183.

[25] BISMARK S, ZHU Z F. Amphipathic starch with phosphate and octenylsuccinate substituents for strong adhesion to cotton in warp sizing [J]. Fibers and Polymers, 2018, 19 (9): 1850-1860.

[26] ZHU Z F, CHENG Z Q. Effect of inorganic phosphates on the adhesion of mono-phosphorylated cornstarch to fibers [J]. Starch, 2008, 60 (6): 315-320.

[27] SHAW D J. Introduction to Colloid & Surface Chemistry [M]. Oxford: Butterworth-Heinemann, 1992: 152-153.

[28] JIN E Q, LI M L, ZHOU S. Crab and prawn shell utilization as a source of bio-based thermoplastics through graft polymerization with acrylate monomers [J]. Journal of Material Cycles and Waste Management, 2018, 20 (1): 496-504.

[29] QIAO Z Y, ZHU Z F, ZHANG Z F, et al. Effects of molecular structure and molar content of acrylate units on aerobic biodegradability of acrylate copolymeric sizing agents [J]. Textile Research Journal, 2012, 82 (9): 889-898.

[30] JIN E Q, REDDY N, ZHU Z F, et al. Graft polymerization of native chicken feathers for thermoplastic applications [J]. Journal of Agricultural and Food Chemistry, 2011, 59 (5): 1729-1738.

[31] JIN E Q, ZHU Z F, YANG Y Q, et al. Blending water-soluble aliphatic-aromatic copolyester in starch for enhancing the adhesion of sizing paste to polyester fibers [J]. Journal of the Textile Institute, 2011, 102 (8): 681-688.

第6章 含脂肪族二羧酸酯链段的水溶性共聚酯浆料

6.1 概述

随着纺织工业的快速发展，涤纶、锦纶、腈纶等化学纤维日益深入人们的生活之中。尤其是涤纶（聚酯纤维），由于其独特优异的性能，成为化纤之中最为重要的一类品种。但是，由于目前聚酯纤维的主要品种是聚对苯二甲酸乙二酯纤维，其结晶度高，缺少极性基团，疏水性很强，造成了上浆的困难。

纵观现有用于涤纶经纱上浆的材料，淀粉及其衍生物是重要的品种之一，其资源丰富，价格低廉，对环境友好，但由于淀粉大分子结构的原因，致使它与涤纶纤维的黏合强度差、形成的浆膜脆硬，不能满足涤纶经纱上浆的要求；PVA 对涤纶上浆效果稍好，但是黏附性能不足，易结皮，难退浆，且不利于环境保护，欧盟多个国家已将其列为"不洁浆料"而禁止使用；聚丙烯酸酯类浆料对涤纶黏附性能较好，但吸湿再黏现象相当严重，形成的浆膜亦存在"柔而不坚"的缺点。在当前开发出的诸多浆料中，还没有一种对聚酯纤维的上浆效果能达到令人满意的程度。

聚酯浆料（纺织业内习惯称为水溶性或水分散性聚酯浆料，英文缩写为 WSP）正是针对上述问题，根据扩散理论中的"相似相容原理"而研发出来的。该浆料具有与聚酯大分子极为相似的化学结构，对聚酯纤维有较高的黏附力。同时，由于在分子结构中引入了亲水性基团，聚酯浆料已不再属于诸如涤纶那样的非极性材料，已经具备了较好的水溶性，既可满足经纱水系上浆的要求，又易于退浆，推广使用聚酯浆料显然是克服前织过程中涤纶经纱"上浆难"的一条有效途径。

自进入工业化社会以来，自然环境受到了越来越严重的破坏。随着工业化程度的加深，石油基高分子废弃物成为污染环境的主要源头之一。我国是纺织大国，纺织品的生产量和出口量多年来稳居世界第一。浆料是纺织厂消耗量占第二位的生产原材料，仅我国就已达 55 万吨/年，而退浆则是纺织品印染加工前的一个必要步骤。可以想见，消耗量如此巨大的纺织浆料如果没有良好的生物可降解性能，退浆废水会对自然环境造成很大的危害。现阶段我国印染企业的利润很低，在环保方面的投入极其有限，退浆废水大多直接排入自然界，严重影响了生态环境。据报道，退浆废水中浆料的化学需氧量（COD）占整个纺织品印染污水中废弃物 COD 的 50%~80%。因此，唯有从污染源头出发，大力研发环境友好型纺织浆料才能从根本上解决退浆废液造成的水污染问题，才能从工业实践上真正贯彻"绿水青山就是金山银山"的科学理念。

若要制备出环境友好型纺织浆料，其前提就在于使之具备良好的生物可降解性。所谓生物可降解性高分子材料指的是受到自然界中的微生物（如细菌、真菌及藻类）侵蚀后，能在一定的时间内完全降解的聚合物。通常有两种方法使得人工合成的高分子材料具有生物可降解性能，第一种方法是合成出具有容易被微生物或酶降解化学结构的聚合物；第二种方法是培养专门用于降解合成高分子的微生物。当今生物学界对于第二种方法存在着不同的声音，许多专家认为人工培养微生物很可能导致物种不受控制而无度滋长，从而给原本有序的生态结构带来不可预料的影响。有鉴于此，当前学界主要以第一种方法获得生物可降解的合成高分子材料。

WSP浆料是专门针对聚酯纤维上浆的特种浆料。然而，市场上现有的聚酯浆料通常属于芳香族聚合物，因其大分子中含有大量的苯环结构而难以降解。脂肪族聚酯（如聚羟基烷酸酯、聚内酯及聚琥珀酸二乙二醇酯）中包含易受微生物水解的酯键，生物降解能力较强。在通常情况下，常见化学键的生物可降解能力由强到弱依次排序为：脂肪族酯键、肽键>氨基甲酸酯键>脂肪族醚键>亚甲基键。脂肪族聚酯由于具有良好的生物可降解能力业已成为新材料领域的开发热点。但是，随着人们对脂肪族聚酯研究的不断深入，这类聚酯的诸多缺陷开始逐渐暴露出来。脂肪族聚酯的熔点低，力学性能差，无法满足实践中对材料使用性能的多方面要求；原料价格贵，生产成本居高不下，这些都成为脂肪族聚酯进一步发展的阻碍。芳香族聚酯热学性能稳定，力学性能优良，易于加工且价格低廉，自从人类社会大规模使用石油产品后，芳香族聚酯一直是最重要、最常用的树脂产品之一，然而，芳香族聚酯的生物可降解性较差，不利于环保。针对脂肪族和芳香族聚酯各自存在的问题，高分子领域的研究者将脂肪族二羧酸酯链段嵌入芳香族聚酯的分子主链中，制备出具有不同分子结构的脂肪族—芳香族共聚酯。此类共聚酯兼具脂肪族和芳香族聚酯之长，在保证有良好使用性能的前提下，还具备优异的生物可降解性能，因而脂肪族—芳香族共聚酯得到了越来越广泛的应用。有鉴于此，从具有不同分子结构的脂肪族二羧酸酯单体中遴选出适宜的品种，使之与芳香族二羧酸酯单体发生共缩聚反应，制备出含脂肪族二羧酸酯链段的水溶性共聚酯并将其用于纺织浆料领域，就能够达到解决涤纶经纱上浆难题及大幅提高聚酯浆料环保性能两个主要目的。

迄今为止，关于含脂肪族二羧酸酯链段的水溶性共聚酯浆料的报道寥寥无几，关于此类型共聚酯的化学结构与浆料应用及环保特性之间的内在关系也存在诸多疑问。随着各国政府对环境保护的越发重视，环境友好型浆料有着更为广阔的发展空间。若能大幅提高聚酯浆料的生物可降解性并确保其使用性能不受损害甚至获得改善，即使需要提高一定的成本，从长远来看，生产脂肪族—芳香族水溶性共聚酯浆料仍有利于提高纺织企业的市场竞争力，亦顺应了纺织产业可持续发展的潮流。从技术角度看，可以为整个纺织行业提供品质性能更佳的水溶性共聚酯浆料，为涤纶经纱及高比例涤/棉混纺纱上浆问题的解决开辟一条新路；从环保角度看，可以为纺织企业提供易退浆、可替代PVA的环境友好型浆料，减少对自然环境的污染和损害；从经济角度看，对共聚酯浆料的深入研究可以给纺织浆料市场注入新的活力，提供一种性价比更高的特种浆料产品。

6.2　国内外研究现状

20 世纪 60 年代末期，美国 Eastman 公司最先开发出应用于涤纶经纱上浆的聚酯浆料。该公司的研究者采用对苯二甲酸二甲酯（DMT）、间苯二甲酸二甲酯（DMI）、水溶性单体 5-磺酸钠-1,3-间苯二甲酸二甲酯（SIPM）及一缩二乙二醇（DEG）、聚乙二醇（PEG），以四异丙氧基钛为催化剂，在高温及高真空度下，通过酯交换-缩聚反应制得芳香族水分散性聚酯。实验证明，这种浆料对涤纶纱线有着良好的黏附性能和上浆性能，Eastman 公司因此申请并获得了发明专利。早期的聚酯浆料存在着诸多缺陷：首先，聚酯浆料的大分子结构与涤纶纤维太过相似，以至于在实际的上浆过程中浆料会和纤维产生十分紧密的结合，而早期的聚酯浆料水溶性不佳，这导致退浆困难，不利于下游染色工艺的进行，其结果往往造成织物染色不匀、产生色差。其次，在退浆过程中，对退浆浴的电解质控制的准确度要非常高。这是因为聚酯浆料对电解质很敏感，会在强电解质（如 NaOH、NaCl）或者高浓度弱电解质的溶液中沉淀或不溶解，若对退浆浴条件的控制不够精确，即会产生退浆不彻底。再次，为了使聚酯浆料具备水溶性或水分散性，在制备浆料时，往往 PEG 的投入量较高，而 PEG 的亲水性很强，这种性质使得水分散性聚酯浆料吸湿再黏性很大。此外，早期的聚酯浆料水溶性并不理想，为了在 0.5h 内完全退浆，所采用的退浆浴温度必须高于 80℃，能耗很大。

为了提高水溶性聚酯浆料的使用性能，使之能够投入实际应用，自 20 世纪 80 年代初至今，美国、日本、德国、韩国等发达国家的纺织、化工企业及研究机构对聚酯浆料缩聚单体的选择进行了大量细致的研究。

1980 年，Eastman 公司的苏贝特（Sublett）等采用 DMI、分子量为 1500 的 PEG 及水溶性单体 SIPM 为反应原料，以微量的醋酸钠、钛酸异丙氧基钛为催化剂，在高温、高真空度条件下进行缩聚反应，制备出水溶性聚酯浆料。

1981 年，Standard Oil 公司的拉克（Lark）采用间苯二甲酸（IPA）、偏苯三酸酐（TMA）及 DEG 为反应单体，以丁基锡酸为催化剂，在高温下制得水溶性聚酯浆料。该浆料先被溶于仲丁醇，配置成含固量为 80% 的溶液，然后用氨水和氢氧化钠混合碱液中和浓缩，即可成为针对涤纶纯纺纱及涤/棉混纺纱的良好上浆材料。

1981 年，ABCO Industries 公司的莱斯利（Lesley）等选用 IPA、TMA 及 DEG 为反应单体，以四异丙氧基钛为催化剂，在高温条件下制备出水溶性聚酯浆料。之后，将制得的聚酯浆料同淀粉共混对涤/棉（50/50）经纱上浆，浆过后的经纱质量优异，且共混浆料易于退浆。

1983 年，东洋纺公司的大口正胜等学者制备水溶性聚酯的方法是将 DMT、SIPM 与乙二醇（EG）进行酯交换反应，同时还添加了一些增加分子链柔性的成分（如 PEG），然后再通过缩聚反应制得水溶性聚酯。该文献报道：如果 SIPM 用量过少，则产物的水溶性和溶液稳定性下降；而用量过多时，缩聚时发泡、增黏现象严重，产物分子量很低。PEG 的加入虽然可以适当降低 SIPM 的用量，保证产物的水溶性，增加水溶性聚酯分子链的柔韧性，但是加入量过多又会导致水溶性聚酯热稳定性的下降，所以在合成水溶性聚酯时，PEG 的加入量也需得到控制。

1988 年，日本 Goo 化工公司的柳井爱子（Yanai）等采用对苯二甲酸（PTA）、p-对羟基苯甲酸、EG 及分子量为 2000 的 PEG 为反应原料，在氮气的保护下，进行 4~5h 的缩聚反应后，再加入氨水，最后制得水溶性聚酯浆料。

1988 年，日本东丽公司的松木富二等采用直接酯化-缩聚法制备了水溶性聚酯，即先将 PTA、IPA 与 EG 进行酯化反应，同时，在醋酸锰与醋酸锂的催化作用下，将水溶性单体 SIPM 与 EG 进行酯交换反应（反应温度为 230~250℃，酯交换率为 75%），然后再将直接酯化的产物与酯交换的产物充分混合进行缩聚反应，并加入催化剂三氧化二锑和缩聚稳定剂磷酸，最终制得水溶性聚酯。当 SIPM<8%（摩尔分数）时缩聚产物的水溶性较差，SIPM 用量过多则缩聚时发泡或过黏，不利于提高产物分子量，故 SIPM 的添加量应依据用途严格控制。此类水溶性聚酯不仅可作为浆料，亦可用于制备复合纤维或多层化纤维。

此后不久，山本雅晴等连续取得多项有关水溶性聚酯的日本发明专利。研究者为了有效降低 SIPM 的用量以避免其副作用，同时又为了保证产物良好的水溶性，他们采用了添加 DMI 或 IPA 的方法。据报道，依靠此方法，SIPM 的添加量可从 30%（摩尔分数）降至大约 10%（摩尔分数）。但是，DMI 或 IPA 的添加量也须受到严格控制，一般是在 5%~40%（摩尔分数）范围内。当 DMI 或 IPA 的添加量小于 5%（摩尔分数）时，热水溶解聚酯产物时有片状沉淀物，而当 DMI 或 IPA 的添加量大于 40%（摩尔分数）时，则缩聚速度显著下降，产物软化点降低，使干燥困难，产物表观黏度下降。

1993 年，日本学者清水有三等合成出具有更加广泛用途的水溶性聚酯。他们采用 60%~95%（摩尔分数）的芳香族二甲酸，5%~40%（摩尔分数）的 SIPM，2~8 个 C 的脂肪族二醇和 6~16 个 C 的脂环族二醇 [80%~99%（摩尔分数）]，1%~20%（摩尔分数）的 DEG 与一定量分子量在 400~10000 的 PEG 制得水溶性聚酯。这种聚酯具有较好的水溶性、黏附性及抗静电性，可以用作黏合剂、涂层剂、照相材料及电绝缘材料等。

2000 年，Eastman 公司的耶格尔（George）等选用 4,4'-联苯二甲酸二甲酯、DEG 及 SIPM 为反应单体，在高温、高真空度及微量异丙醇钛-醋酸钠的联合催化作用下，制备出水分散性聚酯，这类聚酯属于一种性能良好的黏合剂，经这类聚酯浆料浆过的经纱强力较好，但断裂伸长较低。

2001 年，韩国学者白（Baik）和金（Kim）以 DMT、DMI、SIPM 为芳香族二元羧酸酯类单体，以 EG、DEG 为二元醇单体，通过酯交换-缩聚两步法制备出水溶性聚酯浆料。实验证明，DMI 的投入量越高，聚酯的水溶性越好。然而，EG 投入量对于水溶性聚酯浆液稳定性的影响尚未探究清楚。

2008 年，日本学者前田（Maeda）和伊凯加米（Ikegami）采用 DMT、DMI、SIPM 及 EG 为反应单体，同时加入反应性含磷化合物，先在常压、氮气保护下进行酯交换反应，再经高温高压下缩聚制得水溶性聚酯产品，并以此获得了美国发明专利。此产品不仅可以应用于纺织浆料，还可作为具备阻燃、抗有机溶剂侵蚀功能的助剂使用。

关于含脂肪族二羧酸酯链段的水溶性共聚酯纺织浆料的研究起始于 20 世纪的 70 年代。1974 年，法国的 Rhone-Poulenc 公司最早开发出该类型的水溶性共聚酯浆料，这种浆料是由间苯二甲酸二甲酯及其苯磺酸盐、马来酸二甲酯、一缩二乙二醇为单体，以四异丙氧基钛为催化剂，通过酯交换-共缩聚反应而成，该共聚酯浆料水溶性好，对涤纶纤维黏附性佳，Rhone-Poulenc 公司凭借此类浆料产品分别于 1974 年和 1977 年获得了德国及法国发明专利。

几乎是与 Rhone-Poulenc 公司在同一时期，美国的 Standard Oil 公司也开发出用于涤纶经纱上浆的含脂肪族二羧酸酯链段的水溶性共聚酯。该公司的研究者采用芳香族二羧酸单体间苯二甲酸、脂肪族二羧酸单体己二酸、醇单体新戊二醇及分子量为 600 的聚乙二醇通过直接酯化-共聚反应制备出脂肪族—芳香族共聚酯浆料，并于 1976 年获得了美国发明专利。

到了 20 世纪 80 年代，德国 BASF 公司的洛金（Login）等对水溶性共聚酯浆料的合成、制备及应用做出了很大的贡献，取得了多项有关共聚酯浆料的美国发明专利。他们采用芳香族单体间苯二甲酸及其苯磺酸盐或偏苯三酸酐、脂肪族单体马来酸酐或壬二酸、醇单体一缩二乙二醇或聚乙二醇，通过直接酯化—共缩聚反应，制备出具有良好水溶性的共聚酯浆料。此类WSP 被证明适宜于涤纶短纤纱及涤纶长丝的上浆，而退浆时可以用碱通过部分中和作用完成。

至于在国内，尚未见有关于制备和应用脂肪族—芳香族共聚酯浆料的文献报道。自 20 世纪 80 年代中期以后，国外也几乎再未出现有关脂肪族—芳香族共聚酯浆料的报道，现在的水溶性聚酯浆料通常属于芳香族聚酯。究其原因，主要可能有三点：首先，当时的纺织研究者将脂肪族链段嵌入芳香族聚酯分子链中的主要目的是提高聚酯浆料大分子链的柔顺性，降低聚酯浆料的脆硬性。现在，这个问题人们已经可以通过在合成水溶性聚酯时使用分子链柔性好、醚键多的二元醇单体（如一缩二乙二醇、聚乙二醇）来解决，不必一定要键入脂肪族链段才能提高聚酯分子链的柔顺性。并且，由于当时对脂肪族单体用量的认识还不够清楚，若嵌入过量的脂肪族结构单元就可能损害共聚酯的力学性能（如拉伸断裂强度）及热稳定性（如过低的玻璃化温度）。其次，芳香族二羧酸（酯）单体要比脂肪族二羧酸（酯）单体便宜很多，例如，芳香族单体中的对苯二甲酸和间苯二甲酸的价格大概分别为 7000 元/吨和 9000元/吨，脂肪族单体中的马来酸和己二酸的价格大概已分别达到 14000 元/吨和 18000 元/吨，脂肪族二羧酸（酯）单体如此高的价格显然会限制其大规模工业化应用。另外，当时的环境污染问题还不像今时今日般严峻，人们因此也容易忽略脂肪族链段的嵌入对于水溶性聚酯浆料生物可降解性能的提高作用。而芳香族水溶性聚酯浆料已经得到了工业化应用，且对涤纶经纱的使用性能良好，人们也就没有再更加深入地去研究生产成本相对较高的共聚酯浆料。

6.3　含脂肪族二羧酸酯链段的水溶性共聚酯浆膜的制备

6.3.1　研究背景与理论

依据相似相容原理，含脂肪族二羧酸酯链段的水溶性共聚酯浆料有着与聚酯纤维相似的分子结构，对于涤纶具有很强的黏合力，对涤纶经纱具有良好的上浆性能，有望解决纯涤纶短纤经纱及高比例涤/棉混纺经纱上浆的难题，是取代PVA的新型浆料之一。众所周知，成膜性能是纺织浆料的一项重要性能指标，上浆工程要求浆料具有良好的成膜性能、较高的断裂强度和断裂伸长率，浆膜性能的优劣是评价浆料质量的重要指标之一。然而，根据目前纺织浆料常用的制膜方法（即在室温下，以6%的浆液浓度铺在聚酯薄膜基材上），根本无法获得完整的水溶性共聚酯浆膜，这使人们难以对共聚酯浆料的浆膜性能进行评价，严重影响了共聚酯浆料的研究、开发、检测及生产应用。另外，浆纱实践证实共聚酯浆料是可以在经纱上形成浆膜的，这说明共聚酯浆料具有成膜性。众所周知，成膜性与黏附性都是聚合物作为浆料材料在性能上的必要特征，目前人们不能评价纯共聚酯浆料的浆膜性能，是因为不能制取完整的浆膜，但这并不表明共聚酯浆料没有成膜性，而是没有找到合适的制膜方法。也正是由于上述原因，迫使浆料科技工作者不得不通过在共聚酯浆料中添加淀粉或PVA等组分制成共混浆膜，通过测试共混浆膜的性能来评估共聚酯浆膜的性能，这种研究方法不仅不利于准确评价共聚酯浆料的性能，还可能因混用其他组分给共聚酯浆料的性能评估和使用带来误导。为此，研究和探索水溶性共聚酯浆料的成膜条件，获取完整的共聚酯浆膜具有重要意义。

在材料学中，最低成膜温度（MFT）是乳液颗粒相互聚集成连续薄膜的最低温度，是表征聚合物成膜特性的最常用指标。当环境温度超过MFT时，乳液就会形成光滑、连续、透明的薄膜；反之，当环境温度低于MFT时，将会形成白色粉状或支离破碎的薄膜。因此，为了解决纺织浆料常用成膜方法无法使共聚酯浆料成膜的问题，本文结合了材料学中的最低成膜理论，研究了共聚酯浆料适宜的成膜温度，合适的铺膜基材和合理的浆液浓度，获取了含脂肪族二羧酸酯链段的水溶性共聚酯浆料的成膜方法。

6.3.2　共聚酯浆膜的制备方法

选用550mm×400mm、厚5mm的长方形磨光玻璃板，用少量的水蘸于玻璃板上，然后把厚度为0.2mm的薄膜基材（即聚酯、纤维素、聚乙烯以及聚四氟乙烯塑料膜）平铺在玻璃板上，放在已经校过水平的搁架上。将共聚酯浆料和蒸馏水配制成为一定浓度的共聚酯浆液，在水浴中加热至95℃，保温1h，然后取280mL，在一定的环境温度下缓慢倒在平铺于玻璃板之上的薄膜基材上，然后在上述环境温度中干燥成膜，仔细将浆膜剥下备用。

6.3.3　共聚酯浆膜成膜性与力学性能影响因素

6.3.3.1　成膜温度的影响

制备共聚酯浆膜的关键在于提高成膜温度，欲得到完整光滑的聚合物薄膜，一个必要条件是成膜的环境温度应当高于聚合物的MFT。尽管玻璃化温度（T_g）与MFT密切相关，但聚合物的T_g与MFT还没有明确的定量数学关系，实验测试结果表明MFT通常都在T_g附近。此外，聚合物的极性对其MFT也存在重要影响，极性较强的聚合物的MFT比其T_g略低，而极性较弱或非极性的聚合物的 MFT 比其 T_g 略高。研究者在共聚酯材料的大分子链上引入了一定量的亲水性基团，使之具备水溶性或水分散性，因而具有一定的极性（共聚酯浆料已经不属于诸如涤纶纤维那样的非极性材料了），故其 MFT 比 T_g 略低。共聚酯浆料的 T_g 一般在 35~45℃ 范围内，这使其在室温下不具备成膜性，故无法通过传统方法来制成共聚酯浆膜。而在浆纱生产中湿浆纱上的浆液要经过烘房高温烘燥，烘燥温度远高于共聚酯浆料的 MFT，所以共聚酯浆料能够在浆纱表面形成浆膜，起到保护浆纱的作用。为此，在制备共聚酯浆膜的过程中，应确保环境温度高于共聚酯的 MFT。

在制备共聚酯浆膜时，成膜环境温度对共聚酯成膜性及浆膜力学性能的影响见表 6-1。由此表可以看出，只要环境温度高于共聚酯浆料的 MFT，浆液就可以形成浆膜，适当地提高环境温度有利于共聚酯的成膜，但如果温度过高（超过 65℃）反而会损害共聚酯的成膜性。这是因为当环境温度高于 T_g 时，温度的提高使得共聚酯大分子链的热运动变得更加剧烈，有利于分子间的相互扩散，所以共聚酯浆料的成膜性提高。当环境温度过高时，浆液干燥成膜的速度极快，浆液溶剂（水）的快速蒸发可能会引起浆膜体积的急剧收缩，这种收缩易使浆膜起皱甚至产生裂纹，因而可能对共聚酯浆料的成膜性及浆膜力学性能造成损害。

表 6-1　温度对共聚酯浆料成膜性及浆膜力学性能的影响

温度/℃	成膜性评价	膜厚/mm	断裂强度/(N/mm²)	断裂伸长率/%
45	一般	0.17	10.60	0.43
55	好	0.15	14.02	0.70
65	好	0.15	13.72	0.66
75	一般	0.13	12.38	0.53

注　浆膜的铺膜基材为聚四氟乙烯薄膜，共聚酯浆液的浓度为 10%。

6.3.3.2　成膜基材的影响

能否以共聚酯浆液制成完整均匀的浆膜，基材也是不可忽视的重要因素之一。为了找到适宜于共聚酯浆料成膜的薄膜基材，通过实验探索了膜材材质对浆膜与基材剥离特性的影响，所考虑膜材材质包括聚酯、纤维素、聚四氟乙烯和聚乙烯塑料薄膜。试验证明，选择聚酯和纤维素薄膜作为基材根本无法使共聚酯浆膜与之分离；当选取聚四氟乙烯和聚乙烯作为基材时，可以获得完整而均匀的共聚酯浆膜，且浆膜可以很容易地从基材上剥离下来，基材对共聚酯浆料剥离特性和膜性的影响见表 6-2。

表 6-2　基材对共聚酯浆料剥离特性和成膜性的影响

基材类型	聚酯塑料膜	纤维素塑料膜	聚四氟乙烯塑料膜	聚乙烯塑料膜
剥离特性	极差	差	好	好
成膜性	一般	一般	好	好

注　制备浆膜时的环境温度为 55℃，共聚酯浆液的浓度为 10%。

纺织浆料界最常用的成膜基材之一是聚酯塑料薄膜，在长期的制备浆膜实践中，淀粉、PVA、聚丙烯酸等常用浆料都能完整地从聚酯薄膜基材上剥离下来，所以人们已经习惯于将聚酯薄膜作为制备浆膜的基材。但是，就共聚酯浆料而言，实验已可以证明，在成膜温度高于共聚酯浆液的 MFT 时，所形成的共聚酯浆膜难以从聚酯薄膜基材上剥离下来。其原因在于共聚酯浆膜与聚酯薄膜基材有着极其相似的化学结构，二者间的黏附力很大，使得浆膜和基材相互分离十分困难，故不宜使用聚酯薄膜基材。纤维素膜的大分子是由许多葡萄糖残基组成的，含有大量的羟基，易与共聚酯浆料的大分子中的极性基团作用，依据相似相容原理，二者的界面作用较强，不易分离，因此纤维素薄膜不宜作为共聚酯浆料的铺膜基材。聚乙烯薄膜为非极性材料，而共聚酯浆料具有一定的极性，二者的界面作用很弱，可以轻易地将共聚酯浆膜从聚乙烯薄膜上剥离下来，且聚乙烯薄膜是很常用的塑料品种，价格低廉，选用其作为铺膜基材较为经济合理。聚四氟乙烯也可作为共聚酯浆料的成膜基材，但是其价格要比聚乙烯昂贵得多，故推广使用潜力很难与聚乙烯相比。

6.3.3.3 浆液浓度的影响

在制备共聚酯浆膜时，浆液浓度对共聚酯成膜性及浆膜力学性能的影响见表 6-3。可见，浆液浓度对成膜性影响较小，但对浆膜力学性能有一定影响。随着共聚酯浆液浓度的增大，浆膜的断裂强度、断裂伸长率以及断裂功均呈现先增加后降低的趋势。

表 6-3　浆液浓度对共聚酯浆料成膜性及浆膜力学性能的影响

浆液浓度/%	成膜性评价	膜厚/mm	断裂强度/(N/mm^2)	断裂伸长率/%
6	较好	0.14	13.86	0.67
8	较好	0.16	14.36	0.72
10	好	0.17	15.56	0.75
12	一般	0.20	13.02	0.73

注　制备浆膜时的环境温度为 55℃，浆膜的铺膜基材为聚乙烯薄膜。

依据高分子溶液理论，共聚酯浆液在烘干成膜的过程中，随着浓度的增大，溶剂相对减少，高分子链之间相距越来越近，分子间的缠绕程度增大，链段之间的作用力越来越显著，表现为随着共聚酯浆液浓度的增大，浆膜的力学性能有所提高。但是，当浆液浓度超过 10% 之后，浆膜的厚度明显增大，在浆液成膜的过程中，浆膜在自由收缩时与基材之间界面所产生的内应力加大；且浆膜越厚，胶层中越易夹带气泡，气泡也会导致应力集中，所以共聚酯浆液在浓度过高时，浆膜性能反而有所降低。鉴于此，在制备共聚酯浆料浆膜时，其浆液的浓度为 10% 较为适宜。

6.4　含脂肪族二羧酸酯链段的水溶性共聚酯浆料的使用性能与环保性能

6.4.1　研究背景

为了在不损害 WSP 浆料上浆性能的前提下提升该类型浆料的环保性能，许多研究者将关注的重点转向了含脂肪族二羧酸酯链段的水溶性共聚酯浆料，并将其作为目前常用的纯芳香族聚酯浆料的有力替代物。研究表明，在纯芳香族聚酯的分子主链中嵌入丁二酸乙二醇酯可以在不降低 WSP 使用性能的基础上提升该类型浆料的生物可降解性。然而，嵌入丁二酸乙二醇酯链段是否就可以获得具有最佳上浆性能及环保性能的脂肪族—芳香族共聚酯浆料仍存在疑问。因此，研究脂肪族二羧酸酯单体分子结构对共聚酯浆料使用性能和环保性能的影响具有重要的意义。

6.4.2　含脂肪族二羧酸酯链段的水溶性共聚酯浆料的合成

共聚酯浆料通过酯交换—缩聚两步法合成。图 6-1 描述了亲水性单体——5-磺酸钠-1,3-间苯二甲酸二甲酯（SIPM）、芳香族二羧酸酯单体——对苯二甲酸二甲酯（DMT）、脂肪族二羧酸酯（ADE）单体的化学结构式。图 6-2 描绘了合成共聚酯过程中的酯交换和缩聚反应。

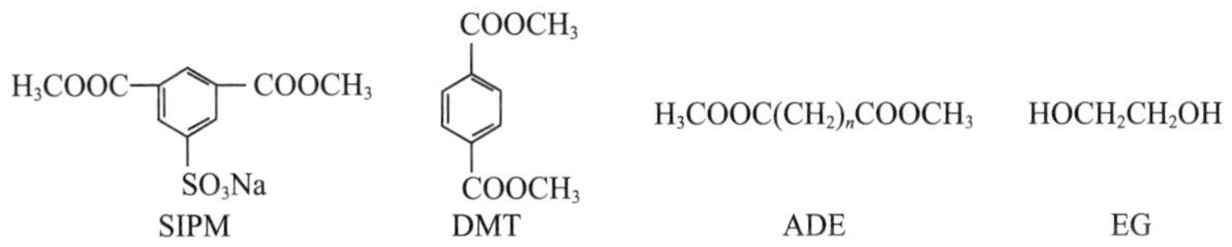

图 6-1　合成含脂肪族二羧酸酯链段的水溶性共聚酯浆料所用酯单体的化学结构式

在酯交换反应中，将 DMT、ADE 单体 [即丙二酸二甲酯（DMM）、丁二酸二甲酯（DMSu）、戊二酸二甲酯（DMG）和癸二酸二甲酯（DMSe）]、SIPM、乙二醇（EG）及催化剂醋酸锰的混合物移入三颈烧瓶中，将烧瓶置于磁力搅拌电热套中。为确保共聚酯具有良好的水溶性和生物可降解性，投入反应体系的 DMT 与 ADE 单体摩尔数之和与 SIPM 的摩尔数之比为 4∶1，DMT 与各 ADE 单体的摩尔比范围为 9∶1~6∶4。反应体系在氮气的保护下从室温缓慢升温至 160℃，此刻酯交换反应开始发生。之后，在约 5h 内将反应温度逐渐升至 180℃，保温 1~2h，酯交换反应基本结束。

此后，将反应产物转移至真空缩聚体系中，加入催化剂三氧化二锑、稳定剂磷酸三甲酯及防暴沸玻璃珠。缩聚初始阶段，反应体系的真空度保持在 4000Pa 左右，温度缓慢升至 220℃，在此环境下反应 60min。之后，反应体系的真空度和温度缓慢升至 100Pa 和 260℃，

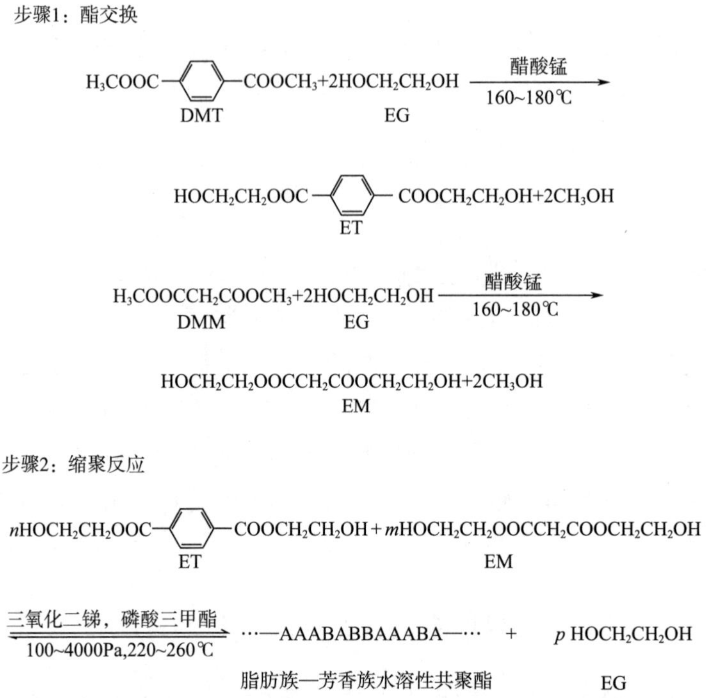

步骤1：酯交换

$$H_3COOC-\!\!\!\bigcirc\!\!\!-COOCH_3 + 2HOCH_2CH_2OH \xrightarrow[160\sim180\text{℃}]{\text{醋酸锰}}$$

DMT　　　　　　　　　　EG

$$HOCH_2CH_2OOC-\!\!\!\bigcirc\!\!\!-COOCH_2CH_2OH + 2CH_3OH$$

ET

$$H_3COOCCH_2COOCH_3 + 2HOCH_2CH_2OH \xrightarrow[160\sim180\text{℃}]{\text{醋酸锰}}$$

DMM　　　　　　EG

$$HOCH_2CH_2OOCCH_2COOCH_2CH_2OH + 2CH_3OH$$

EM

步骤2：缩聚反应

$$n HOCH_2CH_2OOC-\!\!\!\bigcirc\!\!\!-COOCH_2CH_2OH + m HOCH_2CH_2OOCCH_2COOCH_2CH_2OH$$

ET　　　　　　　　　　　　　　　　　　EM

$$\xrightarrow[100\sim4000Pa,220\sim260\text{℃}]{\text{三氧化二锑，磷酸三甲酯}} \cdots\cdots\!AAABABBAAABA\!-\!\cdots\cdots\ +\ p\ HOCH_2CH_2OH$$

脂肪族—芳香族水溶性共聚酯　　　　　　　　　EG

图 6-2　酯交换—缩聚两步法合成含脂肪族二羧酸酯链段的水溶性共聚酯的化学反应式
（脂肪族二羧酸酯单体以 DMM 为例）

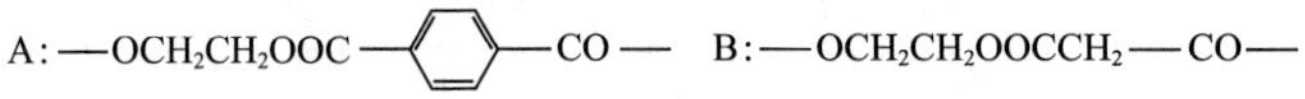

$$A: -OCH_2CH_2OOC-\!\!\!\bigcirc\!\!\!-CO-\qquad B: -OCH_2CH_2OOCCH_2-CO-$$

n，m 和 p 分别为 ET，EM 和 EG 的摩尔数

在此条件下反应约 30min，缩聚反应结束，及时将黏稠的共聚酯产物倾倒入瓷制容器中，冷却至室温后密封储存。

6.4.3　含脂肪族二羧酸酯链段的水溶性共聚酯的核磁共振 H 谱分析

纯芳香族聚酯、DMM 型共聚酯、DMSe 型共聚酯的 ^{1}H-NMR 谱图分别如图 6-3（a）（b）（c）所示。除了具有纯芳香族聚酯所有的化学位移峰外，在含脂肪族二羧酸酯链段的共聚酯的谱图中出现了新的特征峰。图 6-3（b）和（c）中出现在 2.10~2.30ppm 范围内的特征峰对应于 EM（$-\overset{O}{\overset{\|}{C}}\overset{\downarrow}{CH_2}\overset{O}{\overset{\|}{C}}-$）和 ESe（$-\overset{O}{\overset{\|}{C}}\overset{\downarrow}{CH_2}CH_2CH_2CH_2CH_2CH_2\overset{\downarrow}{CH_2}\overset{O}{\overset{\|}{C}}-$）上直接连接于酯基的亚甲基的质子峰。在图 6-3（c）中，在 1.30~1.60ppm 范围内也出现了特征峰，这些峰对应于 ESe（$-\overset{O}{\overset{\|}{C}}CH_2\overset{\downarrow}{CH_2}\overset{\downarrow}{CH_2}\overset{\downarrow}{CH_2}\overset{\downarrow}{CH_2}\overset{\downarrow}{CH_2}CH_2\overset{O}{\overset{\|}{C}}-$）上未直接与酯基相连接的亚甲基的质子峰。因此，脂肪族二羧酸酯链节（即 EM 和 ESe）被证明已嵌入至芳香族聚酯的分子链中。

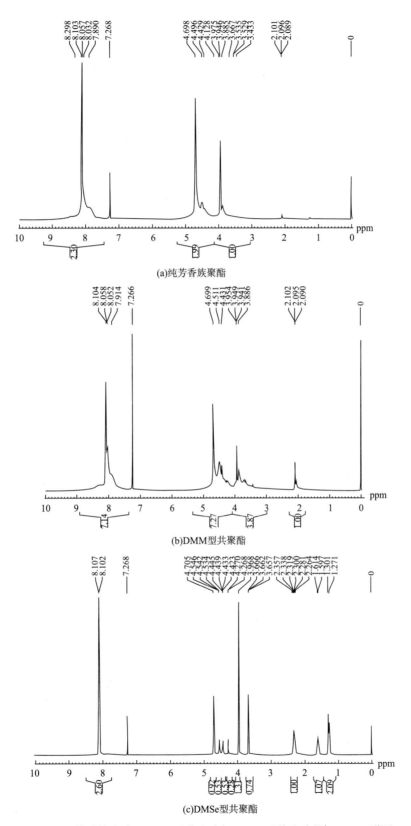

图 6-3　纯芳香族聚酯、DMM 型共聚酯与 DMSe 型共聚酯的¹H-NMR 谱图

脂肪族二羧酸酯链节，即丙二酸二乙二醇酯（EM）、丁二酸二乙二醇酯（ESu）、戊二酸二乙二醇酯（EG）及癸二酸二乙二醇酯（ESe），在纯芳香族聚酯中的嵌入程度是通过积分质子峰面积而得到的。以 DMM 型共聚酯为例，在 2.6ppm 和 8.1ppm 处的化学位移峰分别对

应于 EM（ —CCH₂C— ）亚甲基和苯环（ 结构 ， 结构 ）上的

质子峰。通过积分计算，EM/ET 的摩尔比为 26/74。经相似的计算得知，ESu/ET、EG/ET 和 ESe/ET 的摩尔比分别为 28/72、26/74 及 34/66，同合成共聚酯时脂肪族二羧酸二甲酯与 DMT（30/70）的投料摩尔比基本一致。

6.4.4 含不同烷基链长度脂肪族二羧酸酯链段的共聚酯的使用性能

6.4.4.1 脂肪族二羧酸酯单体结构对分子量和表观黏度的影响

脂肪族二羧酸酯单体的分子结构对共聚酯的分子量及浆液的表观黏度见表 6-4。随着脂肪族二羧酸酯烷基链长度的降低，共聚酯的分子量和表观黏度均有所提升。就纯芳香族聚酯而言，其分子量介于 DMSu 型和 DMG 型共聚酯的分子量和表观黏度之间。然而，脂肪族二羧酸酯单体的分子结构对浆液的黏度稳定性却未产生显著影响。纯芳香族聚酯和所有共聚酯浆液的黏度稳定性均高于 95.8%，这有助于保持稳定的上浆率。

表 6-4　聚酯浆料的黏均分子量、浆液表观黏度及其稳定性

聚酯浆料类型	特性黏度/(dL/g)	黏均分子量/(kg/mol)	表观黏度/(mPa·s)	黏度稳定性/%
纯芳香族聚酯	0.585	15.9	1.30	98.15
DMM 型共聚酯	0.630	17.4	2.05	98.78
DMSu 型共聚酯	0.594	16.2	1.40	97.14
DMG 型共聚酯	0.538	14.3	1.20	96.67
DMSe 型共聚酯	0.529	14.1	1.10	95.83

单体缩聚的反应程度和反应物分子链的反应活性密切相关。一般说来，链段的运动能力越强，缩聚反应程度越高。脂肪族分子链段比芳香族更加柔顺，因而，在缩聚阶段，尤其是在反应后期，脂肪族链段更加易于运动。随着缩聚反应的进行，由于笨重的芳香族链节的影响，其大分子链的运动能力持续降低。所以，烷基链较短的 DMM 型和 DMSu 型共聚酯的分子量比纯芳香族聚酯大。但是，如果脂肪族二羧酸酯的烷基链过长，其缩聚反应活性会被削弱。依据线性缩聚反应动力学理论，增大脂肪族二羧酸酯的烷基链长一般会增大反应体系的黏稠度，抑制分子链的运动能力，甚至可能导致部分反应端基被包埋。这显然不利于缩聚反应向正方向进行。所以，脂肪族二羧酸酯的烷基链越长，共聚酯的分子量就

越低。

对同类型的聚合物而言，溶液的表观黏度一般与其分子量成正相关。DMM 型共聚酯在所有 WSP 中分子量是最大的，故其浆液具有最大的表观黏度。目前，WSP 类浆料的黏度普遍过低（在 1.20mPa·s），不利于提高其浆纱的力学性能，这成为限制 WSP 浆料推广应用的主要原因之一。所以，有较高黏度的 DMM 型共聚酯更适合用作纺织浆料。

6.4.4.2　脂肪族二羧酸酯单体结构对结晶度的影响

聚酯浆料的结晶度是由 DSC 热谱图分析计算得出。DSC 热谱图如图 6-4（a）～（e）所示，表 6-5 显示了各聚酯浆料样品的结晶度。由表 6-5 可知，所有的聚酯浆料都属于低结晶度聚合物，拥有最大结晶度的 DMM 型共聚酯的结晶度数值也只有 7.56%。随着脂肪族二羧酸酯单体烷基链长的增大，共聚酯的结晶度逐步降低。对纯芳香族聚酯而言，其结晶度介于 DMSu 型和 DMG 型共聚酯之间。

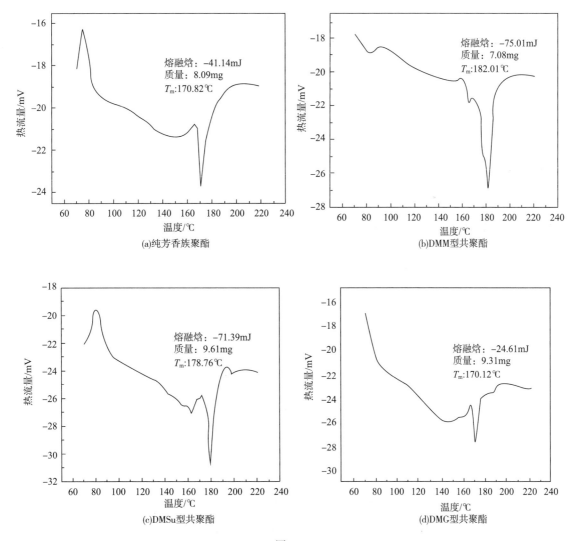

图 6-4

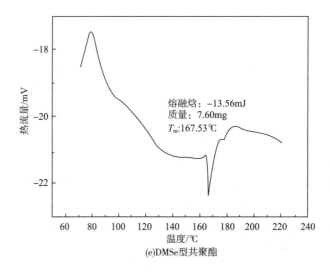

图 6-4　纯芳香族聚酯、DMM 型共聚酯、DMSu 型共聚酯、DMG 型共聚酯与
DMSe 型共聚酯的熔融特性变化 DSC 热谱图

表 6-5　聚酯浆料的熔融焓和结晶度

聚酯浆料类型	纯芳香族聚酯	DMM 型共聚酯	DMSu 型共聚酯	DMG 型共聚酯	DMSe 型共聚酯
熔融焓/(J/g)	5.09	10.59	7.43	2.64	1.78
结晶度/%	3.63	7.56	5.30	1.88	1.27

随着脂肪族二羧酸酯烷基链长的增加，嵌入共聚酯分子主链中的柔性链节（如—CH_2—CH_2—）的数量就会增加。由于纯芳香族聚酯分子链的刚度过高，适当地增加其分子链的柔顺性有利于链的折叠和晶体的形成。所以，DMM 和 DMSu 型共聚酯具有比纯芳香族聚酯更高的结晶度。但是，若共聚酯的分子链柔性过大，其从晶格中滑脱出来的可能性反而会大于其折叠入晶格中。结果，DMG 和 DMSe 型共聚酯的结晶度只是略高于 1%。具有较低结晶度的无定形聚合物在高于其玻璃化温度时比结晶聚合物更具自黏性，因而可以形成完整而连续的浆膜。所以，也只有低结晶度的聚合物才有可能被当作浆料使用。

6.4.4.3　脂肪族二羧酸酯单体结构对玻璃化温度（T_g）的影响

聚酯浆料的 T_g 也由 DSC 热谱图分析获得。DSC 热谱图如图 6-5（a）~（e）所示，此图表明共聚酯的 T_g 受到了脂肪族二羧酸酯烷基链长度的影响。随着烷基链长度的增大，共聚酯的 T_g 逐渐降低。就纯芳香族聚酯而言，其 T_g 处于 DMG 型和 DMSu 型共聚酯之间。

一种聚合物的 T_g 主要取决于其分子排列的规整及紧密程度。因此，具有较高结晶度的聚合物往往具备较高的 T_g。正如图 6-5 和表 6-5 所示，WSP 浆料样品（包括共聚酯和纯芳香族聚酯）的玻璃化温度和结晶度依照以下次序排列：DMM 型>DMSu 型>纯芳香族聚酯>DMG 型>DMSe 型。普通的纯芳香族聚酯显示出过高的吸湿再黏性，使得浆纱分绞困难，分绞时易损伤经纱上浆膜的完整性，引起二次毛羽数量的增加。故适当提升聚酯浆料的 T_g 有利于降低此类浆料的吸湿再黏性，从而提升浆纱质量。

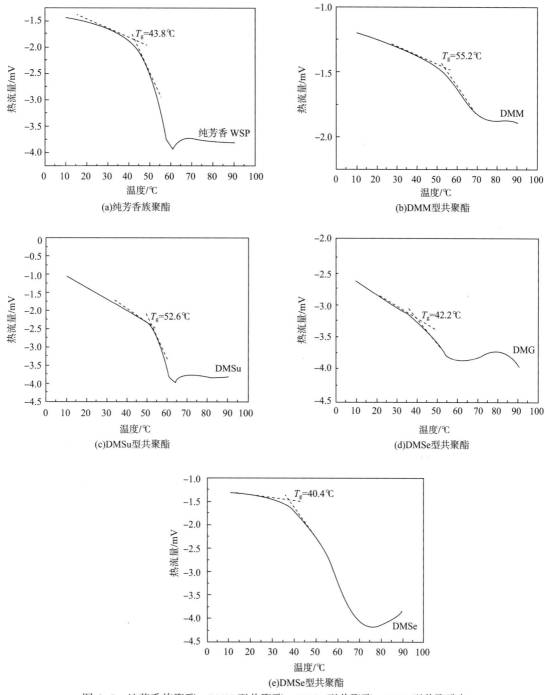

图 6-5　纯芳香族聚酯、DMM 型共聚酯、DMSu 型共聚酯、DMG 型共聚酯与
DMSe 型共聚酯的玻璃化转变 DSC 热谱图

6.4.4.4　脂肪族二羧酸酯单体结构对浆膜拉伸力学的影响

　　脂肪族二羧酸酯的分子结构对聚酯浆膜的拉伸断裂强度和伸长率的影响见表 6-6。随着脂肪族二羧酸酯烷基链长的增大，共聚酯浆膜的断裂强度逐步降低而伸长率有所提升。就纯芳香族聚酯浆膜而言，其断裂强度仅低于 DMM 型共聚酯而高于其他类型共聚酯，其伸长率

低于所有的共聚酯。

表 6-6　聚酯浆膜的拉伸断裂强度和伸长率

聚酯浆料类型	断裂强度		断裂伸长率	
	N/mm²	CV/%	%	CV/%
纯芳香族聚酯	12.75	9.00	0.33	8.27
DMM 型共聚酯	15.12	8.89	0.72	8.93
DMSu 型共聚酯	5.10	8.78	0.84	10.65
DMG 型共聚酯	3.16	8.79	0.85	6.29
DMSe 型共聚酯	2.78	10.53	0.91	7.48

随着脂肪族二羧酸酯烷基链长的增大，共聚酯的结晶度持续降低。WSP 浆料属于一种低结晶度聚合物。结晶度的降低直接会导致浆膜断裂伸长率的升高和断裂强度的下降。至于纯芳香族聚酯，其分子主链上含有比共聚酯更多的芳环，故显示出更高的刚度。当 WSP 的结晶度较低、未达到临界值时，链的刚度给浆膜强度带来的有利影响会超过结晶度带来的影响。因此，纯芳香族聚酯浆膜的断裂强度高于除 DMM 型外的所有共聚酯浆膜。但是，纯芳香族聚酯过高的刚度导致其分子主链脆硬，因而其浆膜的韧性较低。所以，在其分子链中引入易于内旋转的碳碳单键有利于降低浆膜脆性，从而提高其断裂伸长率。

6.4.4.5　脂肪族二羧酸酯单体结构对纤维黏附性能的影响

脂肪族二羧酸酯的分子结构给 WSP 浆料对涤纶纤维黏附性能带来的影响如图 6-6 所示。随着脂肪族二羧酸酯烷基链长的增大，共聚酯浆料的黏附性能逐步降低。就纯芳香族聚酯而言，其对涤纶纤维的黏附性仅低于 DMM 型共聚酯而高于其他类型共聚酯。

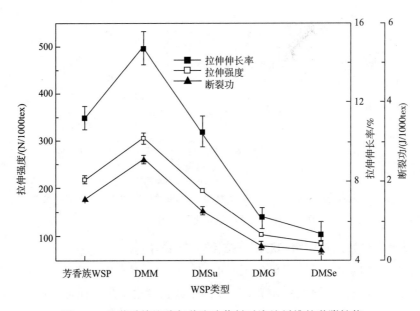

图 6-6　纯芳香族聚酯与共聚酯浆料对涤纶纤维的黏附性能

共聚酯浆料的黏附性能随着脂肪族二羧酸酯烷基链长的减小而增加的原因主要有 2 个方面。首先，由于脂肪族二羧酸酯链段嵌入的摩尔比相似，在黏附性能测试中使用等质量 WSP 浆料的前提下，具有较短烷基链的脂肪族二羧酸酯合成出的共聚酯（如 DMM 型共聚酯）比具有较长烷基链的脂肪族二羧酸酯合成出的共聚酯（如 DMSe 型共聚酯）包含更多的酯基。含有较多酯基的共聚酯浆料显然对同样含有大量酯基的涤纶纤维具有更强的亲和力。除了浆料对纤维的亲和力因素外，纤维之间浆料胶层的内聚强度也会影响浆料对纤维的黏附性。然而，欲完好无损地将纤维之间的浆料胶层剥离下来以测试其力学性能是无法做到的。在 2007 年，朱（Zhu）和陈（Chen）发明了一种测试胶层力学性能的方法，他们将一种浆料与蒸馏水混合配制成浆液，铺在成膜基材上后烘燥成膜，将铺成的浆膜的力学性能作为胶层力学性能的近似参考。观察表 6-6 可知，随着脂肪族二羧酸酯烷基链长的增大，共聚酯浆膜的力学性能逐步降低。所以，具有较短烷基链的脂肪族二羧酸酯合成出的共聚酯胶层可视为具备较高的内聚强度。在所研究的系列共聚酯浆料中，对涤纶纤维较好的亲和力及具备较高内聚强度的浆料胶层决定了 DMM 型共聚酯对涤纶纤维有着最佳的黏附性。

众所周知，纯芳香族聚酯分子中包含了大量的苯环和酯基，与涤纶纤维具有几乎完全相同的分子结构。依据相似相容原理，二者之间的黏附性优异。如果脂肪族结构单元被引入芳香族聚酯的分子主链上，该聚酯对涤纶纤维的黏附性应当有所降低。另外，如表 6-6 所示，纯芳香族聚酯浆料胶层的断裂强度高于除 DMM 型之外的所有共聚酯，DMM 型共聚酯浆膜的拉伸断裂强度比纯芳香族聚酯高出了近 20%。所以，当 DMM 用作脂肪族二羧酸酯单体来制备水溶性共聚酯时，其浆料胶层内聚强度的提升对黏附性能的有利影响很可能超过因浆料与纤维分子结构相似性降低对黏附性能的不利影响。因此，就涤纶纤维而言，DMM 型共聚酯具有比纯芳香族聚酯浆料更佳的黏附性能。

6.4.4.6　脂肪族二羧酸酯单体结构对共聚酯/淀粉共混浆液浆纱性能的影响

脂肪族二羧酸酯单体分子结构对共聚酯/淀粉（$W_{共聚酯}/W_{淀粉}$：1/4）共混浆上浆后 T/C65/35 混纺纱力学及毛羽贴服性能的影响分别如表 6-7 及表 6-8 所示。随着脂肪族单体碳链长度的增加，浆纱的断裂强度、伸长率、耐磨性以及贴服毛羽的能力均呈现出降低的趋势；对纯芳香族聚酯来说，其浆纱的力学及毛羽贴服性能除低于 DMM 型共聚酯外，均高于其他类型脂肪族—芳香族共聚酯浆出的 T/C 经纱。

前文已阐明，随着脂肪族单体碳链长度的增加，其对应的脂肪族—芳香族共聚酯的分子量逐渐降低，这就会导致渗透入经纱纤维间的共聚酯浆液在烘干后形成的胶层的内聚力降低，胶层强度及耐磨性随之下降，浆纱抵抗外力拉伸、磨损的能力降低；共聚酯/淀粉共混浆液的表观黏度同样也随脂肪族二羧酸酯单体碳链长度的增加而降低，过小的黏度会使浆液在纱线中浸透有余而被覆不足，使纱线表面的纤维游离端难以贴服在纱体之上，不利于降低毛羽数量。另外，在使用相同重量共聚酯浆料的情况下，脂肪族二羧酸酯单体的碳链越短，共聚酯脂肪族链节的分子量越小，其合成出的共聚酯分子链上所含的酯基数量就越多。依据扩散理论中的“相似相容原理”，脂肪族—芳香族共聚酯浆料对聚酯纤维的黏附性越强，在浆纱受到拉伸、摩擦等外力作用时，可表现出更好的强伸性与耐磨性，也有助于将毛羽更为牢固地黏在纱体上。由于上述两个原因,浆纱的力学及毛羽贴服性能随着脂肪族单体碳链长度的增加而降低。

表 6-7 经聚酯浆料上浆后涤/棉 (65/35) 经纱的强伸及耐磨性能

聚酯浆料类型	上浆率/%	增强率/%	减伸率/%	耐磨次数
纯芳香族聚酯	10.42	40.45	15.84	121
DMM 型共聚酯	10.59	45.72	11.73	131
DMSu 型共聚酯	10.17	23.30	19.44	100
DMG 型共聚酯	9.74	13.09	32.82	88
DMSe 型共聚酯	9.66	11.27	34.16	80

注 原纱的拉伸断裂强力为 2.86N,断裂伸长率为 9.72%,耐磨次数为 69 次,表 6-8 同。

表 6-8 涤/棉 (65/35) 原纱与浆纱上不同长度的毛羽数量

聚酯浆料类型	3~4mm 毛羽数量	4~5mm 毛羽数量	5~6mm 毛羽数量	6~7mm 毛羽数量	7~8mm 毛羽数量	8~9mm 毛羽数量
原纱	91.2	27.9	9.8	3.0	1.0	1.0
纯芳香族聚酯	1.5	1.4	1.0	0.3	0	0
DMM 型共聚酯	0.7	0.5	0.4	0.1	0	0
DMSu 型共聚酯	2.4	1.7	1.6	1.1	0.5	0.2
DMG 型共聚酯	4.6	2.8	2.1	1.4	0.4	0.3
DMSe 型共聚酯	5.0	2.8	2.5	1.6	0.6	0.3

纯芳香族聚酯浆料具备与聚酯纤维几乎相同的分子结构,故二者的亲和力好,宏观表现为纯芳香族聚酯对聚酯纤维的黏附性很强,毛羽贴服效果佳。另外,纯芳香族聚酯主链上芳环的数量比脂肪族—芳香族共聚酯高出许多,分子链的刚性强,浆液烘干后,经纱外包覆的浆膜及纤维间胶层的内聚强度和模量高,浆纱力学性能好。然而,纯芳香族聚酯虽具备这些性能优势,表 6-7 和表 6-8 的数据却显示,DMM 型共聚酯浆出纱线的力学及毛羽贴服性能都比纯芳香族聚酯略为优异。究其原因,DMM 型共聚酯的分子量高出纯芳香族聚酯近 10%,浆料胶层的内聚强度大,与淀粉的共混浆液的黏度大,更有利于贴服毛羽;且 DMM 型共聚酯的分子链的柔顺性较纯芳香族聚酯为佳,故其对纱线的保伸性亦优于纯芳香族聚酯;浆纱的耐磨性是浆料内聚力、分子主链柔顺性及浆料与纤维大分子间黏附性的综合表现,基于上述原因,DMM 型共聚酯浆出纱线的耐磨次数也略高于纯芳香族聚酯。

6.4.4.7 脂肪族二羧酸酯单体结构对 COD 和 BOD 值的影响

表 6-9 显示了脂肪族二羧酸酯链段的分子结构对共聚酯浆料和几种常用于涤纶经纱上浆材料的 COD 和 BOD 值的影响。在 BOD 测定过程中,由于在不同地区取得的稀释水中微生物的数量及分布有所不同,许多研究者出于公平比较的目的通常将 BOD_5 与 COD_{cr} 的比值作为

评价一种聚合物生物可降解性的指标。随着脂肪族二羧酸酯烷基链长的增大，共聚酯浆料的 COD_{cr} 逐步降低，而 BOD_5 和 BOD_5/COD_{cr} 比值则逐渐增高。就纯芳香族聚酯而言，其 BOD_5/COD_{cr} 比值低于所有类型的共聚酯。

表 6-9　聚酯浆料和其他涤纶经纱用常见合成浆料的 COD_{cr} 和 BOD_5

聚酯浆料类型	$COD_{cr}/(mg/L)$	$BOD_5/(mg/L)$	BOD_5/COD_{cr}
纯芳香族聚酯	179	7.7	0.043
DMM 型共聚酯	159	38.8	0.244
DMSu 型共聚酯	131	39.1	0.298
DMG 型共聚酯	126	40.8	0.324
DMSe 型共聚酯	122	42.2	0.346
PVA1788	1125	37.0	0.033
PVA1799	1179	30.0	0.025
丙烯酸-丙烯酸甲酯共聚物	175	37.0	0.211
丙烯酸-丙烯酸乙酯共聚物	183	16.5	0.090

已有研究证明，自然界中的常见微生物对脂肪族酯键的侵蚀能力显著高于芳香族酯键。研究者利用此原理将脂肪族二羧酸酯链段嵌入芳香族聚酯的主链中，从而降低聚酯浆料中的苯环密度，使之更加易于被微生物侵蚀、降解。在各共聚酯浆料中，BOD_5 与 COD_{cr} 的比值随着脂肪族二羧酸酯烷基链长的增加而增加。为了解释此现象，就需要考虑共聚酯的分子量。一般说来，大部分微生物降解聚合物都是从其分子链的端基开始。一种聚合物的分子量越大，其端基数量就越少。因此，对于同类型聚合物而言，分子量越大，越难以降解。在相似比例的脂肪族二羧酸酯链段嵌入芳香族聚酯主链的情况下，分子量就成为共聚酯是否易于降解的关键性因素。因为分子量较高，DMM 型共聚酯在所有样品中是最难生物降解的。目前，PVA 和聚丙烯酸酯是纺织工业界给涤纶经纱上浆的最常用合成浆料。即使选择 DMM 型共聚酯用作对比样，其 BOD_5 与 COD_{cr} 的比值仍然是 PVA1788 的七倍有余，比丙烯酸—丙烯酸甲酯共聚物高出约 15%。

6.4.4.8　脂肪族二羧酸酯单体结构对共聚酯酶解、水解后分子量降低率的影响

表 6-10 显示了脂肪族二羧酸酯的分子结构给聚酯浆料酶解（脂肪酶 PS，酶活力 ≥ 30Umg）和水解后分子量降低率带来的影响。从表 6-10 可知，各类型共聚酯酶解后的分子量降低率均大于纯芳香族聚酯。随着脂肪族二羧酸酯烷基链长的降低，共聚酯酶解后的分子量降低率逐步增加。就聚酯浆料的水解后分子量降低率而言，脂肪族二羧酸酯链段的嵌入及烷基链长均未对其产生显著影响。

众所周知，含脂肪酶在内的大部分酶都具有专一性和高效性的特点。脂肪酶 PS 可以高效降解含脂肪族二羧酸酯链段的共聚酯，却难以降解纯芳香族聚酯（如涤纶）。所以，共聚酯酶解后的分子量降低率比纯芳香族聚酯高得多。需要指出的是，应用较短烷基链脂肪族二羧

酸酯单体合成出的脂肪族—芳香族水溶性共聚酯具有更多的脂肪族酯基，其原因在于，脂肪族和芳香族二羧酸酯链段的摩尔比均在3∶7左右，且此系列共聚酯的分子量随着脂肪族二羧酸酯烷基链长的降低而增高。显然，共聚酯主链中脂肪族二羧酸酯的烷基链越短，其结构单元的分子量越小。所以，在所有类型的脂肪族—芳香族水溶性共聚酯中，一分子中含有较短烷基链脂肪族二羧酸酯链段的共聚酯（如DMM型共聚酯）包含数目最多的脂肪族酯基。也就是说，DMM型共聚酯能够为脂肪酶PS提供更多的"攻击点"，因而比其他类型的共聚酯更易于酶解。

表6-10 聚酯浆料在酶解（R_e）和水解（R_h）测试后的分子量降低率

聚酯浆料类型	24h		48h		72h		96h	
	$R_e/\%$	$R_h/\%$	$R_e/\%$	$R_h/\%$	$R_e/\%$	$R_h/\%$	$R_e/\%$	$R_h/\%$
纯芳香族聚酯	1.29	2.37	3.44	4.74	5.82	7.13	7.13	8.15
DMM型共聚酯	7.47	2.18	16.94	5.36	20.09	7.47	22.18	8.52
DMSu型共聚酯	4.40	2.23	11.22	4.46	14.45	6.69	18.88	8.91
DMG型共聚酯	3.53	2.36	10.58	4.71	11.75	7.06	13.37	8.23
DMSe型共聚酯	2.51	2.51	6.31	5.04	11.33	6.31	12.59	8.82

一般说来，具有较多极性基团和较低结晶度的聚合物耐水解性较差。在聚酯浆料的合成过程中，具有阴离子基团（—SO₃Na）的SIPM被用作水溶性单体，且其嵌入的摩尔比是固定的。因此，所有聚酯浆料几乎具有相同的亲水性和吸引水分子的能力。此外，聚酯浆料的结晶度都很低（<8%），无定形区占据主要比例，有利于水分子的渗透。故所有聚酯浆料在高温高湿条件下（70℃；95%RH）都发生了轻度水解，在水解96h后，聚酯浆料的分子量降低率均在8%~9%范围内。可见，由于相似的亲水性和较低的结晶度，共聚酯水解后分子量降低率与脂肪族二羧酸酯的嵌入及其分子结构并无密切关系。

6.4.4.9 脂肪族二羧酸酯单体结构对共聚酯酶解、水解后结晶度的影响

以DSC测定聚酯浆料酶解、水解前后结晶度的变化。在降解测试前，纯芳香族聚酯、DMM型、DMSu型、DMG型以及DMSe型共聚酯的结晶度分别为3.6%、7.6%、5.3%、1.9%及1.3%。在酶解或水解24h后，所有WSP的熔融峰均已消失。酶解或水解24h前后纯芳香族聚酯、DMM型及DMSe型共聚酯的热谱图如图6-7~图6-9所示。

聚酯浆料的结晶度都比较低（<8.0%），无定形区在其聚集态结构中占据主要比例。聚酯浆料大分子呈无规排列、堆砌松散，大分子间有许多间隙。另外，聚酯浆料主链中的大量阴离子基团（—SO₃Na）赋予其良好的亲水性。因此，水分子在高温下极易渗透入聚酯浆料大分子中。就共聚酯而言，其分子主链中既包含阴离子基团，又包含脂肪族酯基。脂肪酶PS能够高效地降解共聚酯，从而破坏其晶体结构。观察图6-7~图6-9可知，在酶解或水解24h后，聚酯浆料的熔融峰几乎完全消失，这也意味着其晶体结构易于被水分子或脂肪酶侵蚀而遭到破坏。

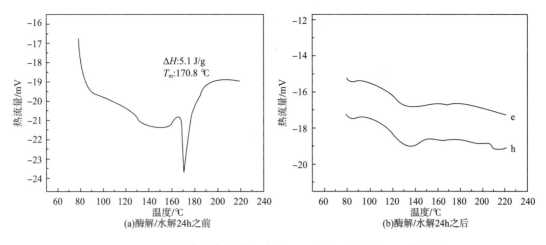

图 6-7　纯芳香族聚酯在酶解/水解 24h 之前和之后的 DSC 热谱图

（曲线 e 和 h 分别代表酶解/水解后的样品曲线，下图同）

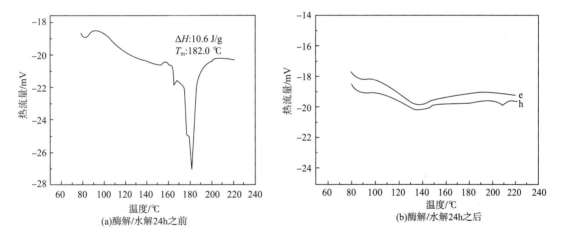

图 6-8　DMM 型共聚酯在酶解/水解 24h 之前和之后的 DSC 热谱图

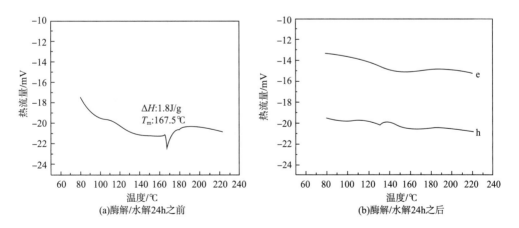

图 6-9　DMSe 型共聚酯在酶解/水解 24h 之前和之后的 DSC 热谱图

6.4.4.10 脂肪族二羧酸酯单体结构对共聚酯酶解、水解后玻璃化温度（T_g）的影响

纯芳香族聚酯和共聚酯在酶解、水解 96h 前后的 T_g 变化如图 6-10 所示。在酶解 96h 后，纯芳香族聚酯的 T_g 略有降低。对于共聚酯而言，其 T_g 降低幅度则较为显著。随着脂肪族二羧酸酯烷基链长的降低，酶解后共聚酯 T_g 的降低幅度逐渐增大。在水解 96h 后，纯芳香族聚酯和共聚酯样品的 T_g 均呈现出相似的轻微降低趋势。

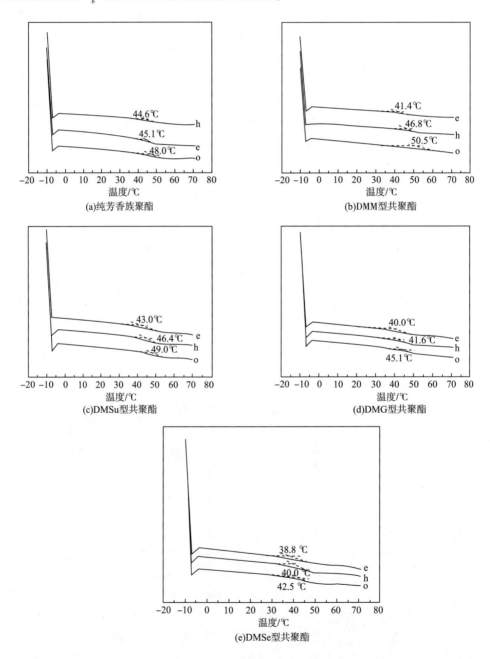

图 6-10　纯芳香族聚酯、DMM 型共聚酯、DMSu 型共聚酯、DMG 型共聚酯及 DMSe 型共聚酯的 DSC 热谱图
（曲线 o，e 和 h 分别指降解测试前、酶解 96h 后及水解 96h 后的 WSP）

脂肪酶 PS 降解纯芳香族聚酯的能力较低，如前文所述，随着脂肪族二羧酸酯烷基链长的降低，一分子共聚酯主链中所含的脂肪族酯基越多，为脂肪酶 PS 提供的"攻击点"就越多。因此，脂肪酶就越易于切断共聚酯的分子链。表 6-10 显示了所有类型共聚酯的酶解后分子量降低率均高于纯芳香族聚酯，且分子量降低率随着脂肪族二羧酸酯烷基链长的降低而逐步升高。例如，当酶解时间达到 96h 时，纯芳香族聚酯的分子量降低率仅 7.13%，而 DMM 型共聚酯已经达到 22.18%。一般说来，当聚合物分子量处在一定范围内时，其 T_g 会随分子量的降低而下降。原因在于分子链的两头各有一个链端链段，这种链端链段的活动能力比一般的链段大得多。分子量越低，链端链段的比例越高，所以 T_g 越低。因此，在酶解 96h 后，纯芳香族聚酯的 T_g 仅降低 3.2℃，而 DMM 型共聚酯竟降低了 9.1℃。同理，在水解 96h 后，所有的聚酯浆料均出现轻微且程度相近的降解，水解后分子量降低率均在 8.1%~8.9% 范围内。所以，水解 96h 后，所有聚酯浆料的 T_g 均降低了 3℃ 左右。T_g 在酶解、水解后变化的结果和分子量降低率测试结果基本吻合。

6.4.4.11 脂肪族二羧酸酯单体结构对共聚酯酶解、水解后浆膜表面形貌的影响

纯芳香族聚酯和 DMM 型、DMSe 型共聚酯在酶解、水解 96h 前后的浆膜表面形貌变化如图 6-11~图 6-13 所示。由图可知，酶解和水解都使得原本光滑而连续的 WSP 浆膜表面变得粗糙、凹凸不平和脆裂。就酶解后的 WSP 浆膜而言，其被腐蚀程度的高低按照以下排序：DMM 型共聚酯>DMSe 型共聚酯>纯芳香族聚酯。就水解腐蚀程度而言，纯芳香族聚酯和共聚酯的浆膜表面形貌变化几乎是相同的。WSP 浆膜表面形貌的变化和分子量及 T_g 酶解及水解前后的变化结果相一致。

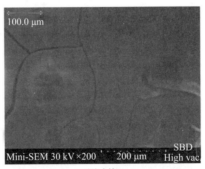

(a)测试前

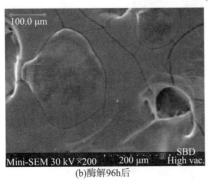

(b)酶解96h后

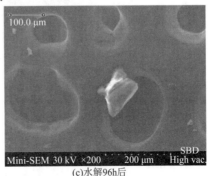

(c)水解96h后

图 6-11 纯芳香族聚酯浆膜降解测试前、酶解 96h 及水解 96h 后 SEM 图

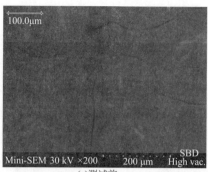

(a)测试前

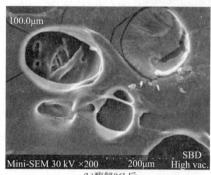

(b)酶解96h后

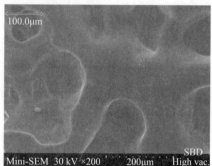

(c)水解96h后

图 6-12　DMM 型共聚酯浆膜降解测试前、酶解 96h 及水解 96h 后 SEM 图

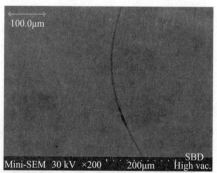

(a)降解测试前

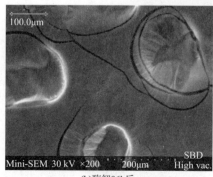

(b)酶解96h后

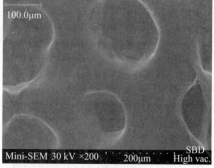

(c)水解96h后

图 6-13　DMSe 型共聚酯浆膜降解测试前、酶解 96h 及水解 96h 后 SEM 图

6.4.5　含不同脂肪族/芳香族二羧酸酯链段摩尔比例的水溶性共聚酯浆料的使用性能与环保性能的研究

6.4.5.1　DMM 与 DMT 摩尔比对分子量及接触角的影响

本节分别以丙二酸二甲酯（DMM）与对苯二甲酸二甲酯（DMT）为脂肪族和芳香族二羧酸酯代表，探索二者摩尔比对共聚酯浆料使用性能与环保性能的影响。DMM/DMT 在投料时的单体配伍对共聚酯的黏均分子量以及共聚酯溶液在聚酯纤维上接触角的影响见表 6-11。随着脂肪族二羧酸酯 DMM 所占摩尔比的增加，共聚酯的分子量呈逐渐增大的趋势，其水溶液在涤纶纤维上的接触角也越来越大。

表 6-11　聚酯浆料的黏均分子量和接触角

聚酯浆料类型	特性黏度/(dL/g)	黏均分子量/(kg/mol)	接触角/(°)
纯芳香族聚酯	0.585	15.9	68.8
共聚酯 1#	0.612	16.8	70.3
共聚酯 2#	0.621	17.1	71.8
共聚酯 3#	0.630	17.4	73.9
共聚酯 4#	0.649	18.0	78.6

　　注　共聚酯 1#，2#，3#及 4#分别指 DMM/DMT 投料摩尔比为 1/9，2/8，3/7 及 4/6 时合成出的共聚酯，本章以下图表含义同。

共聚酯分子主链中的脂肪族二羧酸酯链段要比芳香族的柔顺性强，在共缩聚反应末期，反应体系的黏稠度增幅尤为显著，笨重的芳香族二羧酸酯链段的运动能力明显弱于脂肪族链段，因此脂肪族二羧酸酯在此阶段的聚合反应活性更高，共聚酯产物的分子量随着脂肪族二羧酸酯单体投入比例的增加而升高，其相应的特性黏度也就增大。

接触角体现了溶液对固体的润湿能力，润湿能力越高，液滴在该固体表面的铺展范围越大，接触角则越小。共聚酯溶液在聚酯纤维上的接触角与二者间的界面张力有很大的关系。纯芳香族聚酯的主链结构与聚酯纤维十分相似，主要结构单元均为对苯二甲酸乙二酯，二者的分子链中含有大量的苯环和酯基结构，因此界面张力较小，纯芳香族聚酯溶液易于润湿聚酯纤维表面，故接触角较小。随着共聚酯分子主链中脂肪族酯类结构单元嵌入比例的提高，主链中苯环数量逐渐减少，共聚酯浆料与聚酯纤维的结构相似度降低，二者的界面张力随之增加，故接触角逐步增大。

6.4.5.2　DMM 与 DMT 摩尔比对浆膜拉伸力学性能的影响

表 6-12 反映的是 DMM/DMT 的单体配伍对共聚酯浆膜拉伸断裂强度和断裂伸长率的影响。由表可知，随着脂肪族二羧酸酯单体所占摩尔比例的增加，浆膜的断裂强度先增加，在 DMM/DMT 为 3∶7 时达到最大值，然后开始下降；而浆膜的断裂伸长率则呈逐渐增长的趋势。

表 6-12 聚酯浆膜的拉伸断裂强度和伸长率

聚酯浆料类型	断裂强度		断裂伸长率	
	N/mm²	CV/%	%	CV/%
纯芳香族聚酯	12.75	9.00	0.33	8.27
共聚酯 1#	13.25	7.33	0.46	9.35
共聚酯 2#	14.03	8.43	0.50	9.95
共聚酯 3#	15.12	8.89	0.72	8.93
共聚酯 4#	12.33	7.52	0.79	9.70

由表 6-12 可知，脂肪族二羧酸酯结构单元的嵌入比越大，共聚酯的分子量越大，对于同一类聚合物而言，分子量越大，其膜材的拉伸断裂强度越高，因此当 DMM/DMT 的单体投料摩尔比由 0/10 增至 3/7 时，浆膜的断裂强度有所提升。然而，当分子量达到一定数值之后，其对拉伸断裂强度的影响会变得不甚明显，而高分子主链结构所产生的影响可能会更加显著。一般说来，主链含有芳杂环的高分子，其强度和模量都比含有脂肪族链段的高，断裂伸长却比含有脂肪族链段的低。因此当脂肪族二羧酸酯结构单元在共聚酯主链中所占比例超过一定数值时，其膜材的断裂强度转而降低，而浆膜的断裂伸长率却随着脂肪族二羧酸酯结构单元所占比例的增加而逐渐提高。

6.4.5.3 DMM 与 DMT 摩尔比对黏附性能的影响

图 6-14 显示了 DMM/DMT 的单体配伍对涤纶纤维黏附性能的影响。由该图可知，随着脂肪族二羧酸酯单体所占摩尔比例的增加，共聚酯浆料对涤纶纤维的黏附性能逐渐提升，在 DMM/DMT 的摩尔比为 3/7 时达到最大值，然后出现下降的趋势。

一种浆料对纤维黏附性能的高低主要决定于两个因素：①浆料干燥后所成胶层的内聚强度；②浆料对纤维的黏附性。显然，在浆液干燥后，使纤维间的浆料胶层被完好无损地剥离下来以进行力学性能测定是难以实现的。为了解决此问题，有学者探索出一种较为简便的浆料胶层力学性能的测试方法，即将浆液烘燥后成膜，测定其力学性能，以之作为浆料胶层力学性能的近似参考。依据此法，相应的聚酯浆膜被制备出来用以考察其胶层性能。如表 6-12 所示，随着脂肪族酯类结构单元所占比例的增加，水溶性共聚酯胶层内聚强度在 DMM/DMT 的摩尔比为 3/7 时达到最大值，这与图 6-14 中涤纶的拉伸断裂强度的变化相一致，较好地印证了黏附性能的优劣确与浆料胶层的内聚强度密切相关。此外，由图 6-14 可观察到，当 DMM/DMT 的摩尔比增至 4/6 时，涤纶的断裂强度与断裂功的降幅较大，远超表 6-12 中浆料胶层内聚强度的降幅，这一现象是导致共聚酯浆料对涤纶黏附性能下降的主要原因之一。前文已有所阐述，随着脂肪族酯类结构单元在共聚酯分子主链中嵌入比的增加，分子链中苯环数目逐渐减少，共聚酯与聚酯纤维的分子结构差异度增大，二者间的界面张力变大，接触角变大（表 6-11），共聚酯浆液在涤纶表面进行润湿和铺展的难度加剧。扩散理论认为，黏合剂以溶液的形式润湿被黏物并在被黏物表面得以顺利铺展是黏合剂分子能够扩散乃至与被黏物形成牢固黏合点的基础。因此，当脂肪族酯类结构单元在共聚酯分子主链中所占比例超过一定数值后（DMM/DMT 的摩尔比≥4/6），所制得的共聚酯对涤纶黏附性的降低给二者间黏合性能带来的不利影响就会十分显著。

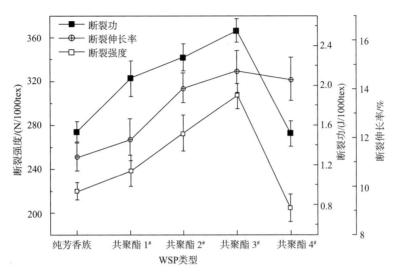

图 6-14　不同类型聚酯浆料对涤纶的黏附性能

6.4.5.4　DMM 与 DMT 摩尔比对浆纱性能的影响

DMM/DMT 的单体摩尔配比对共聚酯的浆纱力学性能和毛羽贴服性能的影响分别见表 6-13 和表 6-14。随着 DMM 摩尔比的持续增加，经共聚酯浆料上浆后的 T/C 纺纱的拉伸断裂强度、保伸性、耐磨性及毛羽贴服性均有所上升，至 DMM/DMT 摩尔比为 3/7 时，各项浆纱性能达到最佳值，此后，浆纱力学性能和毛羽贴服性能均转而下降。

表 6-13　经聚酯浆料上浆后涤/棉（65/35）经纱的强伸及耐磨性能

聚酯浆料类型	上浆率/%	增强率/%	减伸率/%	耐磨次数
纯芳香族聚酯	10.42	40.45	15.84	121
共聚酯 1#	9.72	41.21	14.61	120
共聚酯 2#	9.82	41.68	13.48	123
共聚酯 3#	10.59	45.72	11.73	131
共聚酯 4#	10.05	34.69	12.55	105

表 6-14　涤/棉（65/35）原纱与浆纱上不同长度的毛羽数量

聚酯浆料类型	3~4mm 毛羽数量	4~5mm 毛羽数量	5~6mm 毛羽数量	6~7mm 毛羽数量	7~8mm 毛羽数量	8~9mm 毛羽数量
原纱	91.2	27.9	9.8	3.0	1.0	1.0
纯芳香族聚酯	1.5	1.4	1.0	0.3	0	0
共聚酯 1#	1.1	1.0	0.6	0.2	0	0

聚酯浆料类型	3~4mm 毛羽数量	4~5mm 毛羽数量	5~6mm 毛羽数量	6~7mm 毛羽数量	7~8mm 毛羽数量	8~9mm 毛羽数量
共聚酯 2#	1.0	0.8	0.5	0.3	0	0
共聚酯 3#	0.7	0.5	0.4	0.1	0	0
共聚酯 4#	1.4	1.2	0.8	0.4	0.3	0.2

观察表 6-11 可知，随着 DMM 所占摩尔比例的增加，合成出的共聚酯的分子量逐渐增高。因此，渗透入经纱内部纤维间的浆液在干燥后形成的胶层内聚力会有所增大，胶层的拉伸断裂强度与耐磨性得以改善，浆纱承受外力拉伸、磨损的能力提升；共聚酯/淀粉共混浆液的表观黏度同样随着脂肪族二羧酸酯结构单元所占比例的增加而增大，黏度的增大有利于解决纯芳香族聚酯因黏度过小而导致的浆液在纱线中浸透有余而被覆不足的问题，促使纱线表面更多的纤维游离端贴服于纱体上，一定程度上也减少了毛羽数量。

然而，当 DMM 所占摩尔比超过一定限度时，浆纱的力学性能和毛羽贴服性能反而都有所降低。究其原因，主要是由共聚酯浆料对涤纶纤维的黏附性下降过大所致。前文已提及，随着脂肪族酯类结构单元在纯芳香族聚酯分子主链中嵌入比的增加，浆液在涤纶纤维表面进行润湿和铺展的难度加大，浆液与纤维的接触角变大（表 6-11）。浆液能有效润湿纤维并在纤维表面得以顺利铺展是浆料分子能够扩散至纱体内部乃至与纤维形成牢固黏合点的基础。当 DMM/DMT 的摩尔比超过 3/7 后，共聚酯主链中苯环的数量大幅减少，与涤纶纤维的结构相似度降低明显，浆料大分子对纤维的黏附性降幅较大。需指出的是，当一种高聚物的分子量在增加到一定数值后，对于其胶层内聚力的提高作用会变得十分微小。故当 DMM/DMT 的摩尔比增至 4/6 时，共聚酯浆料对涤纶纤维黏附作用的下降所带来的不利影响很可能已超过因分子量的提高所产生的有利影响，故此时浆纱的主要性能均转而开始降低。

6.4.5.5　DMM 与 DMT 摩尔比对 BOD 及 COD 的影响

BOD_5、COD_{cr} 及二者比值是评价一种聚合物生物可降解性的常用指标，纯芳香族聚酯与具有不同脂肪族二羧酸酯结构单元嵌入比的共聚酯的 BOD_5、COD_{cr} 指标见表 6-15。可见，脂肪族二羧酸酯结构单元的嵌入比越高，共聚酯的 COD 值越低，而 BOD 值越高。常见化学键的生物可降解能力由强到弱的排序为：脂肪族酯键、肽键>氨基甲酸酯>脂肪族醚键>亚甲基键，脂肪族酯键易被自然界中的微生物侵蚀和水解。因此，在主链中引入脂肪族酯类结构单元是提高 WSP 浆料生物可降解性的有效手段之一。

表 6-15　聚酯浆膜的拉伸断裂强度和伸长率

聚酯浆料类型	断裂强度		断裂伸长率	
	N/mm^2	CV/%	%	CV/%
纯芳香族聚酯	12.75	9.00	0.33	8.27
共聚酯 1#	13.25	7.33	0.46	9.35

续表

聚酯浆料类型	断裂强度		断裂伸长率	
	N/mm^2	$CV/\%$	$\%$	$CV/\%$
共聚酯 2#	14.03	8.43	0.50	9.95
共聚酯 3#	15.12	8.89	0.72	8.93
共聚酯 4#	12.33	7.52	0.79	9.70

6.4.5.6　DMM 与 DMT 摩尔比对酶解及水解后分子量降低率的影响

表 6-16 反映了 DMM 与 DMT 的摩尔比对样品经 24~96h 的酶解及水解实验后分子量降低率的影响。由表可知，随着脂肪族二羧酸酯单体所占摩尔比例的增加，聚酯浆料酶解后的分子量降低率逐步增加；而聚酯浆料水解后的分子量降低率则并未随 DMM/DMT 摩尔比的增加而发生明显变化。另外，除了纯芳香族聚酯外，在经过同样时长的降解后，共聚酯在脂肪酶 PS 催化下的酶解程度显著高于其水解程度。

表 6-16　聚酯浆料在酶解（R_e）和水解（R_h）测试后的分子量降低率

聚酯浆料类型	24h		48h		72h		96h	
	$R_e/\%$	$R_h/\%$	$R_e/\%$	$R_h/\%$	$R_e/\%$	$R_h/\%$	$R_e/\%$	$R_h/\%$
纯芳香族聚酯	1.29	2.37	3.44	4.74	5.82	7.13	7.13	8.15
共聚酯 1#	5.01	2.99	6.23	5.01	9.55	7.26	11.78	8.28
共聚酯 2#	5.35	2.44	7.32	4.12	12.72	7.32	16.05	8.51
共聚酯 3#	7.47	2.18	16.94	5.36	20.09	7.47	22.18	8.52
共聚酯 4#	8.29	2.23	17.10	4.17	21.15	7.09	24.01	8.29

生物酶催化具有单一性和高效性的特征，脂肪酶 PS 也不例外。有研究表明，在适宜的酸碱度及温度下，使用少量的脂肪酶 PS 即可高效降解分子主链中含有脂肪族酯基的共聚酯产品，但是对于纯芳香族聚酯（如涤纶纤维），脂肪酶则几乎不具备有效的降解能力。随着脂肪族二羧酸酯结构单元所占比例的增加，共聚酯分子链中可供脂肪酶侵蚀和分解的链节就越多，共聚酯被降解的程度自然越高。例如，在酶解时间达到 96h 时，纯芳香族聚酯的 R_e 仅有 7.13%，而 DMM : DMT 为 4 : 6 的样品的 R_e 已然达到了 24.01%。

一般说来，一种聚合物所含亲水性基团数目越多、结晶度越低，则其耐水性越弱。在共聚酯的合成过程中，赋予共聚酯良好水溶性的单体是阴离子单体 SIPM，SIPM :（DMM+DMT）的摩尔配比始终保持为 1 : 4。故该系列共聚酯具有较为接近的亲水性以及吸附水分子的能力。此外，共聚酯浆料与涤纶纤维在结晶度方面有很大的差别，涤纶的结晶度高（40%~60%），分子排列规整，水分子很难渗入；而共聚酯的结晶度都很低（通常<8%），无定形区占据主导，且因大量脂肪族二羧酸酯结构单元的嵌入，分子堆砌疏松，水分子易于浸透其中。因此，在高温高湿的条件下（70℃，95% RH），共聚酯会受到轻度水解，在水解时间达到 96h 时，样品的 R_h 仅在 8.30% 左右。

6.4.5.7　DMM 与 DMT 摩尔比对玻璃化温度的影响

图 6-15 反映了 DMM/DMT 摩尔配比对样品经 96h 酶解及水解试验后玻璃化温度（T_g）的影响。由图可知，随着脂肪族二羧酸酯单体所占摩尔比例的增加，酶解后样品 T_g 的降幅逐渐增大；而水解后各样品的 T_g 虽略有下降，但是降幅相近，与脂肪族二羧酸酯单体所占比例并无直接关联。

由于纯芳香族聚酯的分子链中不包含脂肪族酯基，故脂肪酶 PS 不具备降解纯芳香族聚酯的能力。如前文所述，脂肪族二羧酸酯结构单元所占比例越高，共聚酯分子链中可供脂肪酶侵蚀和分解的链节就越多，脂肪酶就越容易切断共聚酯的分子链。如表 6-16 所示，DMM：DMT 的摩尔比越高，经酶解后样品的分子量降低率就越大。当分子量处于一定范围内时，一种聚合物的分子量越低，链端链段的比例就越大，该聚合物的 T_g 就会随之下降。因此，在酶解时间达到 96h 时，纯芳香族聚酯（即 DMM：DMT 为 0：10）的 T_g 仅下降 2.9℃，而 DMM：DMT 为 4：6 的样品的 T_g 下降了 9.7℃。在高温高湿的条件下，在水解时长为 96h 时，样品的 T_g 降幅均在 3.5℃左右。由图 6-15 和表 6-16 的数据分析可知，样品在酶解及水解后 T_g 的下降趋势与其分子量降低率的变化基本一致。

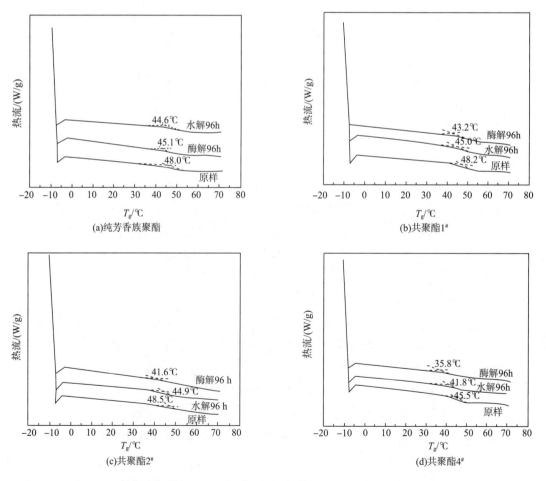

图 6-15　纯芳香族聚酯、共聚酯 1#、共聚酯 2# 及共聚酯 4# 酶解及水解前后的 T_g

6. 4. 5. 8　DMM 与 DMT 摩尔比对浆膜表面形貌的影响

图 6-16 是 DMM：DMT 为 0：10 及 4：6 时的共聚酯浆膜的原样、酶解 96h 及水解 96h 后的 SEM 图片。观察该组图片可知，无论是酶解还是水解作用，都会使原本光滑而平整的浆膜的表面变得粗糙、碎裂且凹凸不平。就浆膜被侵蚀的程度而言，随着 DMM：DMT 摩尔比的增大，脂肪酶 PS 对膜的侵蚀度越发明显，共聚酯浆膜在酶解后的碎裂程度显著高于纯芳香族聚酯膜，而在水解实验后，共聚酯浆膜被水分子侵蚀的程度基本相同。由此可以推测，脂肪酶 PS 更易侵蚀含有较多数量脂肪族二羧酸酯基的共聚酯样品，而水分子对共聚酯的侵蚀作用并未随脂肪族二羧酸酯基数量的增加而变得更加显著。

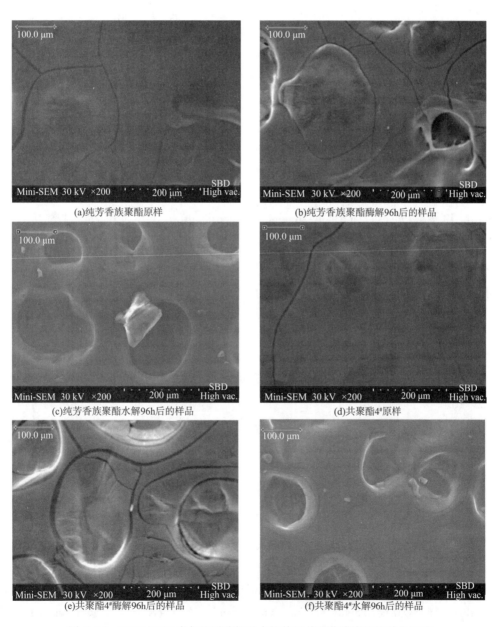

(a)纯芳香族聚酯原样　　　　　　　(b)纯芳香族聚酯酶解96h后的样品

(c)纯芳香族聚酯水解96h后的样品　　　　　　(d)共聚酯4#原样

(e)共聚酯4#酶解96h后的样品　　　　　　(f)共聚酯4#水解96h后的样品

图 6-16　DMM/DMT 摩尔比对酶解及水解前后共聚酯膜表面形貌的影响

参考文献

［1］ OPWIS K, KNITTEL D, KELE A, et al. Enzymatic recycling of starch-containing desizing liquors ［J］. Starch, 1999, 51 （10）: 348-353.

［2］ 陈锡荣, 祝桂香, 张伟, 等. 可生物降解脂肪—芳香族共聚酯的材料性能研究 ［J］. 石油化工, 2012, 41 （10）: 1175-1180.

［3］ 苑仁旭, 徐依斌, 麦堪成. 生物降解聚对苯二甲酸丁二醇酯-co-聚己二酸丁二醇酯的热分解行为研究 ［J］. 塑料工业, 2012, 40 （12）: 73-77.

［4］ 邹俊, 李芷, 张竞, 等. 生物可降解聚 （对苯二甲酸丁二酯/己二酸丁二酯） 共聚酯的合成与表征 ［J］. 江苏科技大学学报 （自然科学版）, 2013, 27 （3）: 289-294.

［5］ 王晓慧, 吕晓华, 遆永周, 等. 一种可生物降解共聚酯的合成及表征 ［J］. 河南科学, 2013, 31 （7）: 952-955.

［6］ SHIELDS D J, HAWKINS J M, WOOTEN W C. Sizing compositions and fibrous articles sized therewith ［P］. US Patent: 3546008, 1970-12-08.

［7］ KIBLER C J, LAPPIN G R, SHIELDS D J, et al. Water-dispersible linear polyesters containing sulfonate groups ［P］. Ger. Patent: 1816163, 1969-07-31.

［8］ SUBLETT B J. Polyester and polyesteramide compositions ［P］. US Patent: 4233196, 1980-11-11.

［9］ LARK J C. Polyester resin composition ［P］. US Patent: 4268645, 1981-05-19.

［10］ LESLEY D J, DAVIS J L C. Dry textile warp size composition ［P］. US Patent: 4391934, 1981-07-05.

［11］ 大口正胜, 静木辰彦, 吉田文和. 水溶性聚酯的制造方法 ［P］. 日本专利: 特开昭58-174421, 1983-10-13.

［12］ YANAI K. Sizing compositions and yarns sized therewith ［P］. US Patent: 4725500, 1988-02-16.

［13］ 松木富二, 桑田净伸, 高山均. 改性聚酯的制造方法 ［P］. 日本专利: 特开昭63-256619, 1988-10-24.

［14］ 久保田浩一, 山本雅晴. 具有水溶性成分的复合纤维的直接纺丝延伸法 ［P］. 日本专利: 特开昭63-165520, 1988-07-08.

［15］ 山本雅晴, 久保田浩. 水溶性聚酯纤维 ［P］. 日本专利: 特开昭63-165516, 1988-07-08.

［16］ 清水有三. 水溶性共聚酯及聚酯膜 ［P］. 日本专利: 特开平6-228290, 1994-08-16.

［17］ GEORGE S E. Water-dispersible polyesters ［P］. US Patent: 6020420, 2000-02-01.

［18］ BAIK D H, KIM G L. Synthesis and characterization of copolyester sizing agents ［J］. Fibers and Polymers, 2001, 2 （1）: 26-29.

［19］ MAEDA K, IKEGAMI K. Water－soluble flame－retardant polyester resin, resin composition containing the resin, and fiber product treated with the resin composition ［P］. US Patent: 7358323, 2008－04－15.

［20］ FRITZ J. The increasing hunger concern and current need in the development of sustainable food security in the developing countries ［P］. Fr. Patent: 2318184, 1977－02－11.

［21］ FRITZ J, ROUX P, NEEL J. Water－soluble sulfonated polyesters ［P］. Ger. Patent: 2335480, 1974－01－31.

［22］ LARK J C. Starch/polyester resin composition ［P］. US Patent: 3981833, 1976－09－21.

［23］ LOGIN R B. Graft polyesters and sized textiles ［P］. US Patent: 4259457, 1981－03－31.

［24］ LOGIN R B. Sizing textile with in situ graft polyester ［P］. US Patent: 4263337, 1981－04－21.

［25］ LOGIN R B. Graft polyesters and sized textiles ［P］. US Patent: 4275176, 1981－06－23.

［26］ JIN E Q, LI M L, XI B J, et al. Effects of molecular structure of acrylates on sizing performance of allyl grafted starch ［J］. Indian Journal of Fibre & Textile Research, 2015, 40 (4): 437－446.

［27］ 王强, 范雪荣, 张玲玲, 等. 经纱上浆聚酯浆料的合成和性能研究 ［J］. 纺织学报, 2002, 23 (6): 489－491.

［28］ 周永元. 纺织浆料学 ［M］. 北京: 中国纺织出版社, 2003: 101－102.

［29］ 李秀艳, 王平. 乳液的最低成膜温度及其影响因素 ［J］. 涂料工业, 2001 (3): 1－3.

［30］ 张心亚, 黄洪, 沈慧芳, 等. 苯丙乳液的最低成膜温度及其影响因素分析 ［J］. 粘接, 2005, 26 (6): 37－39.

［31］ 林秀培, 祝志峰. 季铵醚阳离子化改性对 CMS 浆料性能的影响 ［J］. 纺织学报, 2007, 28 (4): 69－72.

［32］ 王梓杰, 王淑芝. 高分子化学及物理 ［M］. 北京: 中国轻工业出版社, 1992: 390－391.

［33］ ZHU Z F, JIN E Q, YANG Y Q. Incorporation of aliphatic units into aromatic water－soluble polyesters to improve the performances for warp sizing ［J］. Fibers and Polymers, 2009, 10 (5): 583－589.

［34］ LI M L, JIN E Q, LIAN Y Y. Effects of molecular structure of aliphatic dicarboxylic ester on the properties of water－soluble polyester for warp sizing ［J］. Journal of the Textile Institute, 2016, 107 (12): 1490－1500.

［35］ RUBINSON K A, RUBINSON J F. Contemporary Instrumental Analysis ［M］. Beijing: Science Press, 2003: 484－485.

［36］ KEMP W. Qualitative Organic Analysis: Spectrochemical Techniques ［M］. London: McGraw-Hill Book Company (UK) Limited, 1986: 134－135.

［37］ FRIED J R. Polymer Science and Technology ［M］. Beijing: China Machine Press, 2011:

156-157.

[38] ZHU Z F, CHEN P H. Carbamoyl ethylation of starch for enhancing the adhesion capacity to fibers [J]. Journal of Applied Polymer Science, 2007, 106 (4): 2763-2768.

[39] 卢雨正, 张建祥, 刘建立, 等. 泡沫上浆与经纱预湿协同工艺的浆纱效果 [J]. 纺织学报, 2014, 35 (12): 47-51.

[40] LI M L, JIN E Q, QIAO Z Y, et al. Effects of alkyl chain length of aliphatic dicarboxylic ester on degradation properties of aliphatic-aromatic water-soluble copolyesters for warp sizing [J]. Fibers and Polymers, 2018, 19 (3): 538-547.

[41] 许新建. 生物可降解脂肪族/芳香族共聚酯 (PBST) 纤维的制备及其性能研究 [D]. 上海: 东华大学纺织学院, 2007.

[42] MALCOLM P S. Polymer Chemistry: An Introduction [M]. New York: Oxford University Press, 1990: 342-346.

[43] CHEN P R, YANG W H. Kinetic resolution of mandelate esters via stereoselective acylation catalyzed by lipase PS-30 [J]. Tetrahedron Letter, 2014, 55 (14): 2290-2294.

[44] SUNDELL R, TURCU M C, KANERVA L T. Lipase-catalyzed dynamic combinatorial resolution and the synthesis of heteroaromatic cyanohydrin ester enantiomers [J]. Current Organic Chemistry, 2013, 17 (7): 672-681.

[45] ZHENG R C, LI A P, WU Z M, et al. Enzymatic production of (S) -3-cyano-5-methylhexanoic acid ethyl ester with high substrate loading by immobilized Pseudomonas cepacia lipase [J]. Tetrahedron-Asymmetry, 2012, 23 (22): 1517-1521.

第7章 溶液共聚型聚丙烯酸酯浆料

7.1 概述

聚丙烯酸酯浆料是聚丙烯酸类浆料中的主要类型之一。丙烯酸甲酯（MA）、丙烯酸乙酯（EA）、丙烯酸丁酯（BA）、甲基丙烯酸甲酯（MMA）和甲基丙烯酸酯丁酯（BMA）都是制备聚丙烯酸酯浆料常用的单体，它们的化学结构式如下：

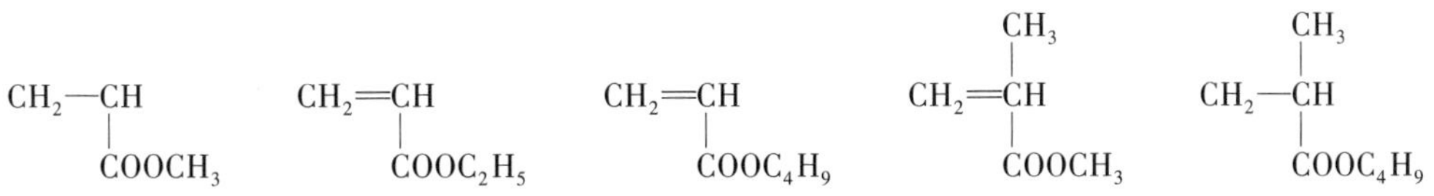

聚丙烯酸酯类浆料的分子结构如下所示：

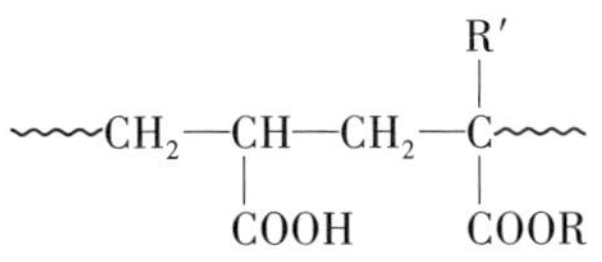

其中，R 为丙烯酸酯结构单元侧酯基中烷基团，R′（α-位）为 H 或甲基（CH_3）。显然，丙烯酸酯单元侧酯基中烷基团碳原子数、α-甲基以及聚丙烯酸酯中丙烯酸酯单元摩尔含量决定着聚丙烯酸酯浆料的性能。理应指出，聚丙烯酸酯类浆料具有较大的结构可变性，可以通过改变单体种类及其配比、聚合方式、聚合条件等，调整产物的特性和使用性能。一般而言，聚丙烯酸酯大分子链柔顺性好，玻璃化温度低，浆膜柔软，延伸性好，但强度较差。相对于淀粉浆膜的"硬而脆"而言，聚丙烯酸酯浆料的浆膜强度很低，伸长率过高，常称为"柔而不坚"。

将单体和引发剂溶于适当的溶剂中进行的聚合反应称为溶液聚合。反应生成的聚合物若溶解于所用溶剂中为均相溶液聚合，生成的聚合物若不溶于所用溶剂中并析出，则为非均相溶液聚合。通过溶液聚合法合成的聚丙烯酸酯即为溶聚型聚丙烯酸酯。

与本体聚合相比，溶液聚合以溶剂为传热介质，体系黏度较低，混合和传热较容易，温度易控制，可避免局部过热，减少凝胶效应，易调节聚合物的分子量及分子量分布。此外，溶液聚合有可能消除凝胶效应，在实验室内作动力学研究，有其方便之处。选用链转移常数较小的溶剂，容易建立稳态，便于找出聚合速率、聚合度与单体浓度、引发剂浓度等参数之间的定量关系。溶液聚合有如下特征：

①溶剂起链转移剂作用，故得不到聚合度太高的聚合物。

②因所用溶剂之不同，其链转移常数亦不同，所产生聚合物之聚合度也有差异。

③因所用溶剂之不同，链状分子的形状亦有变化。在良溶剂中，聚合物链呈扩散状，随着溶剂溶解力的逐渐减弱，聚合物链将缩成卷曲状，逐渐造成不均相体系，致使出现沉淀。

④与乳液聚合不同，成膜是由于聚合物分子直接融合的结果，因此聚合物链相互纠结，可得致密坚韧的皮膜。

在丙烯酸酯的溶液聚合中，各种合成条件对最终合成出来的反应产物的性能会有很大的影响，以下主要从聚合温度、反应时间、引发剂用量、单体浓度、氧阻聚作用五个方面分别加以论述。

（1）聚合温度

溶液聚合中，聚合温度的选择十分重要。聚合温度的选择，对合成的聚丙烯酸酯的性能有很大的影响。其选择需要从引发剂分解温度和溶剂的沸点两方面来考虑。

选择溶液聚合的温度需考虑到溶剂的沸点。因为达到溶剂沸点后，温度难以升高。聚合是激烈的放热反应，调节温度比较困难。因此，一般使用低沸点溶剂，使反应在回流温度下进行。

当所用溶剂沸点高，不能在回流温度下进行聚合时，一般可借助于细致调节滴加单体的速度，同时进行有效冷却的办法来调整聚合温度。实验中采用回流温度，可借助溶剂回流带走部分反应热，反应较易控制。由于聚合反应初期比较剧烈，为便于控制，可使反应初期温度稍低，而聚合反应后期比较缓慢，为提高单体转化率和缩短反应时间，可适当提高反应温度。

曹维孝等发现聚合温度过高会发生暴聚现象，造成溶剂大量挥发而形成凝胶，使得产品无法使用。陈振耀等研究发现反应开始需加热至80℃，采用在溶剂回流温度下逐步将含有引发剂的单体滴加至溶剂中进行反应。由于聚合反应是放热反应，其反应温度会升高，聚合放热的温度可用滴加速度来控制。当单体滴加完，在保温温度100～110℃继续反应至完毕。温度控制影响其分子量，需分子量低时，可在高于溶剂回流温度滴加单体。需分子量高时，可使保温温度处于75～80℃及略降低滴加速度。

（2）反应时间

反应时间也是溶液聚合反应中的一个重要工艺参数。反应时间取决于反应温度以及引发剂的品种和用量。在一定的反应温度下，不同的引发剂有不同的半衰期，引发剂消耗完全的时间也不一样。反应时间是在保证单体有较高的转化率、引发剂消耗完全的条件下，尽可能缩短反应时间，以提高设备利用率和生产效率。

张荣珍等研究证明随着聚合时间的增加，聚合物分子量增大，内聚力与黏度均会增加。李勇等研究发现单体转化率随着反应时间的增长而增加，但并不是时间越长越好，时间过长，聚合反应的效果变得不甚明显，反而浪费了时间。

（3）引发剂用量

在自由基聚合中，动力学链长与引发剂浓度的平方根成反比。这表明，增加引发剂用量，往往会使聚合物分子量降低。

吴秋兰研究发现引发剂用量对聚丙烯酸类浆料的浆液外观、稳定性、黏度和黏附力都有显著的影响。当引发剂用量在 6% 时，合成的浆料稳定性好，黏度适中，黏附性好。

（4）单体浓度

对于自由基聚合反应，单体浓度对反应速度、产物分子量和转化率均有较大的影响。随着单体浓度的增加，聚合物的转化率明显增大。当单体浓度过大时，反应由于剧烈的放热而变得难以控制，极易发生暴聚。而当单体浓度过低时，产物的转化率降低。

不同聚合浓度试验表明，聚合浓度高，引发剂引发放热时，反应体系溶剂介质少，反应热较难移走，容易引起暴聚，溶液黏度迅速升高，引发聚合约 0.5h 后就有"爬杆"现象出现。聚合浓度低，由于体系中的溶剂介质多，释放的反应热得以分散，所以聚合温度较易控制，不易产生局部过热。

（5）氧阻聚作用

由于丙烯酸酯类单体的聚合反应是自由基聚合，而空气中的氧气是双自由基分子，对聚合反应有阻聚作用。空气中的氧气能与活泼的自由基结合，生成不活泼自由基，从而使反应速度减慢，共聚物相对分子质量降低。因此，在聚合反应的开始阶段，需要在开始前向反应器内通入氮气或二氧化碳等惰性气体，用惰性气体来保护，以排除氧气的阻聚作用，以便聚合反应能正常进行。反应在溶剂的回流温度下进行聚合，溶剂蒸气可以遮盖反应混合物，消除了氧的影响，聚合得以平稳进行。

7.2　国内外研究现状

聚丙烯酸酯浆料对疏水性纤维具有较好的黏着性能，浆膜柔软而富有弹性，耐磨性能及抗静电性能好，近年来已在合成纤维的上浆中发挥了重要作用。聚丙烯酸酯浆料主要是由丙烯酸酯和丙烯酸单体通过溶液或乳液聚合制得。

郭（Guo）等采用四种丙烯酸类单体，通过乳液聚合法合成了对涤纶和棉纤维具有较好黏附性能的聚丙烯酸酯浆料。崔建伟等通过乳液聚合法合成了低吸湿、低再黏性的聚丙烯酸酯浆料。崔建伟等还采用分散的纳米二氧化钛溶液和多种丙烯酸类单体，通过乳液聚合法合成了纳米改性聚丙烯酸类浆料。朱（Zhu）等通过溶液聚合法合成了聚丙烯酸酯浆料，研究了丙烯酸酯结构单元类型及摩尔含量对聚丙烯酸酯浆料与纤维材料黏附性能的影响。

溶液聚合所制得的产品含固量较高，因聚合热容易通过溶剂导出，并且产品的储存稳定性、吸湿性及再黏性都要优于乳液聚合的产品。对于溶聚型聚丙烯酸酯类浆料而言，合成时所使用的反应介质是造成这类浆料性能差异的重要原因之一。

此外，也有一些学者评价了浆料的生物可降解性。张斌等比较分析了淀粉、PVA 和聚丙烯酸类浆料的生物可降解性。朱（Zhu）等通过测试浆料的 BOD_5/COD，评价了水溶性聚酯浆料的生物可降解性。洪仲秋评价了淀粉、PVA、聚酯、羧甲基纤维素和聚丙烯酸类浆料的生物可降解性。然而，目前关于聚丙烯酸酯浆料的生物可降解性与分子结构之间的内在关系方面的知识相当有限。

在纺织经纱上浆领域，披覆于纤维表面的浆膜要求具有一定的力学性能，包括强伸度、耐磨性以及耐屈曲性能等，即要求浆膜具有一定的强韧性。浆膜性能会影响到浆纱的耐磨性和毛羽数量，决定着浆纱的可织性，进而影响到织机的生产效率和坯布质量。淀粉具有来源丰富、对环境友好且价格低廉的特点，作为上浆剂已大量应用在纺织领域中。然而，由于淀粉大分子中存在着大量的氢键，造成了淀粉膜的硬而脆，这个缺陷使淀粉膜不能很好地满足使用要求。因此，提高淀粉膜的韧性势在必行。

化学改性是一种有效消除原淀粉缺陷的方法，而另一种改善淀粉膜脆硬特性的方法是将其与合成聚合物进行共混改性。已有研究结果表明，在淀粉中分别加入合成聚合物，如聚乙烯醇、聚乳酸或聚己内酰胺均能有效改善淀粉膜的脆性。需要强调的是，聚丙烯酸酯类浆料具有较大的结构可变性，可以通过改变单体种类及其配比等调整产物的特性和使用性能。然而聚丙烯酸酯浆膜通常表现为柔而不坚，尽管不能作为主浆料使用，但在共混浆料中却能起到增韧作用。为此，利用聚丙烯酸酯对淀粉进行共混，可以改善淀粉膜的力学性能，以达到提高使用效果的目的。显然，丙烯酸酯单元侧酯基中烷基团碳原子数、α-甲基以及聚丙烯酸酯中丙烯酸酯单元摩尔含量决定着聚丙烯酸酯浆料的性能。如果探明丙烯酸酯单元的分子结构对于聚丙烯酸酯/淀粉共混浆膜力学性能的影响，将有助于选择合适的丙烯酸酯单体来设计和生产聚丙烯酸酯浆料。

7.3　溶液共聚型聚丙烯酸酯浆料的制备

溶聚型聚丙烯酸酯类浆料是将引发剂和单体溶于反应介质，在均相条件下通过共聚合反应制成。显然，除了单体种类、配比及工艺条件以外，合成时所使用的反应介质也是造成溶聚型聚丙烯酸酯类浆料性能差异的一个非常重要的原因。本节在制备聚丙烯酸酯浆料时选择了较为常用的甲醇、乙醇、四氢呋喃、二氧六环、丙酮和异丙醇这六种有机溶剂作为反应介质，探讨了这六种聚合反应介质对聚丙烯酸酯浆料的黏附性能和浆膜性能的影响，为高质量聚丙烯酸酯浆料共聚反应介质的选择和使用提供依据和参考。

7.3.1　制备方法

聚丙烯酸酯浆料是由丙烯酸酯单体如丙烯酸甲酯（MA）、丙烯酸乙酯（EA）、丙烯酸丁酯（BA）、甲基丙烯酸甲酯（MMA）、甲基丙烯酸丁酯（BMA）和丙烯酸（AA）单体，通过自由基溶液共聚合反应制得。将丙烯酸酯与丙烯酸单体按一定的摩尔比配制 120g，加入引发剂（BPO）0.72g，溶解均匀。在装有搅拌装置、冷凝管、温度计和滴液漏斗的 500mL 四口烧瓶中，加入反应介质 120mL 和一定量的混合单体溶液。在回流或 78℃（二氧六环及异丙醇为反应介质时）下反应一定时间，待反应体系的温度稳定之后，滴加剩余的混合单体溶液，继续搅拌反应 3h。取出一部分产物以分析残留单体含量和共聚组成，剩余产物以 10% 的氨水中和至 pH=6.5~7，加入 200mL 蒸馏水，然后减压蒸馏除去反应介质，最后产物用蒸馏水稀释至 420mL。

7.3.2 聚丙烯酸酯浆料的表征

所合成的聚丙烯酸酯浆料的表征见表 7-1。无论采用何种反应介质，Poly（MA-co-AA）和 Poly（BA-co-AA）都为浅黄或黄色液体，而聚合物 Poly（MMA-co-AA）和 Poly（BMA-co-AA）多为乳白色。而且，以甲基丙烯酸酯为主要结构单元的聚丙烯酸酯浆料，其水溶性明显比 Poly（MA-co-AA）和 Poly（BA-co-AA）差，浆液易分层。其原因显然是由于含有 α 取代基的单体活性相对较大，容易发生均聚反应所致。

表 7-1 聚丙烯酸酯的表征

表征	类型	甲醇	乙醇	四氢呋喃	二氧六环	丙酮	异丙醇
含固量/%	Poly（MA-co-AA）	15.24	24.72	25.27	23.96	12.12	25.37
	Poly（BA-co-AA）	18.05	23.29	23.28	22.32	13.82	23.93
	Poly（MMA-co-AA）	11.82	14.06	23.06	21.42	15.94	27.12
	Poly（BMA-co-AA）	18.83	18.10	16.70	24.59	*	25.29
黏度/(mPa·s)	Poly（MA-co-AA）	65.6	5.5	3.2	12.8	170.5	3.0
	Poly（BA-co-AA）	4.4	2.4	2.3	2.8	2.8	2.6
	Poly（MMA-co-AA）	5.6	4.2	6.5	12.9	2.8	8.1
	Poly（BMA-co-AA）	3.9	2.6	2.5	2.9	*	6.1
溴值/%	Poly（MA-co-AA）	0.69	0.09	0.05	0.04	1.21	0.07
	Poly（BA-co-AA）	0.64	0.20	0.15	0.05	1.33	0.21
	Poly（MMA-co-AA）	5.15	0.45	0.78	0.17	4.73	0.60
	Poly（BMA-co-AA）	0.87	0.07	0.06	0.05	*	0.10

注 * 产物呈固态橡胶状；聚丙烯酸酯中丙烯酸酯与丙烯酸的摩尔比为 70：30。

就所合成的聚丙烯酸酯浆料的黏度而言，在丙酮和甲醇中合成的 Poly（MA-co-AA），其黏度很大，而在其他反应介质中所合成的共聚物的黏度通常较小。另外，与甲醇和二氧六环反应介质相比，以乙醇作为聚合反应介质时有利于降低共聚物的黏度。在溶液聚合中，反应介质对聚合反应速率、链转移和链终止常数都有显著影响，从而会影响到聚合物分子量以及分子量分布，因此不同的反应介质会影响所制备浆料的表观黏度。

7.3.3 不同反应介质中制备的聚丙烯酸酯浆料的黏附性能和浆膜性能

7.3.3.1 对涤纶黏附性能的影响

反应介质对聚丙烯酸酯共聚物与涤纶纤维黏附性能的影响见表7-2。按照黏合强度的大小，六种反应介质对 Poly（MA-co-AA）与涤纶黏附性能的排序为：甲醇≈丙酮>二氧六环>乙醇≈四氢呋喃>异丙醇；对 Poly（BA-co-AA）黏附性能的影响为：甲醇≈丙酮>乙醇≈二氧六环>异丙醇>四氢呋喃。对于黏附性能的差异，分子量是一个重要的影响因素。在同等条件下，分子量高则分子间作用力大，胶层的强度高，且胶层与纤维界面间的作用力大，内聚破坏及界面破坏所需的载荷增大，所以黏着强度提高。在一般情况下，如果聚丙烯酸酯浆料的分子量过低，则浆料与纤维界面间的作用力以及胶层的内聚强度都比较低，界面破坏以及内聚破坏就容易发生，浆料的黏着性能必然不高；反之，若分子量过大，则对浆液的铺展不利，也不利于提高浆料的黏附性能。由于聚合时所用的反应介质不同，链转移常数的差异使得所制备的产物的分子量等也不同，所以聚合反应介质对聚丙烯酸酯浆料的黏附性能有显著影响。

表7-2 丙烯酸酯共聚物与涤纶的黏附性能

| 类 别 | Poly（MA-co-AA） | | | | Poly（BA-co-AA） | | | |
| | 最大断裂强力 | | 断裂功 | | 最大断裂强力 | | 断裂功 | |
	R_m/N	CV/%	W/J	CV/%	R_m/N	CV/%	W/J	CV/%
甲醇	158.7	2.79	1.675	6.19	145.9	3.28	1.306	5.59
乙醇	137.9	5.32	1.212	9.30	140.6	4.34	1.234	9.78
四氢呋喃	136.5	3.44	1.214	7.55	118.9	5.32	0.993	10.74
二氧六环	152.4	4.13	1.540	7.29	137.2	3.26	1.214	6.58
丙酮	157.5	2.51	1.656	3.39	143.8	1.91	1.366	4.65
异丙醇	123.8	9.64	1.051	17.54	125.7	4.61	1.095	8.48

表7-3 所示为反应介质对甲基丙烯酸酯共聚物与涤纶黏附性能的影响。就 Poly（MMA-co-AA）共聚物的黏附性能而言，四氢呋喃和二氧六环明显优于甲醇、乙醇、丙酮及异丙醇。而对于 Poly（BMA-co-AA）来说，乙醇、四氢呋喃和二氧六环显著好于甲醇、异丙醇及丙酮。无论在甲醇、乙醇、丙酮和异丙醇中合成的 Poly（MMA-co-AA），还是在甲醇和异丙醇中合成的 Poly（BMA-co-AA），它们的水分散性都比较差，在水中出现分层、沉淀现象，或是不能分散而呈块状，所以黏附性能均很差。

由表7-2和表7-3可知，含有丙烯酸酯结构单元的聚丙烯酸酯浆料，它们对涤纶纤维的黏附性能明显优于含有甲基丙烯酸酯结构单元的浆料，这表明α-甲基的存在对于改善聚丙烯酸酯浆料与涤纶纤维的黏附性能是不利的。α-甲基的引入导致了分子链节运动的空间障碍增大，大分子链的柔顺性下降，玻璃化温升高，这对浆料大分子的链段向纤维表面的扩散是非常不利的，导致了浆料大分子和纤维之间难以产生分子级的紧密接触，也同时不利于浆料大分子链段发生明显的跨越浆料与纤维之间界面的扩散运动。在这种情况下，由于黏合界面非常明显，使得浆料和纤维之间的黏合强度通常较低。

表7-3 甲基丙烯酸酯共聚物与涤纶的黏附性能

类　别	Poly（MMA-co-AA）				Poly（BMA-co-AA）			
	最大断裂强力		断裂功		最大断裂强力		断裂功	
	R_m/N	$CV/\%$	W/J	$CV/\%$	R_m/N	$CV/\%$	W/J	$CV/\%$
甲醇	40.5	8.74	0.172	20.29	15.2	19.60	0.024	39.16
乙醇	34.2	16.91	0.121	36.42	122.7	11.81	0.900	23.78
四氢呋喃	70.4	9.43	0.401	17.26	118.6	14.15	0.878	27.28
二氧六环	52.9	7.79	0.270	15.20	132.5	10.14	1.102	20.42
丙酮	34.8	13.12	0.126	37.49	很弱[①]			
异丙醇	37.7	18.71	0.164	36.63	38.2	34.73	0.141	65.76

①产物呈固态橡胶状。

7.3.3.2 对涤/棉黏附性能的影响

反应介质对丙烯酸酯共聚物与涤/棉纤维黏附性能的影响见表7-4。可见，Poly（MA-co-AA）对涤/棉纤维黏附性能的规律是：丙酮>甲醇>二氧六环>乙醇≈四氢呋喃>异丙醇。而Poly（BA-co-AA）与涤/棉纤维黏附性能受聚合反应介质的影响规律为：丙酮>甲醇>二氧六环≈乙醇>异丙醇>四氢呋喃。由于反应介质的影响，所合成的共聚物分子量的不同，是造成这种聚丙烯酸酯对涤/棉纤维黏附性能差异的主要因素之一。

表7-4 丙烯酸酯共聚物与涤/棉纤维的黏附性能

类　别	Poly（MA-co-AA）				Poly（BA-co-AA）			
	最大断裂强力		断裂功		最大断裂强力		断裂功	
	R_m/N	$CV/\%$	W/J	$CV/\%$	R_m/N	$CV/\%$	W/J	$CV/\%$
甲醇	88.9	4.46	0.734	8.71	85.2	5.28	0.640	9.82
乙醇	55.7	12.70	0.340	22.74	78.5	8.34	0.564	13.74
四氢呋喃	53.1	10.66	0.310	21.26	58.8	13.78	0.399	24.29
二氧六环	64.7	11.29	0.432	20.07	79.2	8.56	0.545	12.83
丙酮	97.8	3.79	0.828	5.98	90.1	6.32	0.702	10.55
异丙醇	43.3	14.21	0.219	28.45	65.8	11.96	0.458	20.67

表7-5为反应介质对甲基丙烯酸酯共聚物与涤/棉纤维黏附性能的影响。可见，反应介质对Poly（MMA-co-AA）与涤/棉纤维黏附性能的影响是：四氢呋喃和二氧六环显著优于甲醇、乙醇、丙酮及异丙醇。在乙醇、四氢呋喃和二氧六环反应介质中合成的Poly（BMA-co-

AA），对涤/棉纤维的黏附性能明显好于甲醇、丙酮和异丙醇中所合成的共聚物。不论是在甲醇、乙醇、丙酮或异丙醇中所合成的 Poly（MMA-co-AA）浆料，还是在甲醇、丙酮或异丙醇中合成的 Poly（BMA-co-AA）浆料，它们在水中会出现分层、沉淀或是结块现象，其黏附性能必然很差。仅就对涤/棉纤维的黏附性能而言，由表 7-4 和表 7-5 可知，丙烯酸酯共聚物分子中的丙烯酸酯结构单元，同样也存在着 Poly（MA-co-AA）>Poly（MMA-co-AA）、Poly（BA-co-AA）>Poly（BMA-co-AA）的规律。丙烯酸酯共聚物对涤纶的黏附性能，要大于它对涤/棉纤维的黏附性能。这是由于丙烯酸酯共聚物与涤纶在分子结构中都含有大量酯基的缘故。

表 7-5　甲基丙烯酸酯共聚物与涤/棉纤维的黏附性能

类　别	Poly（MMA-co-AA）				Poly（BMA-co-AA）			
	最大断裂强力		断裂功		最大断裂强力		断裂功	
	R_m/N	$CV/\%$	W/J	$CV/\%$	R_m/N	$CV/\%$	W/J	$CV/\%$
甲醇	35.2	9.45	0.142	18.19	11.7	38.34	0.021	63.42
乙醇	31.0	13.07	0.107	27.05	59.1	12.02	0.355	21.04
四氢呋喃	52.7	12.24	0.296	20.23	68.8	15.93	0.472	25.19
二氧六环	48.4	9.97	0.250	18.80	64.6	10.41	0.420	18.63
丙酮	34.1	10.11	0.139	20.43	很弱[①]			
异丙醇	31.2	24.48	0.124	46.39	24.8	31.84	0.078	62.02

①产物呈固态橡胶状。

7.3.3.3　对浆膜强伸性的影响

曾以纯聚丙烯酸酯浆料来制取浆膜，然而由于一部分样品在标准条件（20℃、65%RH）下无法制得浆膜；另外一部分样品虽然能够制成浆膜，但由于较大的黏着性使得浆膜与聚乙烯薄膜分离困难，为此本文采用与其他浆料组分共混制取浆膜的方法。如果采用 PVA 组分与聚丙烯酸酯浆料共混制膜，那么该组分对聚丙烯酸酯浆料性能的掩盖性较大，显然不利于反映所研究的聚丙烯酸酯组分的性能。本研究采用与淀粉共混制取浆膜的方法，为了探讨合理的共混条件，实验中采用了 6mPa·s、18mPa·s 和 26mPa·s 三种不同黏度的淀粉，在 20%、30% 和 40% 用量下与所合成的聚丙烯酸酯浆料共混制膜，通过实验确定了采用黏度为 26mPa·s 的淀粉样品、在 40% 用量条件下制取浆膜的方案。其中，淀粉黏度的调整采用酸解降黏的方法，酸解后的淀粉浆液的热黏度稳定性为 90%。

反应介质对聚丙烯酸酯浆料浆膜强伸性的影响见表 7-6。可见，在六种反应介质中所合成的 Poly（MA-co-AA）浆料，其浆膜断裂强度均显著大于 Poly（BA-co-AA）的浆膜断裂强度。这是因为 Poly（BA-co-AA）的玻璃化温度较 Poly（MA-co-AA）低，内聚能降低，因此 Poly（MA-co-AA）浆料的浆膜断裂强度大于 Poly（BA-co-AA）浆料。反应介质不同，聚丙烯酸酯浆料浆膜断裂强度和浆膜断裂伸长率有显著差异。Poly（MA-co-AA）浆膜断裂强度变化规律为：二氧六环≈乙醇>甲醇≈四氢呋喃≈丙酮>异丙醇。Poly（BA-co-AA）浆膜断裂强度变化规律为：异丙醇>二氧六环≈丙酮≈乙醇>四氢呋喃≈甲醇。当反应介质为甲醇和丙酮时，Poly（MA-co-AA）和 Poly（BA-co-AA）浆料浆膜断裂伸长率最大，而当反应介质为四氢呋喃和异丙醇时，其浆膜断裂伸长率最小。这是因为在溶液聚合反应过程中，反应介质对聚合反应的速率、聚合物的分子量和分子量分布以及聚合物的结构都有着重要影响，进而影响聚丙烯酸酯浆料浆膜的强伸性。

7.3.3.4　对浆膜耐磨性和耐屈曲性的影响

表 7-7 反映了浆膜耐磨性和耐屈曲性与聚合时所采用反应介质之间的相互关系。可见，反应介质不同，聚丙烯酸酯浆料浆膜的耐磨性和耐屈曲性也存在显著差异。Poly（MA-co-AA）浆料浆膜耐磨性以异丙醇为反应介质时最差，而以其他几种溶剂为反应介质时则相差不大。对于 Poly（BA-co-AA）浆料，其浆膜耐磨性的差异较 Poly（MA-co-AA）小。Poly（MA-co-AA）和 Poly（BA-co-AA）浆膜的耐屈曲性大小次序为：二氧六环>甲醇>丙酮>乙醇>四氢呋喃>异丙醇。由于所用反应介质不同，其链转移常数也不同，聚合物的分子量和分子形态也不尽相同，所以浆膜的耐磨性和耐屈曲性也会存在差异。

表 7-6　浆膜的强伸性

溶 剂	断裂强度				断裂伸长率			
	Poly（MA-co-AA）		Poly（BA-co-AA）		Poly（MA-co-AA）		Poly（BA-co-AA）	
	$P/(N/mm^2)$	$CV/\%$	$P/(N/mm^2)$	$CV/\%$	$\varepsilon/\%$	$CV/\%$	$\varepsilon/\%$	$CV/\%$
甲醇	7.41	13.22	3.88	5.44	93.09	70.58	256.39	36.54
乙醇	15.69	6.74	4.42	8.52	44.17	33.58	53.00	12.62
四氢呋喃	7.16	7.61	3.95	11.07	43.80	17.56	13.83	25.08
二氧六环	16.22	6.24	4.74	2.56	48.99	21.50	129.33	27.09
丙酮	6.94	6.98	4.57	8.26	209.75	9.11	250.92	21.60
异丙醇	5.68	4.53	5.13	25.87	36.83	28.67	13.62	28.04

表 7-7　浆膜的耐磨性和耐屈曲性

溶 剂	磨耗				屈曲次数			
	Poly（MA-co-AA）		Poly（BA-co-AA）		Poly（MA-co-AA）		Poly（BA-co-AA）	
	$B/(mg/mm^2)$	$CV/\%$	$B/(mg/mm^2)$	$CV/\%$	$K/$次	$CV/\%$	$K/$次	$CV/\%$
甲醇	0.798	9.47	0.246	10.12	8781	31.24	9554	35.87
乙醇	0.708	6.42	0.400	10.13	1544	24.46	2657	41.77
四氢呋喃	0.797	8.38	0.327	7.51	279	30.51	850	38.79
二氧六环	0.726	8.19	0.332	12.23	15521	29.56	16755	27.33
丙酮	0.715	8.31	0.445	9.65	5497	25.46	5708	30.24
异丙醇	1.167	14.40	0.292	7.76	181	36.58	470	43.80

Poly（MA-co-AA）浆膜的磨耗值大于 Poly（BA-co-AA）浆料，而浆膜屈曲次数则要小于 Poly（BA-co-AA）浆料。这表明 Poly（BA-co-AA）浆膜的耐磨性和耐屈曲性均要好于 Poly（MA-co-AA）。这是因为含有 BA 结构单元的 Poly（BA-co-AA），其玻璃化温度低，韧性大，浆膜柔软。

7.3.3.5　对浆膜吸湿率和水溶速率的影响

反应介质对聚丙烯酸酯浆料浆膜吸湿率和水溶速率的影响见表 7-8。可见，反应介质不同，聚丙烯酸酯浆料的吸湿率和水溶速率也有一定的差异。Poly（MA-co-AA）的吸湿率明显比 Poly（BA-co-AA）大。就 Poly（MA-co-AA）浆膜的水溶时间而言，乙醇≈二氧六环>丙酮>异丙醇>甲醇>四氢呋喃；而对于 Poly（BA-co-AA），反应介质影响浆膜水溶时间的大小次序为：丙酮>甲醇>乙醇>二氧六环>异丙醇>四氢呋喃。

表 7-8　浆膜的吸湿率和水溶速率

溶　剂	吸湿率				水溶时间			
	Poly（MA-co-AA）		Poly（BA-co-AA）		Poly（MA-co-AA）		Poly（BA-co-AA）	
	X/%	CV/%	X/%	CV/%	T/s	CV/%	T/s	CV/%
甲醇	11.78	3.16	7.79	4.07	7.2	11.27	104.9	8.84
乙醇	13.07	2.48	8.76	4.57	15.3	7.23	53.0	22.76
四氢呋喃	11.07	4.07	8.97	3.35	6.7	5.54	18.2	9.81
二氧六环	13.46	0.97	8.26	2.39	14.4	7.60	45.7	12.52
丙酮	11.19	2.32	9.12	4.46	10.3	9.13	175.8	10.24
异丙醇	10.68	5.22	9.34	1.17	9.1	8.03	30.8	13.35

Poly（MA-co-AA）浆膜的吸湿率明显高于 Poly（BA-co-AA）浆膜，而浆膜水溶时间显著小于 Poly（BA-co-AA）浆膜。这是因为 BA 较 MA 疏水性强，浆膜吸湿率小，因而含 MA 结构单元的 Poly（MA-co-AA）浆料较易于吸湿，其浆膜的吸湿率大，水溶时间较短。

7.4　聚丙烯酸酯与淀粉浆料的共混性能

7.4.1　聚丙烯酸酯浆料的表征及浆膜 FTIR 分析

所制备的聚丙烯酸酯的表征如表 7-9 所示。

表 7-9　聚丙烯酸酯的表征

类型	配方中丙烯酸酯摩尔量		单体转化率/%	含固量/%	表观黏度/（mPa·s）
	加料	测试			
Poly（MA-co-AA）	70%	73.8%	98.61	24.72	5.5

续表

类型	配方中丙烯酸酯摩尔量		单体转化率/%	含固量/%	表观黏度/
	加料	测试			（mPa·s）
Poly（EA-co-AA）	70%	72.6%	96.16	24.28	2.8
Poly（BA-co-AA）	60%	63.4%	98.27	24.29	2.8
	70%	71.9%	97.34	23.71	2.4
	80%	82.6%	96.97	25.38	1.7
Poly（MMA-co-AA）	70%	72.9%	92.72	24.60	7.0
Poly（BMA-co-AA）	70%	71.0%	93.04	23.29	2.6

　　淀粉、聚丙烯酸酯及聚丙烯酸酯/淀粉共混膜的红外光谱如图 7-1 所示。在淀粉的红外光谱图中，3426cm⁻¹ 处的吸收峰属于 O—H 的伸缩振动，1383cm⁻¹ 处的吸收峰属于 O—H 的弯曲振动。此外，在 1458cm⁻¹、1091cm⁻¹ 和 846cm⁻¹ 处也出现了淀粉的特征吸收峰。在聚丙烯酸酯光谱图中，3222cm⁻¹ 处的吸收峰属于 N—H 的伸缩振动，1735cm⁻¹ 处的吸收峰是由于 O＝C—O 的伸缩振动，而 1560cm⁻¹ 处的吸收峰则归因于羧基团中 C＝O 的反伸缩振动。

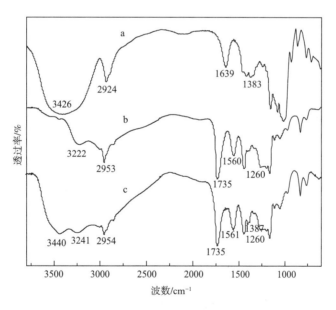

图 7-1　浆膜红外光谱

a—淀粉　b—聚丙烯酸酯　c—聚丙烯酸酯/淀粉

　　在聚丙烯酸酯/淀粉共混膜的红外光谱图中，在 3440cm⁻¹、3241cm⁻¹、1735cm⁻¹ 和 1561cm⁻¹ 处的吸收峰分别属于 O—H、N—H、O＝C—O 和 C＝O（反）的伸缩振动，1387cm⁻¹ 处的吸收峰属于 O—H 的弯曲振动。相对于纯淀粉和聚丙烯酸酯而言，这些吸收峰并未出现明显的位移，并且共混膜的光谱图中也未观察到新的吸收峰，这表明共混过程中淀粉和聚丙烯酸酯组分之间并未发生化学反应，共混膜具有复相结构。在具有复相结构的聚合物共混体系中，每一相都以一定的聚集形态而存在，而一般情况下，若两种聚合物之间的混溶性较为适中，就能够制成相畴大小较适宜、界面黏合强度较强的聚合物共混物体系，因此完全有可能通过共混来改善聚合物的力学性能。

7.4.2 聚丙烯酸酯/淀粉浆膜的力学性能

7.4.2.1 丙烯酸酯单元结构参数的影响

侧酯基中烷基碳原子数和 α-甲基是决定丙烯酸酯结构单元化学结构的两个参数，它们对聚丙烯酸酯/淀粉共混膜力学性能的影响见表 7-10。可见，侧酯基中烷基碳原子数和 α-甲基对共混膜的力学性能有显著影响。随着侧酯基中烷基碳原子数的增加，共混膜的断裂伸长率和耐屈曲性能显著提高，而断裂强度和耐磨性变化不大。另外，α-甲基的存在不利于改善共混膜的断裂伸长率和耐屈曲性能。

表 7-10 丙烯酸酯结构单元对聚丙烯酸酯/淀粉共混膜力学性能的影响

聚丙烯酸酯	T_g/℃	断裂强度		断裂伸长率		磨耗		耐屈曲性	
		N/mm^2	CV/%	%	CV/%	mg/cm^2	CV/%	次	CV/%
Poly（MA-co-AA）	27.6	24.3	5.52	3.76	14.61	0.62	15.08	835	17.80
Poly（EA-co-AA）	−5.0	23.3	6.21	4.49	15.38	0.64	12.59	1031	19.14
Poly（BA-co-AA）	−41.7	22.1	7.84	5.03	12.71	0.68	13.14	1463	16.73
Poly（MMA-co-AA）	64.1	13.8	3.18	0.89	11.85	0.71	10.55	121	20.46
Poly（BMA-co-AA）	39.8	23.5	6.93	1.50	10.42	0.80	11.92	178	17.60

注 共混膜中聚丙烯酸酯的用量为 20%（质量分数）。

随着丙烯酸酯侧酯基中烷基碳原子数的增加，聚丙烯酸酯共聚物的内聚力下降，玻璃化温度降低（表 7-10），共聚物大分子链的活动能力及柔顺性提高。同时，侧链长度也随着侧酯基中烷基碳原子数的增加而增大，这有利于侧链向淀粉相中的扩散。因此，共混膜断裂伸长率和耐屈曲性增大。此外，对于含有同样的侧酯基团的丙烯酸酯类共聚物，甲基丙烯酸酯共聚物的玻璃化温度要高于丙烯酸酯共聚物（表 7-10），这是由于 α-甲基的引入使分子链节运动空间障碍增大，同时也使共聚物形成短小侧基，导致了共聚物大分子链的活动能力及柔顺性的下降。理应指出，聚合物黏合剂的使用性能与黏合剂的大分子链的活动能力及柔顺性密切相关。已有研究结果表明，α-甲基对聚丙烯酸酯浆料的黏附性能有显著影响，它的引入不利于提高聚丙烯酸酯浆料的黏附性能，导致了上浆材料断裂伸长率的下降。表 7-10 也显示了 α-甲基的引入不利于改善共混膜的韧性，丙烯酸酯共聚物/淀粉共混膜的断裂伸长率和耐屈曲性要显著大于甲基丙烯酸酯共聚物/淀粉共混膜。因此，混入合适的丙烯酸酯共聚物可增大淀粉浆膜的韧性，克服其脆性的缺点，而混入甲基丙烯酸酯共聚物却增大了共混浆膜的脆性。

已有文献报道，丙烯酸酯单元酯基中烷基碳链长度对丙烯酸酯共聚物与纤维的黏附性能有显著影响，增加酯基中烷基碳链长度有利于提高丙烯酸酯共聚物对纤维的黏附性能。在黏合过程中，液体黏合剂的收缩会产生应力集中，这对于黏合作用是有害的。已有文献阐明了胶结层的柔韧性可以减少应力集中，提高黏合强度。因此，目前关于浆膜耐屈曲性需求的研究是和以前对黏附性能需求的研究是一致的。显然，提高共混膜韧性对丙烯酸酯共聚物中丙烯酸酯单元的要求，和黏附性能对丙烯酸酯单元的要求是基本一致的。

7.4.2.2　丙烯酸酯摩尔用量的影响

丙烯酸丁酯（BA）的摩尔用量对共混膜力学性能的影响见表 7-11。可见，随着 BA 的摩尔用量由 60% 增加到 70%，共混膜的断裂伸长率和耐屈曲性增大，而断裂强度及耐磨性变差。随着 BA 的摩尔用量进一步增加到 80%，共混膜的断裂伸长率和耐屈曲性反而下降，因此，聚丙烯酸酯中 BA 适宜的摩尔用量应为 70%。

表 7-11　BA 摩尔用量对淀粉/Poly（BA-co-AA）共混膜力学性能的影响

BA 摩尔用量/%	T_g/℃	断裂强度		断裂伸长率		磨耗		耐屈曲性	
		N/mm^2	CV/%	%	CV/%	mg/cm^2	CV/%	次	CV/%
60	−31.5	23.2	5.52	4.54	13.88	0.65	11.88	1246	18.41
70	−41.7	22.1	7.84	5.03	12.71	0.68	13.14	1463	16.73
80	−53.4	20.8	5.40	3.86	10.31	0.81	8.29	1094	15.06

注　共混膜中聚丙烯酸酯的用量为 20%（质量分数）。

显然随着 BA 结构单元摩尔含量的增加，AA 结构单元摩尔含量会降低，极性基团减少，内旋转活化能和分子间作用力降低，共聚物的玻璃化温度下降（表 7-11），大分子链的活动能力及柔顺性提高，因此，共混膜的断裂伸长率和耐屈曲性增加。然而，当 BA 的摩尔用量进一步增加到 80%，由于非极性基团的显著增加，聚丙烯酸酯相的亲水性明显下降。显然，由于亲水性的降低，丙烯酸酯共聚物中含有水溶性差的成分，这导致了丙烯酸酯共聚物在水介质的分散不完全。这些不溶解的组分在成膜过程中会分散在淀粉相中，因此，所形成的膜中会含有微小而不规则的聚合物颗粒，从而导致增韧效果降低，共混膜的断裂伸长率和耐屈曲性下降。

7.4.2.3　聚丙烯酸酯用量的影响

表 7-12 所示为聚丙烯酸酯用量对 Poly（BA-co-AA）/淀粉共混膜力学性能的影响。可见，聚丙烯酸酯用量对共混膜的力学性能有明显的影响。随着其用量的增加，膜的断裂伸长率和耐屈曲性增大，断裂强度和耐磨性下降。

表 7-12　聚丙烯酸酯用量对 Poly（BA-co-AA）/淀粉共混膜力学性能的影响

聚丙烯酸酯用量/%	断裂强度		断裂伸长率		磨耗		耐屈曲性	
	N/mm^2	CV/%	%	CV/%	mg/cm^2	CV/%	次	CV/%
0	35.37	7.06	2.54	15.54	0.43	11.64	409	19.23
5	32.64	3.40	3.65	15.98	0.55	14.44	879	14.85
10	28.97	2.33	4.09	10.53	0.61	12.55	1003	19.16

续表

聚丙烯酸酯用量/%	断裂强度		断裂伸长率		磨耗		耐屈曲性	
	N/mm²	CV/%	%	CV/%	mg/cm²	CV/%	次	CV/%
15	26.69	4.74	4.82	9.71	0.65	9.09	1354	18.90
20	22.08	7.84	5.03	12.71	0.68	13.14	1463	16.73
30	16.41	4.04	7.16	14.15	0.79	13.90	2174	15.69

注　聚丙烯酸酯是摩尔比为 70∶30 的 BA 和 AA 的共聚物。

共混物中分散相的应力集中作用会造成大量的银纹或剪切带,从而使材料较易于发生屈服,屈服应力减小,断裂伸长增加。众所周知,丙烯酸酯共聚物的断裂伸长率远大于纯淀粉,而断裂强度明显低于纯淀粉。因此,在淀粉膜中混入少量丙烯酸酯共聚物后,丙烯酸酯共聚物作为分散相分散于淀粉基质中,分散相的应力集中作用会导致大量的银纹或剪切带的产生,使淀粉膜较易于发生屈服,从而可减小淀粉膜的脆性,提高它的韧性。随着聚丙烯酸酯用量的增加,共混膜的断裂伸长率和耐屈曲性增大。然而,聚丙烯酸酯的加入会引起淀粉膜断裂强度和耐磨性的下降,且当聚丙烯酸酯的用量达到 30% 时,共混膜的断裂强度和耐磨性明显下降。所以,共混膜的力学性能与聚丙烯酸酯的用量密切相关,当聚丙烯酸酯的用量为 20% 时,最有利于改善共混膜的力学性能。

7.4.3　聚丙烯酸酯/醋酸酯变性淀粉浆膜微观结构与性能

7.4.3.1　醋酸酯淀粉和聚丙烯酸酯的表征

所制备的醋酸酯淀粉和聚丙烯酸酯的特性指标分别见表 7-13 和表 7-14。

表 7-13　醋酸酯淀粉的特性指标

取代度	反应效率/%	表观黏度/(mPa·s)	黏度稳定性/%
0	—	42	86
0.037	47.7	43	93
0.068	44.9	61	92
0.100	41.2	86	91
0.166	40.1	88	93

表 7-14　聚丙烯酸酯的特性指标

类型	丙烯酸酯摩尔用量	单体转化率/%	含固量/%	表观黏度/(mPa·s)
Poly（MA-co-AA）	60%	97.55	23.78	8.8
	70%	98.61	24.72	5.5
	80%	99.02	24.98	5.0
Poly（EA-co-AA）	70%	96.16	24.28	2.8
Poly（BA-co-AA）	70%	97.34	23.29	2.4

原淀粉及醋酸酯淀粉的红外光谱如图 7-2 所示。曲线 b 除了保留原淀粉的特征吸收峰外，在 1736.04cm⁻¹ 处出现了一个新的吸收峰，该峰对应的是酯基的特征吸收峰。由此可以推断，淀粉大分子中确实引入了醋酸酯基团。

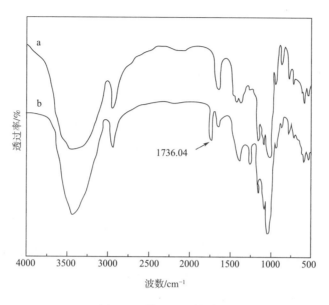

图 7-2 傅里叶红外谱图
a—原淀粉 b—醋酸酯淀粉

7.4.3.2 丙烯酸酯种类和摩尔用量的影响

丙烯酸酯酯基中烷基链长及其摩尔用量对共混浆膜的力学性能的影响见表 7-15，所用醋酸酯淀粉的取代度为 0.037。可见，随着酯基中烷基碳链长度的增加，或随着丙烯酸酯与丙烯酸摩尔比值的增大，聚丙烯酸酯的增韧效果提高，共混浆膜的断裂伸长率和耐屈曲性上升，而断裂强度及耐磨性有所降低。

表 7-15 丙烯酸酯酯基中烷基链长及摩尔用量的影响

类型	丙烯酸酯摩尔用量	断裂强度/(N/mm^2)	断裂伸长率/%	磨耗/(mg/cm^2)	耐屈曲性/次
Poly (MA-co-AA)	60%	22.95	15.01	0.72	200
	70%	12.89	23.72	0.83	501
	80%	10.68	26.52	0.90	922
Poly (EA-co-AA)	70%	9.66	27.81	0.92	1182
Poly (BA-co-AA)	70%	9.04	33.83	1.00	2387

随着丙烯酸酯酯基中烷基碳链长度的增加，共聚物的玻璃化温度下降，柔顺性提高，共聚物大分子链的活动能力及柔顺性提高，使得共混浆膜的断裂伸长率和耐屈曲性增大，而共

混浆膜中的聚丙烯酸酯相因强度低于淀粉相，导致共混浆膜断裂强度下降。随着丙烯酸酯摩尔用量的增加，聚丙烯酸酯分子上极性基团减少，内旋转活化能和分子间作用力减小，共聚物的玻璃化温度下降，柔顺性提高，使得共混浆膜断裂伸长率和耐屈曲性增大，断裂强度减小。

7.4.3.3 淀粉醋酸酯化变性的影响

用 SEM 表征的原淀粉和醋酸酯淀粉的颗粒形态如图 7-3 所示。可见，经醋酸酯化改性后，淀粉颗粒表面出现了一些凹痕。随着取代度的增大，在淀粉颗粒表面出现了更多的凹痕和裂痕，淀粉在水中更易糊化和分散。另外在显微镜下还可观察到，当醋酸酯淀粉的取代度达到 0.166 时，部分淀粉颗粒由于化学改性而发生破裂。原淀粉和醋酸酯淀粉的 X 衍射图如图 7-4 所示，由图可知，淀粉经醋酸酯化改性后，结晶度有所下降，这表明醋酸酯化改性不仅影响淀粉的无定形区，也影响到结晶区。

(a)原淀粉

(b)醋酸酯淀粉（$DS=0.037$）

(c)醋酸酯淀粉（$DS=0.068$）

(d)醋酸酯淀粉（$DS=0.166$）

图 7-3　原淀粉和醋酸酯淀粉的 SEM 图

图 7-5、图 7-6 为淀粉醋酸酯化变性对共混浆膜力学性能的影响。可见，随着醋酸酯淀粉取代度的增加，共混浆膜的断裂伸长率和耐屈曲性逐渐增大，而耐磨性变差，断裂强度有所降低。

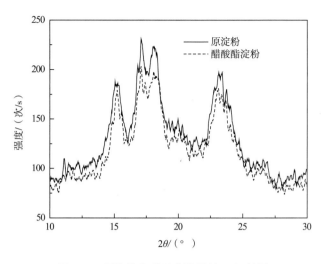

图 7-4　原淀粉和醋酸酯淀粉的 X 衍射图

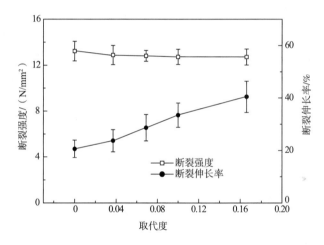

图 7-5　醋酸酯化变性程度对共混浆膜断裂强度和断裂伸长率的影响

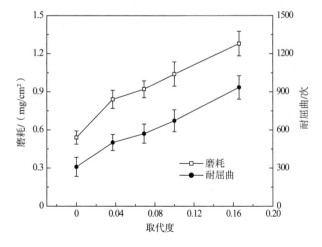

图 7-6　醋酸酯化变性程度对共混浆膜耐磨性和耐屈曲性的影响

　　首先，在淀粉大分子上引入醋酸酯基团，可以削弱淀粉分子中羟基的氢键缔合作用，使淀粉相的有序性下降；其次，这些醋酸酯基团使淀粉大分子间的距离增大，分子之间的范德瓦耳斯力减弱，从而使淀粉大分子链的活动能力增强。因此，共混浆膜中淀粉相的力学强度随着取代度的增加有所降低，而断裂伸长率有所增大。淀粉相有序性减小和分子间距离的增大，必然会导致共混浆膜强度的下降，并使断裂伸长率和耐屈曲性增大。此外，淀粉醋酸酯化变性有助于减小淀粉和聚丙烯酸酯组分的相分离，图 7-7 显示，淀粉经醋酸酯化变性后，共混浆膜中淀粉和聚丙烯酸酯两相相分离程度下降，并且醋酸酯淀粉的取代度越大，两相相分离程度越小。

(a)聚丙烯酸酯用量50%，醋酸酯淀粉DS=0.037

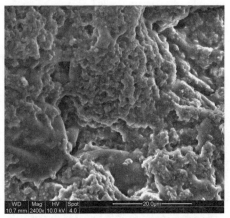
(b)聚丙烯酸酯用量70%，醋酸酯淀粉DS=0.037

(c)聚丙烯酸酯用量50%，醋酸酯淀粉DS=0.068

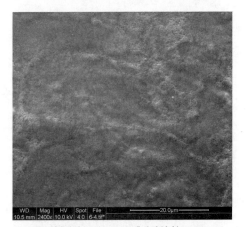
(d)聚丙烯酸酯用量50%，醋酸酯淀粉DS=0.166

图 7-7　共混浆膜 SEM 图

7.4.3.4　共混比对浆膜力学性能的影响

　　图 7-8、图 7-9 所示为聚丙烯酸酯质量分数对共混浆膜力学性能的影响，醋酸酯淀粉的取代度为 0.037。可见，聚丙烯酸酯质量分数对共混膜的力学性能影响显著。当其质量分数为 50%时，共混膜的断裂伸长率和耐屈曲性最大。

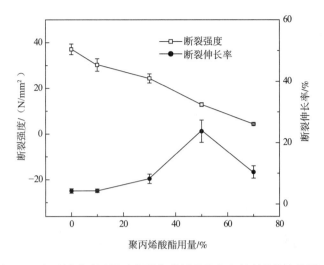

图 7-8　聚丙烯酸酯用量对共混浆膜断裂强度和断裂伸长率的影响

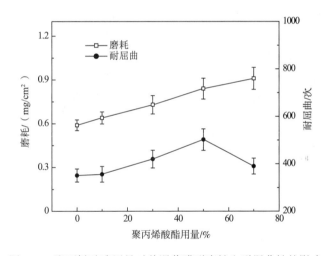

图 7-9　聚丙烯酸酯用量对共混浆膜耐磨性和耐屈曲性的影响

　　聚合物共混理论是以热力学作为基础，来研究聚合物共混物的聚集态结构，以揭示共混物中各组分的相容性与共混物性能之间的关系。聚合物共混物的聚集态结构是决定其性能的最基本的因素之一。非均相聚合物共混物聚集态结构（织态结构）的基本特征是：一种聚合物组分作为分散相分散于另一聚合物组分（基质或分散介质）中，或者两组分构成的相以相互贯穿的连续相形式存在。聚合物可在一定的组成范围内发生相的逆转，原来是分散相的组分变成连续相，而原来是连续相的组分变成分散相。在相逆转的组成范围内，常可形成两相交错、互锁的共连续织态结构，使共混物的力学性能提高。图 7-7 和图 7-10 所示为聚丙烯酸酯用量对共混膜织态结构的影响。当聚丙烯酸酯用量较少时，聚丙烯酸酯组分形成分散相，淀粉为连续相。众所周知，纯聚丙烯酸酯膜的拉伸强度明显低于淀粉，而断裂伸长率则远大于淀粉，因此随着聚丙烯酸酯质量分数的增加，聚丙烯酸酯对共混浆膜增韧作用增强，共混膜的断裂伸长率和耐屈曲性明显提高，而断裂强度和耐磨性则有所下降。随着聚丙烯酸酯质量分数的进一步增加，分散相接触的机会增大，相畴增加。随着聚丙烯酸酯质量分数增加到70%，如图7-7（b）和图7-10（b）所示，聚丙烯酸酯组分形成连续相，而淀粉为分散相。此时共混膜的性能主要由连续相聚丙烯酸酯组分的性能决定，然而当聚丙烯酸酯质量分数为70%时，共混膜的相分离程度增加。而严重的相分离可导致相畴增大，共混物的力学性能下降，因此当聚丙烯酸酯质量分数为70%时，共混浆膜的断裂强度、断裂伸长率、耐磨和耐屈曲性都有明显下降。共混膜的结晶性如图7-11的X衍射图所示，随着聚丙烯酸酯质量分数的增加，共混膜的结晶性下降，尤其当聚丙烯酸酯质量分数为70%时，共混膜的结晶峰变得更加弥散，结晶性下降明显。

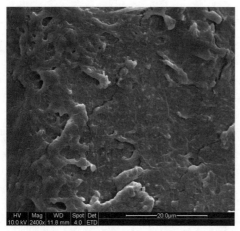
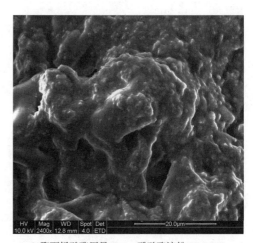

(a)聚丙烯酸酯用量50%，醋酸酯淀粉DS=0.037　　(b)聚丙烯酸酯用量70%，醋酸酯淀粉DS=0.037

图7-10　共混浆膜的截面SEM图

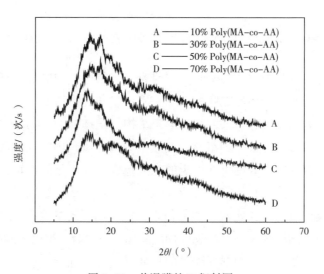

图7-11　共混膜的X衍射图

7.4.4　聚丙烯酸酯/磷酸酯变性淀粉的微观结构与性能

7.4.4.1　表征

所制备聚丙烯酸酯的特性指标见表 7-14，而制备的磷酸酯淀粉特性指标见表 7-16。可见，淀粉经磷酸酯化变性后，黏度增大，黏度稳定性变好。淀粉磷酸酯引入亲水性较强的磷酸基团，增加了淀粉分子与水的亲和力，抗凝沉性增强，稳定性提高。淀粉分子上的磷酸盐取代基在水溶液中因电离作用而使淀粉大分子带有负电，电荷间的相互排斥作用有助于糊化后淀粉大分子线团的扩展。随着磷酸酯淀粉取代度的增加，淀粉分子上的磷酸酯基团的数目也随之增多，大分子线团的扩展趋势更强，因此表现为淀粉的黏度随着取代度的增加而升高。

表 7-16　磷酸酯淀粉的特性指标

取代度	反应效率/%	表观黏度/(mPa·s)	黏度稳定性/%
0	—	16	88
0.008	36.0	20	95
0.014	37.1	21	90
0.029	42.4	25	92

7.4.4.2　淀粉磷酸酯化变性程度的影响

原淀粉和磷酸酯淀粉的颗粒形态如图 7-12 所示。可见，经磷酸酯化改性后，显微镜下可观察到淀粉颗粒表面出现了一些凹痕。随着磷酸酯淀粉取代度的增大，淀粉颗粒表面出现了更多的凹痕和裂痕，使淀粉在水中更易糊化和分散。而且当磷酸酯淀粉取代度为 0.029 时，由 SEM 图片可观察到部分淀粉颗粒由于化学改性而发生破裂。表 7-17 为淀粉磷酸酯化变性程度对共混膜力学性能的影响。可见，随着磷酸酯淀粉取代度的增加，共混膜的断裂伸长率和耐屈曲性增大，耐磨性变差，断裂强度有所降低。

表 7-17　淀粉磷酸酯化变性程度对共混膜力学性能的影响

取代度	断裂强度/(N/mm^2)	断裂伸长率/%	磨耗/(mg/cm^2)	耐屈曲性/次
0	13.14	21.48	0.67	1690
0.008	12.79	22.25	0.83	2274
0.014	12.54	24.80	0.85	2406
0.029	11.16	29.78	1.18	3128

注　Poly (MA-co-AA) 与磷酸酯淀粉的质量比为 50:50，Poly (MA-co-AA) 中 MA 与 AA 的摩尔比为 70:30。

首先，淀粉大分子上所引入的磷酸酯原子团，削弱了淀粉分子中羟基的氢键缔合作用，使淀粉相的有序性下降；其次，这些磷酸酯基团使大分子间的距离增大，分子间的范德瓦耳斯力减小，导致分子链的活动能力增强。因此，共混膜中淀粉相的力学强度降低，而断裂伸

(a)原淀粉   (b)磷酸酯淀粉DS=0.008

(c)磷酸酯淀粉DS=0.014   (d)磷酸酯淀粉DS=0.029

图 7-12　原淀粉与磷酸酯淀粉的 SEM 图

长率增大。淀粉相有序性减小和分子间距离增大，必然会导致共混膜强度的下降，并使断裂伸长率增大，耐屈曲性增加。

7.4.4.3　丙烯酸酯酯基类型和摩尔用量的影响

丙烯酸酯结构单元酯基中烷基碳原子数以及丙烯酸酯与丙烯酸结构单元的摩尔比，对共混膜的力学性能的影响见表 7-18。可见，随着酯基中烷基碳原子数的增加，共混膜的断裂伸长率和耐屈曲性上升，断裂强度及耐磨性下降。而随着丙烯酸酯与丙烯酸单元摩尔比值的减小，断裂强度及耐磨性增大，断裂伸长率和耐屈曲性下降。

表 7-18　丙烯酸酯酯基中烷基碳原子数和摩尔用量的影响

类型	丙烯酸酯与丙烯酸结构单元摩尔比	断裂强度/(N/mm^2)	断裂伸长率/%	磨耗/(mg/mm^2)	耐屈曲性/次
Poly（MA-co-AA）	80∶20	11.71	26.72	0.89	2897
	70∶30	12.54	24.80	0.85	2406
	60∶40	14.95	15.01	0.73	316
Poly（EA-co-AA）	70∶30	9.26	26.38	0.87	2576
Poly（BA-co-AA）	70∶30	8.98	30.84	0.90	3582

注　Poly（MA-AA）与磷酸酯淀粉的质量比为 50∶50，磷酸酯淀粉的取代度为 0.014。

随着丙烯酸酯结构单元酯基中烷基碳原子数的增加，共聚物的玻璃化温度下降，柔顺性提高。共聚物大分子链活动能力及柔顺性的提高，使共混膜断裂伸长率和耐挠曲疲劳性增大，共混膜结构中的聚丙烯酸酯相因强度低于淀粉相，导致共混膜断裂强度下降。而随着丙烯酸酯与丙烯酸摩尔比值的减小，极性基团增多，内旋转活化能和分子间作用力增加，共聚物的玻璃化温度升高，柔顺性下降，使共混膜断裂伸长率和耐屈曲性减小，断裂强度增大。

7.4.4.4　共混比对浆膜力学性能的影响

表 7-19 所示为磷酸酯淀粉和聚丙烯酸酯共混比对共混膜力学性能的影响。可见，聚丙烯酸酯的用量对共混膜的力学性能有显著影响。随着其在共混膜中质量分数的增加，共混膜的断裂强度和耐磨性均出现下降。在聚丙烯酸酯的质量分数为 50% 时，共混膜的断裂伸长率和耐屈曲性达到最大。

表 7-19　磷酸酯淀粉和聚丙烯酸酯共混比对共混膜力学性能的影响

聚丙烯酸酯用量/%	断裂强度/(N/mm²)	断裂伸长率/%	磨耗/(mg/cm²)	耐屈曲性/次
0	34.49	4.64	0.56	615
10	30.27	3.09	0.65	307
30	22.20	9.26	0.74	724
50	12.54	24.80	0.85	2406
70	1.47	6.42	1.16	1453

注　磷酸酯淀粉的取代度为 0.014，聚丙烯酸酯中丙烯酸酯与丙烯酸的摩尔比为 70 : 30。

从聚集态研究的角度出发，高聚物共混物有两种类型：一类是两种组分能在分子水平上相互混合而形成均相体系；另一类是不能达到分子水平的混合，两种组分分别自成一相，结果共混物形成了非均相体系。特别是后一类非均相高聚物共混物，它们与一般高聚物具有不同的聚集态结构特征，这也造成了它们的一系列独特的性质。图 7-13 和图 7-14 反映了聚丙烯酸酯用量对共混膜织态结构的影响。可见，随着聚丙烯酸酯质量分数的增加，共混膜中聚丙烯酸酯与淀粉间的相分离程度增大，当聚丙烯酸酯的质量分数为 70% 时，相分离程度最大，淀粉呈明显的分散相，且相畴尺寸最大。同时，根据图 7-11 的共混膜的 X 衍射图。可见，随着聚丙烯酸酯质量分数的增加，共混膜的结晶性下降。尤其当聚丙烯酸酯的质量分数为 70% 时，共混膜的结晶峰更加弥散，结晶性较差。当聚丙烯酸酯质量分数较低时，淀粉构成连续相，聚丙烯酸酯构成分散相。众所周知，纯聚丙烯酸酯膜的拉伸强度明显低于纯淀粉，而断裂伸长率则远大于淀粉，因此随着聚丙烯酸酯质量分数的增加，分散相能够对共混膜增韧。共混膜的断裂伸长率和耐屈曲性增加，而断裂强度和耐磨性下降。当聚丙烯酸酯质量分数继续增加到 70%，共混体系发生了相反转过程，即淀粉呈分散相，而聚丙烯酸酯为连续相，这时共混膜的力学性能主要由连续相聚丙烯酸酯所决定。鉴于聚丙烯酸酯的力学强度比淀粉小得多，且两相间的相分离程度最大，所以共混膜的力学强度、断裂伸长率和耐屈曲性在聚丙烯酸酯质量分数为 70% 时都会明显下降。

(a)聚丙烯酸酯用量为10%　　　　(b)聚丙烯酸酯用量为30%

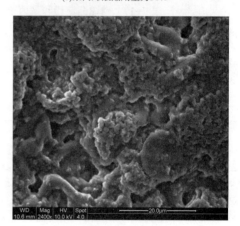

(c)聚丙烯酸酯用量为50%　　　　(d)聚丙烯酸酯用量为70%

图 7-13　共混膜的 SEM 图

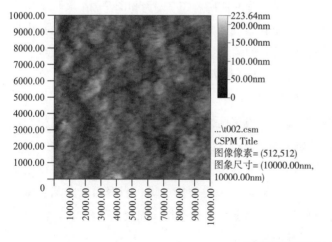

(a)聚丙烯酸酯用量为10%

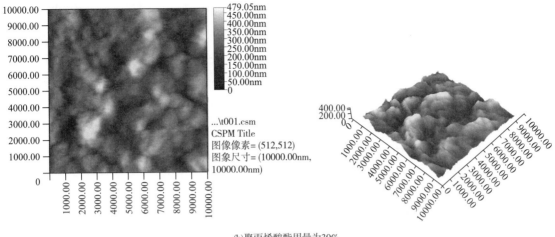

(b)聚丙烯酸酯用量为30%

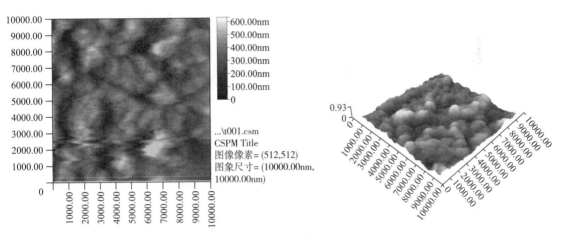

(c)聚丙烯酸酯用量为50%

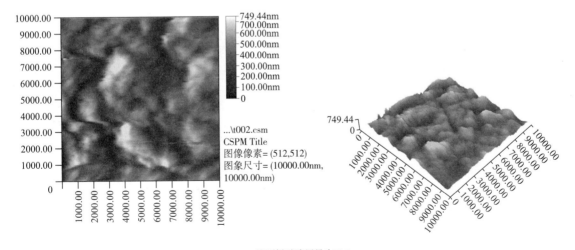

(d)聚丙烯酸酯用量为70%

图 7-14　共混膜的 AFM 图（扫描范围：15000nm×15000nm）

7.4.5　聚丙烯酸酯/羧甲基变性淀粉的微观结构与性能

7.4.5.1　表征

图 7-15 所示为原淀粉及羧甲基淀粉的红外光谱图。可见，相对于原淀粉谱图而言，羧甲基淀粉除了保留原淀粉的特征吸收峰外，在 1600cm⁻¹ 处出现了一个新的吸收峰，该峰为羧酸盐的特征吸收峰。此外，在 3400cm⁻¹ 附近，羧甲基淀粉相对应的羟基的伸缩振动吸收峰明显减弱，由此可以推断，原淀粉的部分羟基确实已被取代。因此，可证明淀粉羧甲基醚化变性的确发生了，所制备羧甲基淀粉的表征见表 7-20。

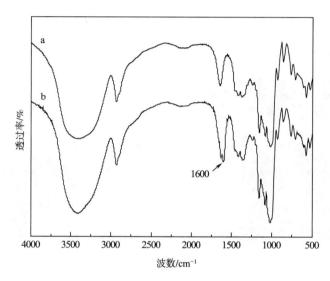

图 7-15　傅里叶红外光谱图

a—原淀粉　b—羧甲基淀粉

表 7-20　羧甲基淀粉浆液的黏度及其稳定性

取代度	0	0.004	0.009	0.017	0.026
表观黏度/(mPa·s)	16	13	15	16	17
黏度稳定性/%	88	85	87	92	94

7.4.5.2　淀粉羧甲基化变性程度的影响

酸解淀粉和羧甲基淀粉的颗粒形态如图 7-16 所示。可见，经羧甲基化改性后，淀粉颗粒表面出现了一些凹痕，由图 7-16 还可观察到部分淀粉颗粒由于化学改性而发生破裂，使淀粉在水中更易于糊化和分散。由此可说明，淀粉羧甲基化改性改变了淀粉颗粒的微观结构和部分宏观结构。

表 7-21 所示为淀粉羧甲基化变性程度对共混膜力学性能的影响。可见，随着羧甲基淀粉取代度的增加，共混膜的断裂伸长率和耐屈曲性增大，而耐磨性变差，断裂强度降低。在淀粉大分子上所引入的羧甲基基团，削弱了淀粉分子间羟基的氢键缔合作用，使淀粉相的有序

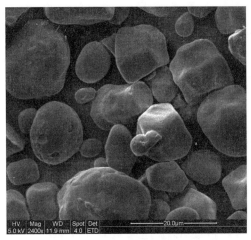

(a)酸解淀粉

(b)羧甲基淀粉

图 7-16　酸解淀粉与羧甲基淀粉的 SEM 图

性下降。图 7-17 显示了经羧甲基化改性后，共混膜结晶度的变化。可见，淀粉羧甲基化改性使得共混膜的结晶度下降。淀粉分子上所引入的羧甲基基团使淀粉分子间的距离增大，分子间的范德瓦耳斯力减弱，导致淀粉大分子链的活动能力增强。此外，所引入的羧甲基基团为极性基团，具备一定的亲水性，这使共混浆膜具有一定的吸湿性，所吸收的水分对浆膜有一定的增塑作用。因此，随着羧甲基淀粉取代度的增加，共混膜的断裂强度下降，断裂伸长率增大，耐屈曲性增加。

表 7-21　羧甲基淀粉取代度对共混膜力学性能的影响

DS	断裂强度/(N/mm²)	断裂伸长率/%	磨耗/(mg/cm²)	耐屈曲性/次
0	13. 14	21. 08	0. 67	1690
0. 004	12. 91	21. 56	0. 71	1784

续表

DS	断裂强度/(N/mm²)	断裂伸长率/%	磨耗/(mg/cm²)	耐屈曲性/次
0.009	12.39	22.47	0.73	1850
0.017	12.05	23.50	0.81	2062
0.026	11.71	25.87	0.90	2405

注 Poly (MA-co-AA) 和羧甲基淀粉的质量比为 50∶50，MA 在共聚物中的摩尔用量为 70%。

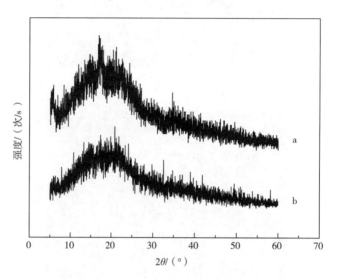

图 7-17　2 种共混膜的 X 衍射图

a—羧甲基淀粉取代度为 0　b—羧甲基淀粉取代度为 0.017

图 7-18 和图 7-19 所示为共混膜的织态结构。SEM 和 AFM 图表明，通过淀粉羧甲基化改性并不能消除共混膜的相分离，但这种改性可减小共混膜的相分离程度。

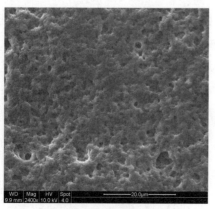

(a)聚丙烯酸酯/酸解淀粉

(b)聚丙烯酸酯/羧甲基淀粉 (DS=0.017)

图 7-18　2 种共混膜的 SEM 图

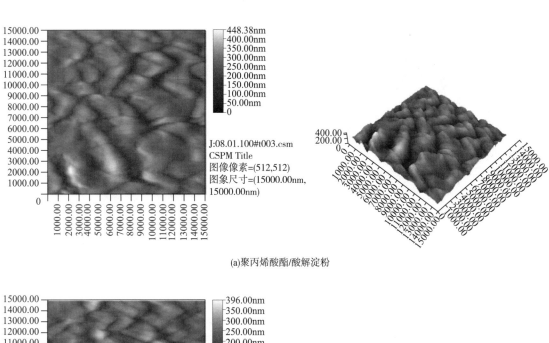

(a)聚丙烯酸酯/酸解淀粉

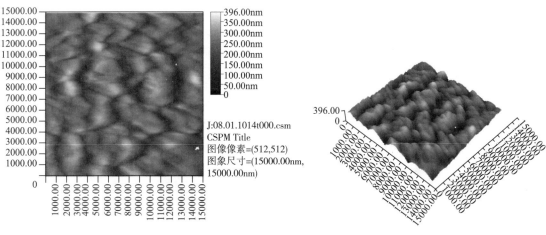

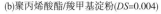

(b)聚丙烯酸酯/羧甲基淀粉(*DS*=0.004)

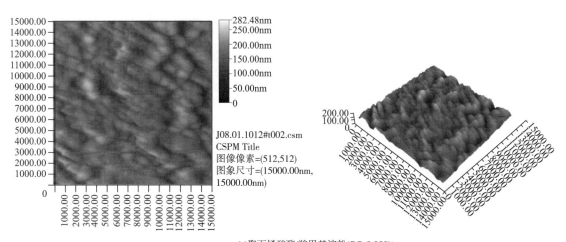

(c)聚丙烯酸酯/羧甲基淀粉(*DS*=0.009)

图 7-19

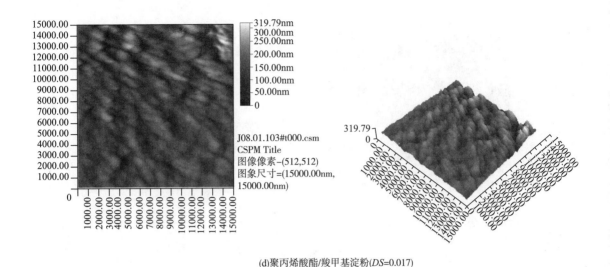

(d)聚丙烯酸酯/羧甲基淀粉(*DS*=0.017)

图7-19 共混膜的 AFM 图 （扫描范围：15000nm×15000nm）

7.4.5.3 丙烯酸酯结构单元的影响

丙烯酸酯结构单元酯基中烷基碳原子数以及丙烯酸酯摩尔用量，对共混膜的力学性能的影响见表7-22。可见，酯基中烷基碳原子数及丙烯酸酯摩尔用量对共混膜的力学性能有显著影响。随着酯基中烷基碳原子数的增加，共混膜的断裂伸长率和耐屈曲性上升，断裂强度及耐磨性下降。而随着丙烯酸酯摩尔用量的减小，断裂强度及耐磨性增大，断裂伸长率和耐屈曲性下降。

表7-22 丙烯酸酯结构单元对共混膜力学性能的影响

类 型	共聚物中丙烯酸酯摩尔用量		断裂强度/（N/mm^2）	断裂伸长率/%	磨耗/（mg/cm^2）	耐屈曲性/次
	投料	测试				
Poly（MA-co-AA）	80%	83.0%	9.85	25.83	0.96	2684
	70%	73.8%	12.06	23.50	0.81	2062
	60%	65.4%	13.49	13.57	0.71	876
Poly（EA-co-AA）	70%	72.6%	8.40	25.23	1.05	2655
Poly（BA-co-AA）	70%	71.9%	5.60	28.64	1.22	3923

注 聚丙烯酸酯和羧甲基淀粉的质量比为50：50，羧甲基淀粉取代度为0.017。

随着酯基中烷基碳原子数的增加，共聚物的内聚力下降，玻璃化温度降低，柔顺性提高，使共混膜断裂伸长率和耐屈曲性增大，断裂强度减小。而随着丙烯酸酯摩尔用量的减小，极性基团增多，内旋转活化能和分子间作用力增加，共聚物的玻璃化温度升高，大分子链柔性下降，使共混膜断裂伸长率和耐屈曲性减小，断裂强度增大。

7.4.5.4 共混比对膜力学性能的影响

表 7-23 所示为聚丙烯酸酯用量对聚丙烯酸酯/羧甲基淀粉共混膜力学性能的影响。可见，聚丙烯酸酯用量对共混膜的力学性能影响显著。当聚丙烯酸酯质量分数为 50% 时，共混膜的断裂伸长率和耐屈曲性达到最大，而随着聚丙烯酸酯质量分数的增加，断裂强度和耐磨性呈现下降。

表 7-23　聚丙烯酸酯用量对共混膜力学性能的影响

Poly（MA-co-AA）用量/%	断裂强度/（N/mm²）	断裂伸长率/%	磨耗/（mg/cm²）	耐屈曲性/次
0	32.33	3.02	0.40	1082
10	24.95	2.29	0.57	564
30	19.35	4.42	0.75	1236
50	12.06	23.50	0.81	2062
70	2.69	5.81	0.95	1740

注　羧甲基淀粉取代度为 0.017，MA 在共聚物中的摩尔用量为 70%。

对于非均相高聚物共混物的织态结构而言，一般含量少的组分成为分散相，而含量多的组分成为连续相；随着分散相含量的逐渐增多，分散相出现明显接触，当两个组分相近时，常可形成两相交错、互锁的共连续结构，使共混物的力学性能提高。显然，纯聚丙烯酸酯膜的拉伸强度明显低于纯淀粉，而断裂伸长率则远大于淀粉。当聚丙烯酸酯质量分数较低时，淀粉构成连续相，聚丙烯酸酯构成分散相，此时分散相能够对共混膜增韧。因此，随着聚丙烯酸酯质量分数的增加，共混膜的断裂伸长率和耐屈曲性增加，而断裂强度和耐磨性下降。当聚丙烯酸酯质量分数接近 50% 时，由于聚丙烯酸酯分散相数目大幅度增多，分散相出现明显接触，使聚丙烯酸酯相与淀粉均形成连续分布，即呈两相连续分布的共混体系，导致共混膜的断裂伸长率和耐屈曲性明显增加。当聚丙烯酸酯质量分数继续增加到 70%，共混体系发生了相反转过程，淀粉明显的呈分散相，而聚丙烯酸酯为连续相，如图 7-20 所示，这时共混

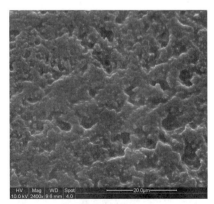

(a)聚丙烯酸酯用量为50%　　　　　　(b)聚丙烯酸酯用量为70%

图 7-20　不同聚丙烯酸酯用量的共混膜的 SEM 图

膜的力学性能主要由连续相聚丙烯酸酯所决定。鉴于聚丙烯酸酯的力学强度比淀粉小得多，且两相间的相分离程度较大，严重的相分离导致相畴增大，两相界面结合力的下降必然会导致共混材料力学性能的下降，所以共混膜的力学强度、断裂伸长率和耐屈曲性都会明显下降。可见，共混膜的力学性能与共混比密切相关。当共混比为50%时，对于提高膜的断裂伸长率和耐屈曲性最为有利。

7.4.6 聚丙烯酸酯/淀粉共混浆膜的增容剂

7.4.6.1 接枝的证明

淀粉及其接枝共聚物的红外光谱如图7-21所示。可见，除了保留淀粉的特征吸收峰以外，曲线2~4都在1730cm⁻¹附近出现一个新的吸收峰，该峰为羰基的伸缩振动吸收峰。在曲线2和4中1560cm⁻¹附近还观察到一个新的吸收峰，该峰对应于羰基的反伸缩振动吸收峰。不同试样的红外光谱中由于影响频带位移的因素不同，使这些峰的位置稍有变化。由此可证明化学接枝支链的存在，所制备的接枝淀粉增容剂，其接枝参数及表观黏度见表7-24。

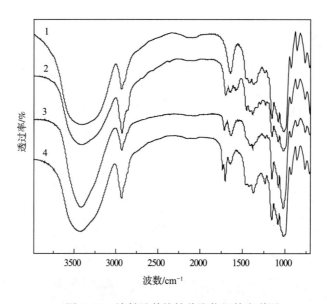

图7-21 淀粉及其接枝共聚物红外光谱图

1—原淀粉 2—Starch-g-poly（AA） 3—Starch-g-poly（BA） 4—Starch-g-poly（BA-co-AA）

表7-24 增容剂的表征

增容剂	接枝率/%	单体转化率/%	接枝效率/%	表观黏度/(mPa·s)
Starch-g-poly（AA）	4.89	95.7	51.1	42
Starch-g-poly（BA）	4.62	94.0	49.2	14
Starch-g-poly（BA-co-AA）BA90/AA10	4.60	94.2	48.8	9

续表

增容剂	接枝率/%	单体转化率/%	接枝效率/%	表观黏度/(mPa·s)
Starch-g-poly（BA-co-AA） BA80/AA20	2.37	94.3	50.3	10
	4.68	94.8	49.4	12
	6.96	95.0	48.9	21
Starch-g-poly（BA-co-AA） BA70/AA30	4.77	95.1	50.2	14

7.4.6.2　增容剂接枝单体类型的影响

表 7-25 所示为增容剂接枝单体类型对丙烯酸酯共聚物/淀粉共混膜力学性能的影响，可见，接枝单体类型对共混膜力学性能有显著影响。不论是以 Starch-g-poly（AA）、Starch-g-poly（BA）或 Starch-g-poly（BA-co-AA）作为增容剂，共混膜的力学性能有显著提高。接枝单体类型不同，对提高共混膜力学性能的效果也不同，以 Starch-g-poly（BA-co-AA）作增容剂时，共混膜的断裂强度、断裂伸长率、耐磨性和耐屈曲性最好。

表 7-25　增容剂接枝单体类型对共混膜力学性能的影响

增容剂	接枝率/%	断裂强度/ （N/mm²）	断裂伸长率/%	磨耗/ （mg/cm²）	耐屈曲性/次
无	—	6.74	6.46	0.27	295
Starch-g-poly（AA）	4.89	6.88	8.49	0.20	349
Starch-g-poly（BA）	4.62	6.97	9.35	0.21	427
Starch-g-poly（BA-co-AA）	4.68	8.40	9.62	0.19	1206

注　聚丙烯酸酯/淀粉/增容剂=50/40/10。

在不相容的聚合物共混物中加入一定量的增容剂，能够起到降低两相的界面能，促进相的分散，加强相界面的黏结力及使共混物的形态结构稳定等作用，进而提高了聚合物共混物的性能。接枝共聚物是非反应性的增容剂，依靠在其大分子结构中同时存在与共混物相同的聚合物分子链，因此可以在两相界面处产生"偶联作用"，使共混物的相容性得到改善。在丙烯酸酯共聚物和淀粉共混物中加入淀粉接枝共聚物作为增容剂后，由于增容剂主链和接枝支链分别与淀粉和丙烯酸酯共聚物组分相同，具有良好的相容性，致使接枝共聚物主链和接枝支链分别处于淀粉和丙烯酸酯共聚物相中，增容剂大分子跨越两相界面，起到了共价连接作用，因此降低了两相的界面能，提高了相界面的黏结，共混膜的力学性能得以提高。相对 Starch-g-poly（BA）及 Starch-g-poly（AA）而言，Starch-g-poly（BA-co-AA）的接枝支链与共混物丙烯酸酯共聚物组分的分子链更为接近，增容作用更强，所以对共混膜力学性能的提高幅度最大。

共混膜的织态结构如图 7-22 所示。可见，共混体系中加入增容剂后，共混膜的相分离程度下降，两相间的相容性得到改善。这显然是由于增容剂在淀粉与丙烯酸酯共聚物共混过程中促进了相分散、阻止了相凝聚的缘故。

(a)无增容剂　　　　　　　　　　　　(b)Starch-g-poly(BA-co-AA)为增容剂

图 7-22　有无增容剂的共混膜的 SEM 图

7.4.6.3　接枝单体摩尔比的影响

接枝单体摩尔比对共混膜力学性能的影响见表 7-26。接枝单体的摩尔比对共混膜力学性能的影响显著。当接枝单体 BA 与 AA 的摩尔比为 80∶20，即与丙烯酸酯共聚物中 BA 和 AA 结构单元的摩尔比相同，接枝支链与丙烯酸酯共聚物相同时，对共混膜的增容效果最好，共混膜的断裂强度、断裂伸长率、耐磨性和耐屈曲性达到最大值。

表 7-26　接枝单体 BA 与 AA 摩尔比对共混膜力学性能的影响

BA 与 AA 摩尔比	断裂强度/（N/mm^2）	断裂伸长率/%	磨耗/（mg/cm^2）	耐屈曲性/次
90∶10	6.77	9.41	0.27	809
80∶20	8.40	9.62	0.19	1206
70∶30	6.87	9.26	0.21	784

注　聚丙烯酸酯/淀粉/增容剂＝50/40/10。

7.4.6.4　接枝率的影响

表 7-27 所示为 Starch-g-poly（BA-co-AA）接枝率对共混膜力学性能的影响。可见，随着接枝率的增大，共混膜的断裂强度、断裂伸长率和耐屈曲性增加，耐磨性变好。接枝共聚物的支链对增容效果影响较大，增大接枝率有利于降低相界面张力，强化界面结合力，改善共混膜的力学性能。

表 7-27　Starch-g-poly（BA-co-AA）接枝率对共混膜力学性能的影响

接枝率/%	断裂强度/（N/mm^2）	断裂伸长率/%	磨耗/（mg/cm^2）	耐屈曲性/次
0	6.74	6.46	0.27	295
2.37	6.87	9.45	0.26	690
4.68	8.40	9.62	0.19	1206
6.96	8.54	9.74	0.18	1432

注　聚丙烯酸酯/淀粉/增容剂＝50/40/10，接枝单体 BA 与 AA 的摩尔比为 80∶20。

7.4.6.5　增容剂用量的影响

增容剂 Starch-g-poly（BA-co-AA）用量对丙烯酸酯共聚物/淀粉共混膜力学性能的影响如表 7-28 所示。当增容剂用量较小时，共混膜的力学性能随着增容剂用量的增加而增大。在增容剂用量达到 10% 时，共混膜的断裂强度、断裂伸长率和耐屈曲性达到最大值，耐磨性最好。继续提高增容剂的用量，共混膜的力学性能反而下降，这与比基亚里斯（Bikiaris）等在研究以聚乙烯接枝马来酸酐来增容低密度聚乙烯/热塑性淀粉共混膜时所观察到的现象是一致的。这是因为增容剂的作用是使相分散均匀、细化和稳定，降低界面张力，强化界面结合力，从而使共混膜的力学性能增大，但如果用量过多，则容易因增容剂之间的团聚作用，使其自成一相，导致增容剂不仅不能均匀分布在两相界面处，反而为体系引入了一些多余的应力集中点，使共混膜的力学性能下降。

表 7-28　增容剂 Starch-g-poly（BA-co-AA）用量对共混膜力学性能的影响

Starch-g-poly（BA-co-AA）用量/%	断裂强度/（N/mm^2）	断裂伸长率/%	磨耗/（mg/cm^2）	耐屈曲性/次
0	6.74	6.46	0.27	295
2.5	7.87	8.61	0.25	336
5	8.02	8.91	0.23	445
10	8.40	9.62	0.19	1206
15	7.10	8.07	0.26	728

注　Starch-g-poly（BA-co-AA）的接枝率为 4.68，接枝单体 BA 与 AA 的摩尔比为 80∶20。

7.5　聚丙烯酸酯浆料的生物可降解性能

2020 年，在 44 个工业部门之中，我国纺织工业废水的排放量位于造纸和化学工业之后，排在第 3 位；而排放的废水中污染物的化学需氧量位于造纸、农副食品加工业和化学工业之后，排在第 4 位。值得指出的是，大约有 80% 的纺织工业废水来自印染行业，而印染行业所排放的废水中，退浆废水所占的比例超过 50%。显然，约有 40% 的纺织工业废水是由退浆工序造成的。退浆废水的特点一般表现为：大量的悬浮物、高的温度、高的化学需氧量和较差的生物可降解性。退浆废水对地表水产生了污染，由此，对我们所生存的环境造成了严重威胁。

目前，常用的浆料包括淀粉、聚乙烯醇（PVA）和聚丙烯酸酯三大类。众所周知，淀粉具有较好的生物可降解性。PVA 浆料由于退浆废液对环境的污染，在多个欧美国家已经被限制使用。聚丙烯酸酯浆料是纺织经纱上浆中最重要和有用的组分之一，并且由于它对合成纤维的优良黏附力，近年来已成为国内外纺织上浆工作者注意的焦点之一。聚丙烯酸酯浆料主要是由丙烯酸酯类单体和丙烯酸单体通过溶液或乳液共聚合反应制得。其中，丙烯酸酯单体的摩尔用量超过 50%，而少量丙烯酸单体的使用是为了保证聚丙烯酸酯浆料呈水溶或水分散性。在共聚合反应过程中，丙烯酸酯类单体和丙烯酸单体在聚丙烯酸酯浆料共聚链中转化成相应的结构单元。因为聚丙烯酸酯浆料的分子结构复杂多变，因此它的性质和使用性能也不尽相同。聚丙烯酸酯的分子结构取决于结构参数酯基中烷基碳原子数，α-甲基和丙烯酸酯的摩尔含量。换言之，侧酯基中烷基团的碳原子数和 α-甲基以及丙烯酸酯的摩尔含量决定着聚丙烯酸酯浆料的性质和使用性能。探明聚丙烯酸酯中丙烯酸酯单元分子结构与生物可降解性的关系，将非常有助于选择合适的丙烯酸酯单体和适宜的用量来设计和生产具有良好生物可降解性的聚丙烯酸酯浆料。

BOD$_5$/COD 可用来评价废水中有机污染物的生物可降解性。BOD$_5$ 称为 5 天生化需氧量，是指在规定条件下，水中有机物和无机物在生物氧化作用下 5 天所消耗的溶解氧（以质量浓度表示）。COD 称为化学需氧量，是指在一定的条件下，水样经重铬酸钾氧化处理后，水样中的溶解性物质与悬浮物质所消耗掉的重铬酸盐相对应的氧的质量浓度。BOD$_5$ 与 COD 两者的比值反映出水样中的总污染物可被生物降解的量，BOD$_5$/COD 值越大，表示污染物的生物可降解性越好。因此，通过测试聚丙烯酸酯类浆料的 BOD$_5$ 和 COD 值，比较它们的 BOD$_5$/COD 值可以评价它们的生物可降解性。

7.5.1 聚丙烯酸酯浆料的特性指标

聚丙烯酸酯浆料的特性指标见表 7-29，其 DMA 谱图如图 7-23 所示。tanδ 曲线的峰值温度可作为样品的玻璃化温度。因此，1$^\#$ tanδ 曲线中的 25.17℃，2$^\#$ tanδ 曲线中的 13.09℃，3$^\#$ tanδ 曲线中的 1.38℃，4$^\#$ tanδ 曲线中的 132.57℃ 和 5$^\#$ tanδ 曲线中的 88.39℃ 可分别作为各自样品的玻璃化温度。此外，从图 7-23 中还可知，每个样品都只有一个玻璃化温度，这说明所制备的丙烯酸酯共聚物均为无规共聚物，而不是丙烯酸酯和丙烯酸各自单体均聚物的混合物，因为在 DMA 谱图中，混合物会呈现不止一个玻璃化温度。

表 7-29 聚丙烯酸酯浆料的特性指标

类型	单体配方中丙烯酸酯的摩尔含量 /%	单体转化率/%	含固量/%	表观黏度/(mPa·s)
Poly (MA-co-AA)	60	97.55	24.98	8.8
	70	98.61	24.72	5.5
	80	99.02	23.78	5.0
Poly (EA-co-AA)	70	96.16	24.28	2.8
Poly (BA-co-AA)	70	97.34	23.71	2.4
Poly (MMA-co-AA)	70	92.72	24.60	4.2
Poly (BMA-co-AA)	70	93.04	23.29	2.6

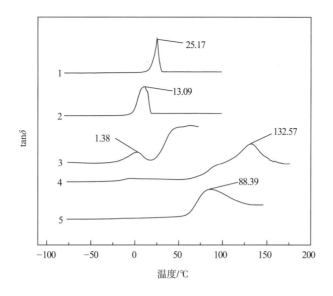

图 7-23　聚丙烯酸酯浆料（丙烯酸酯摩尔用量为 70%）的 DMA 谱图

1—Poly（MA-co-AA）　　2—Poly（EA-co-AA）　　3—Poly（BA-co-AA）

4—Poly（MMA-co-AA）　　5—Poly（BMA-co-AA）

7.5.2　分子结构对聚丙烯酸酯浆料生物可降解性能的影响

7.5.2.1　酯基中烷基碳原子数的影响

丙烯酸酯结构单元侧酯基中烷基碳原子数对聚丙烯酸酯浆料生物可降解性能的影响如表 7-30 所示。显然，烷基长度（碳原子数）对聚丙烯酸酯浆料的生物可降解性能有显著影响，其决定了聚丙烯酸酯浆料的 COD、BOD_5 以及 BOD_5/COD 值的大小。随着碳原子数的增加，聚丙烯酸酯浆料的 COD 值增加，BOD_5 值减小，这导致了 BOD_5/COD 值的降低，即聚丙烯酸酯浆料的生物可降解性变差。应该指出的是，一种基于 BOD_5/COD 的值来评价废水中有机污染物的生物可降解性的准则已经被建立起来。根据 BOD_5/COD 值的大小，这个准则将废水中的有机污染物分为四个等级：当 $BOD_5/COD>0.4$ 时表示生物可降解性较好；当 $BOD_5/COD>0.3$ 时表示可生物降解，当 $BOD_5/COD>0.2$ 时表示生物可降解性一般，当 $BOD_5/COD\leqslant0.2$ 时表示生物可降解性较差。依据这个准则可知，丙烯酸酯共聚物的 BOD_5/COD 值越大，其生物可降解性越好。具有较短侧酯基的丙烯酸酯共聚物的生物可降解性优于具有较长侧酯基的丙烯酸酯共聚物。其中，Poly（MA-co-AA）的生物可降解性一般，而其他几种丙烯酸酯共聚物的生物可降解性较差。

已有研究结果表明，聚丙烯酸烷基酯和聚甲基丙烯酸烷基酯由于它们的疏水性，通常是抵制生物降解的。而由于在聚丙烯酸酯大分子链中引入了亲水性的丙烯酸结构单元，所制备的无规共聚物即聚（丙烯酸酯-co-丙烯酸）相对于聚丙烯酸烷基酯和聚甲基丙烯酸烷基酯是易于生物降解的。微生物通过以下两种方式降解聚合物：一种从端基开始降解聚合物（胞内酶），另一种是沿主链随机降解聚合物（胞外酶）。显然，丙烯酸酯共聚物的降解过程包括从端基开始的降解过程和主链随机断裂的降解过程。此外，在上述的降解过程中还可能伴随少量酯基基团的水解。不难理解，由于氧化点位于微生物的细胞膜上，因此，聚合物必须与微生物相接触才有可能被降解。随着烷基碳原子数的增加，所制备的丙烯酸酯共聚物的侧链长度增加，疏水性增大。较长的疏水性侧链在水中易于纠缠和聚集，大大减少了微生物与丙烯酸酯共聚物大分子链接触的机会，导致微生物的降解作用下降，造成了丙烯酸酯共聚物生物可降解性的降低。

表 7-30   侧酯基中烷基碳原子数和 α-甲基对聚丙烯酸酯浆料 BOD$_5$/COD 值的影响

单体配方中丙烯酸酯类型	烷基碳原子数/个	α-甲基	BOD$_5$/(mg/L)	COD/(mg/L)	BOD$_5$/COD
MA	1	无	37.0	175.3	0.211
EA	2	无	16.5	183.2	0.090
BA	4	无	10.3	212.0	0.049
MMA	1	有	8.2	210.5	0.039
BMA	4	有	5.1	224.6	0.023

注   单体配方中（甲基）丙烯酸酯与丙烯酸的摩尔比为 70：30。

因此，减小丙烯酸酯侧酯基中烷基长度（碳原子数）有利于提高聚丙烯酸酯浆料的生物可降解性。所以，制备聚丙烯酸酯浆料时，在单体配方中应尽量减少丙烯酸酯侧酯基中烷基的碳原子数，这与增加浆膜的断裂强度的需求是一致的，但与提高聚丙烯酸酯浆料对纤维的黏附性能的要求是相矛盾的。

7.5.2.2 α-甲基的影响

表 7-30 同样也揭示了 α-甲基对聚丙烯酸酯浆料生物可降解性能的影响，丙烯酸酯单元中 α-甲基是否存在对聚丙烯酸酯浆料生物可降解性能有重要影响。α-甲基的存在使 COD 值增大，BOD$_5$ 值减小，进而使 BOD$_5$/COD 值减小。这个结果表明，在制备聚丙烯酸酯浆料的单体配方中，若使用带甲基的丙烯酸酯单体会损害产物的生物可降解性能，会对退浆废水的处理带来困难。

由于 α-甲基的存在所造成的聚丙烯酸酯浆料 BOD$_5$ 值的减小，可以归咎于以下三方面的原因：①α-甲基的存在会使聚丙烯酸酯浆料的水溶性下降；②相对氢原子来说，α-甲基占据了更大的空间位置，会阻碍微生物与丙烯酸酯共聚物大分子链的接触。③在从端基开始的通过氧化作用而降解的过程中，α-甲基的存在会限制这种氧化过程。因为这些原因，甲基丙烯酸酯共聚物的生物可降解性能要差于丙烯酸酯共聚物的。

此外，由于甲基丙烯酸酯均聚物具有较高的玻璃化温度，所以在单体配方中使用甲基丙烯酸酯，可以防止浆纱表面的浆膜通过吸湿而发生再黏，而浆膜的吸湿再黏会干扰经纱开口，并会对织造效率产生严重影响。然而，使用甲基丙烯酸酯来解决聚丙烯酸酯浆料的吸湿再黏性问题已不是唯一的方法。例如，在浆料配方中，大量的变性淀粉已应用到短纤纱的上浆中，变性淀粉的使用提高了浆料的玻璃化温度，从而阻止了聚丙烯酸酯浆料由其自身玻璃化温度过低而产生的吸湿再黏性问题。而且，α-甲基的存在还会损害聚丙烯酸酯浆料对纤维的黏附性能。因此，为了提高聚丙烯酸酯浆料的生物可降解性能和应用性能，在共聚反应的单体配方中，应该采用丙烯酸酯单体而非甲基丙烯酸酯单体。

7.5.2.3 丙烯酸酯结构单元摩尔含量的影响

在明确丙烯酸酯化学结构对生物可降解性能的影响之后，如果能确定在共聚物中丙烯酸酯摩尔含量的影响，那么聚丙烯酸酯浆料的分子结构对其生物可降解性能的影响也就能确定了。因此，^{1}H-NMR 被用来测定丙烯酸酯结构单元的摩尔含量，其谱图如图 7-24 所示。3.5ppm 和 12.3ppm 处的化学位移分别属于丙烯酸酯结构单元中羰基甲氧基的质子（—C̈—OCH$_3$）和丙烯酸结构单元中的羧基的质子（—C̈—OH）的特征峰。由 ^{1}H-NMR 测试出的 MA 摩尔含量见表 7-31，可见，由 ^{1}H-NMR 测试出的 MA 的摩尔含量基本符合共聚时 MA 的投料用量。

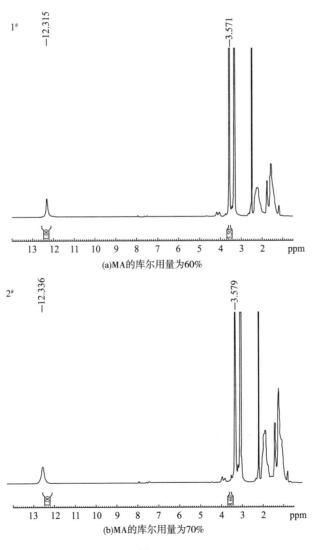

(a)MA的库尔用量为60%

(b)MA的库尔用量为70%

图 7-24

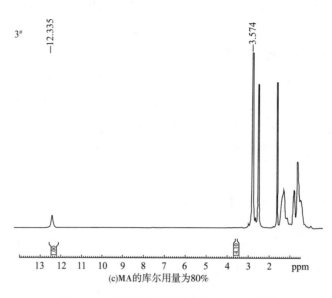

图 7-24　丙烯酸酯共聚物的 ^{1}H-NMR 谱图

表 7-31　丙烯酸酯共聚物中丙烯酸酯结构单元的摩尔含量

样品	投料时单体的摩尔用量/%		^{1}H-NMR 测定的单体摩尔含量/%	
单体	MA	AA	MA	AA
1#	60	40	64.7	35.3
2#	70	30	74.1	25.9
3#	80	20	82.5	17.5

　　表 7-32 描述了 MA 摩尔用量对聚丙烯酸酯浆料生物可降解性能的影响。显然，其摩尔用量对聚丙烯酸酯浆料的 COD、BOD$_5$ 以及 BOD$_5$/COD 值都有影响。增加 MA 的摩尔用量从 60% 到 80%，会导致 COD 值的增加，BOD$_5$ 值的降低，从而使得丙烯酸酯共聚物的 BOD$_5$/COD 值减小，生物可降解性变差。这表明在单体配方中增加 MA 的用量会损害聚丙烯酸酯浆料的生物可降解性能。这是因为 MA 是疏水性单体，在单体配方中增加 MA 的用量显然会使聚丙烯酸酯浆料的亲水性降低。而亲水性的降低会引起聚丙烯酸酯大分子链在水相中的溶解性变差，进而导致微生物与丙烯酸酯共聚物大分子链的接触变差。显然，微生物与丙烯酸酯共聚物大分子链的接触是微生物攻击聚合物进而降解聚合物的一个必要条件。因此，单体配方中丙烯酸酯疏水性单体的用量不能过多。然而，如果单体配方中亲水性单体的摩尔用量超过 40%，聚丙烯酸酯浆料对纤维的黏附性能出现下降。对黏附性能的需求限制了单体配方中亲水性单体用量的进一步增多。此外，如果亲水性单体用量过多，还会加重浆纱表面膜的吸湿再黏。因此，单体配方中亲水性单体的用量不能过多。基于实验结果，单体配方中较适宜的 MA 的摩尔用量为 60%~70%。

表 7-32　丙烯酸酯结构单元摩尔含量对聚丙烯酸酯浆料 BOD$_5$/COD 值的影响

单体配方中 MA 的摩尔用量/%	BOD$_5$/(mg/L)	COD/(mg/L)	BOD$_5$/COD
60	41.3	170.8	0.242
70	37.0	175.3	0.211
80	34.8	189.3	0.184

为了考察聚合物经生物降解处理后的分子量变化，用 GPC 测定了丙烯酸酯共聚物经 5 天培养前后的平均分子量，其 GPC 谱图如图 7-25 所示。显然，丙烯酸酯共聚物经培养后，谱图中的曲线峰值向低分子区域移动。此外，曲线 b 在低分子区域还出现了一个新的峰（峰 3），这表示丙烯酸酯共聚物经培养后，平均分子量有明显降低，其具体数值见表 7-33。实验结果表明，在培养过程中，丙烯酸酯共聚物大分子链由于微生物的攻击而被降解。这种生物降解过程可以将分子量超过 100000 的丙烯酸酯共聚物转化成一种同时含有高聚物和低聚物的产物，这进一步证实了具有适宜分子结构的聚丙烯酸酯浆料是可生物降解的。

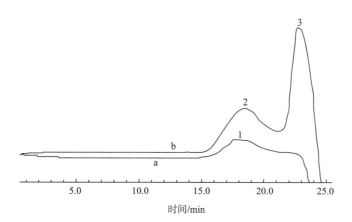

图 7-25　Poly（MA-co-AA）的 GPC 谱图（MA 的摩尔用量为 70%）

a—培养前　b—培养后

表 7-33　Poly（MA-co-AA）的平均分子量（MA 的摩尔用量为 70%）

样品		M_w/×10^4	M_n/×10^4	M_p/×10^4
培养前	峰 1	11.32	2.38	10.07
培养后	峰 2	10.35	2.52	7.34
	峰 3	0.14	0.10	0.13

注　M_w 为重均分子量，M_n 为数均分子量，M_p 为峰值分子量。

参考文献

[1] 曹维孝，管治斌，江必旺，等．聚己内酯，环氧丙烷大单体制备及其与甲基丙烯酸正丁

酯共聚合 [J]. 高分子学报, 1995 (2): 628-631.

[2] 陈振耀, 金解民, 孙芙蓉. 丙烯酸树脂胶粘剂 [J]. 化学建材, 1996 (3): 111-112.

[3] 张荣珍, 王继英, 靳伯礼, 等. 丙烯酸酯共聚物的合成及性能研究 [J]. 化学与合成, 2003 (2): 57-58.

[4] 李勇, 党明岩, 谭艳坤. 溶剂型丙烯酸酯类胶粘剂的制备 [J]. 辽宁化工, 2001, 30 (10): 448-449.

[5] 吴秋兰. 引发剂用量对聚丙烯酸类浆料性能的影响 [J]. 纺织科技进展, 2007 (4): 15-16.

[6] 丁奎刚, 俞震东, 王荣根. 纺织浆料应用情况及发展方向 [J]. 棉纺织技术, 1997, 25 (12): 729-732.

[7] 李跃华, 祝志峰. 几种常见聚丙烯酸类浆料粘着性能的评估 [J]. 棉纺织技术, 2004, 32 (3): 5-9.

[8] 朱庆生. 浅述少用或不用 PVA 上浆工艺设计 [J]. 棉纺织技术, 2003, 31 (7): 5-8.

[9] SIRBU S C, GAJDOS E. Textile fibers light sizing production progress [P]. RO Patent: 100582, 1991-10-28.

[10] GAJDOS E, SACEANU E, RUSESCU D, et al. Production method of a finish size for textile industry [P]. RO Patent: 104491, 1994-7-20.

[11] GUO L M, ZHOU Y Y. Syntheses and properties of new acrylic size latex [J]. Journal of Dong Hua University (Eng. Ed), 1998, 15 (2): 60-63.

[12] 崔建伟, 熊结刚, 张慧萍, 等. 聚丙烯酸酯类浆料的合成及性能 [J]. 纺织学报, 2006, 27 (4): 15-18.

[13] 崔建伟, 邓文, 周仁勇, 等. 聚丙烯酸类浆料的纳米改性 [J]. 纺织学报, 2007, 28 (11): 65-68.

[14] ZHU Z F, QIAO Z Y, KANG C Z, LI Y H. Effects of acrylate constitutional on the bond strength of polyacrylate sizes to fiber substrates [J]. Journal of Applied Polymer Science, 2004, 91 (5): 3016-3022.

[15] 张斌, 周永元. 浆纱污染与环境保护 [J]. 棉纺织技术, 2003, 31 (7): 17-20.

[16] ZHU Z F, JIN E Q, YANG Y Q. Incorporation of aliphatic units into aromatic water-soluble polyesters to improve the performances for warp sizing [J]. Fibers and Polymers, 2009, 10 (5): 583-589.

[17] 洪仲秋. 水溶性高分子浆料的生物降解性能探讨 [J]. 棉纺织技术, 2003, 31 (8): 506-509.

[18] BEHERA B K, GUPTA R, MINSHRA R. Comparative analysis of mechanical properties of size film I Performance of individual size materials [J]. Fibers and Polymers, 2008, 9 (4): 481-488.

[19] SLAUSON S D, MILLER B, REBENFELD L. Physicochemical properties of sized yarns. Part

I: initial studies [J]. Textile Research Journal, 1984, 54 (10): 655-664.

[20] WURZBURG O B. Modified Starches: Properties and Uses [M]. Wurzburg: CRC Press, 1986.

[21] ZHAO G H, LIU Y, FANG C L, et al. Water resistance, mechanical properties and biodegradability of methylate-cornstarch/poly (vinyl alcohol) blend film [J]. Polymer degradation and stability, 2006, 91 (4): 703-711.

[22] KE T Y, SUN X Z. Physical properties of poly (lactic acid) and starch composites with various blending ratios [J]. Cereal Chemistry, 2000, 77 (6): 761-768.

[23] AVELLA M, ERRICO M E, LAURIENZO P, et al. Preparation and characterization of compatibilised polycaprolactone/starch composites [J]. Polymer, 2000, 41 (10): 3875-3881.

[24] 应圣康, 余丰年. 共聚合原理 [M]. 北京: 化学工业出版社, 1984: 308-328.

[25] 李克友, 张菊华, 向福如. 高分子合成原理及工艺学 [M]. 北京: 科学出版社, 1999: 21-220.

[26] 李跃华, 祝志峰. 几种常见聚丙烯酸类浆料粘着性能的评估 [J]. 棉纺织技术, 2004, 31 (3): 10-12.

[27] 大森英三. 功能性丙烯酸树脂 [M]. 张育川, 余尚先, 周明义, 等译. 北京: 化学工业出版社, 1993: 335-337.

[28] 祝志峰. 浆料黏附与粘合破坏的研究进展 [J]. 棉纺织技术, 2006, 34 (2): 25-28.

[29] 张留成. 高分子材料导论 [M]. 北京: 化学工业出版社, 1993: 181-204.

[30] ZHU Z F, QIAO Z Y, KANG C Z, et al. Effect of acrylate constituent units on the adhesion of polyacrylate sizes to fiber substrates [J]. Journal of Applied Polymer Science, 2004, 91 (5): 3016-3022.

[31] WU S H. Polymer Interface and Adhesion [M]. New York: Marcel Dekker Inc, 1982: 359-447.

[32] BIKERMAN J J, MARSHALL D W. Adhesiveness of polyethylene mixtures [J]. Journal of Applied Polymer Science, 1963, 7 (3): 1031-1040.

[33] 吴培熙, 张留成. 聚合物共混改性 [M]. 北京: 中国轻工业出版社, 1996: 4-6, 37-46.

[34] ZHANG K. Interface Science of Polymers [M]. Beijing: China Petrochemical Press, 1996: 130-172.

[35] ZHU Z F, LI Y H. Effects of some surfactants as stabilizer to reduce the phase separation of blended pastes for warp sizes [J]. Textile Research Journal, 2002, 72 (3): 206-210.

[36] 何曼君, 陈维孝, 董西侠. 高分子物理 [M]. 上海: 复旦大学出版社, 2004: 107-111.

[37] 张开. 高分子界面科学 [M]. 北京: 中国石化出版社, 1997: 130-172.

［38］ ZHU Z F, LI Y H. Effects of some surfactants as stabilizers to reduce the phase separation rates of blended pastes for warp sizing ［J］. Textile Research Journal, 2002, 72 (3): 206-210.

［39］ PAUL D R. Polymer Blends ［M］. New York: Academic Press, 1978.

［40］ BIKIARIS D, PRINOS J, KOUTSOPOULOS K, et al. LDPE/plasticized starch blends containing PE-g-MA copolymer as compatibilizer ［J］. Polymer Degradation and Stability, 1998, 59 (1): 287-291.

［41］ 中华人民共和国国家统计局. 中国统计年鉴 2020 ［M］. 北京: 中国统计出版社, 2020.

［42］ 任松沽, 丛纬, 张国亮, 等. 印染工业废水处理与回用技术的研究 ［J］. 水处理技术, 2009, 35 (8): 14-18.

［43］ 张斌, 周永元. 浆纱污染与环境保护 ［J］. 棉纺织技术, 2003, 31 (7): 17-20.

［44］ ZHANG X D, LI W Y, LIU X. Synthesis and properties of graft oxidation starch sizing agent ［J］. Journal of Applied Polymer Science, 2003, 88 (6): 1563-1566.

［45］ ZHU Z F, QIAO Z Y, KANG C Z, et al. Effects of acrylate constitutional on the bond strength of polyacrylate sizes to fiber substrates ［J］. Journal of Applied Polymer Science, 2004, 91 (5): 3016-3022.

［46］ GUO L M, ZHOU Y Y. Syntheses and properties of new acrylic size latex ［J］. Journal of China Textile University (Eng Ed), 1998, 15 (2): 60-63.

［47］ KIM T H, LEE J K, LEE M J. Biodegradability enhancement of textile wastewater by electron beam irradiation ［J］. Radiation Physics and Chemistry, 2007, 76 (6): 1037-1041.

［48］ 金志刚, 张彤, 朱怀兰. 污染物生物降解 ［M］. 上海: 华东理工大学出版社, 1997: 30-31.

［49］ PREŠA P, TAVČER P F. Low water and energy saving process for cotton pretreatment ［J］. Textile Research Journal, 2009, 79 (1): 76-88.

［50］ HJ 505—2009. 水质　五日生化需氧量的测定　稀释与接种法 ［S］. 北京: 中国标准出版社, 2009.

［51］ CLESCERI L S, GREENBERG A E, TRUSSELL R R. Standard methods for the examination of water and wastewater ［S］. 17th ed, Washington DC: APHA, 1989.

［52］ HJ 828—2017. 水质　化学需氧量的测定　重铬酸盐法 ［S］. 北京: 中国环境出版社, 2017.

［53］ 过梅丽. 高聚物与复合材料的动态力学热分析 ［M］. 北京: 化学工业出版社, 2002: 34, 35, 46-49.

［54］ CHANDRA R, RUSTGI R. Biodegradable polymers ［J］. Progress in Polymer Science, 1998, 23 (7): 1273-1335.

［55］ CHEN L, GORDON S H, IMAM S H. Starch graft poly (methyl acrylate) loose-fill foam: preparation, properties and degradation ［J］. Biomacromolecules, 2004, 5 (1): 238-

244.

[56] KAPLAN D L, HARTENSTEIN R, SUTTER J. Biodegradable of polystyrene, poly (methyl methacrylate), and phenol formaldehyde [J]. Applied and Environmental Microbiology, 1979, 38 (3): 551-553.

[57] KAWAI F, IGARASHI K, KASUYA F, et al. Proposed mechanism for bacterial metabolism of polyacrylate [J]. Journal of Environmental Polymer Degradation, 1994, 2 (2): 59-65.

[58] IWAHASHI M, KATSURAGI T, TANI Y, et al. Mechanism for degradation of poly (sodium acrylate) by bacterial consortium No. L7-98 [J]. Journal of Bioscience and Bioengineering, 2003, 95 (5): 483-487.

[59] HAYASHI T, MUKOUYAMA M, SAKANO K, et al. Degradation of a sodium acrylate oligomer by an Arthrobacter SP [J]. Applied and Environmental Microbiology, 1993, 59 (5): 1555-1559.

[60] 周永元. 纺织浆料学 [M]. 北京：中国纺织出版社, 2004：336-337.

第8章 水性聚氨酯浆料

8.1 概述

　　凡是分子主链上含有重复氨基甲酸酯结构单元的一类高分子化合物均称为聚氨酯。氨基甲酸酯是聚氨酯化合物的特性基团，它是由异氰酸酯基团（—NCO）和羟基（—OH）反应而生成的，此基团被定义为硬链段，因为该基团的极性较强，使得聚氨酯具备较高的内聚能。相对硬链段而言，被引入聚氨酯分子链上的聚醚或聚酯链段被定义为软链段，这是因为聚醚或聚酯链段中存在大量的 C—O—C 键或 C—C 键，此类单键容易旋转，所以含有此类单键的分子链具有良好的柔顺性。聚氨酯这种硬链段与软链段相嵌结构，使得聚氨酯具有良好的机械力学性能，同时聚氨酯的制备原料及其配比可调范围广，使得它的分子结构可调节性强，因而，它被广泛应用于纺织、黏合剂、造纸施胶、皮革加工、涂料等行业。

　　依据分散剂的异同，聚氨酯可分为溶剂型和非溶剂型两大类。溶剂型聚氨酯是以有机溶剂作为分散剂，但有机溶剂具有挥发性、易燃，又污染自然环境，危及人类的身体健康，不符合环境保护的要求，同时也不适以水为分散介质的实际生产中。而所谓的非溶剂型聚氨酯是以水作为分散剂，并能自行溶解或分散在水中的聚氨酯，又称为水性聚氨酯（WPU）。WPU 不仅具有不易燃、无臭味、不污染环境等特点，特别是自身的水解作用，使得它具有良好的生物可降解性。随着人们环保意识的不断增强和各国环保法规的相继制定，WPU 作为新型环保高分子材料引起越来越多人的关注。

　　WPU 分子链含有亲水性基团，可以自发溶解或分散在水中，具有很好的成膜能力及黏合强度，因而可满足浆料基本使用要求。事实上，WPU 的软链段同 PVA 及聚丙烯酸类浆料的主链相似，可用来提高分子链的柔顺性，并且因 WPU 分子链上含有羧基，可像聚丙烯酸类分子链上的羧基赋予其良好的水溶性；WPU 分子链上的氨基甲酸酯可像 PVA 及聚丙烯酸类分子链上的酯基对合成纤维具有很好的黏附性能。由此可见，WPU 具有用于经纱上浆的潜能。

8.2 制备方法发展概况

　　WPU 的制备方法按照水乳化方式不同，将其分为外乳化与内乳化两种方法。所谓的外乳化法是凭借乳化剂的作用，使得含有—NCO 端基的聚氨酯在水分散剂中能够形成相对稳定的乳液。然而，外乳化法制备的 WPU 颗粒大，形成的乳液稳定性差，同时乳液中含有一定量的乳化剂，它会影响到 WPU 胶膜的性能，为了消除此方法的弊端，分散在水中之前在聚氨酯结构中引入离子性基团或亲水性链段，以实现自乳化。关于 WPU 的制备方法，目前主要使用离子型自乳化法。自乳化法可分为：丙酮法、预聚体法、熔融分散法、酮亚胺/酮连氮法和封端法。

8.2.1 丙酮法

首先制得以—NCO 为端基的聚氨酯预聚体，此体系黏度高，在聚合过程中需要加入一定量的有机溶剂降低该体系黏度。有机溶剂可选择丙酮、丁酮或四氢呋喃等，由于这些溶剂在 WPU 的制备过程中表现为惰性，沸点低，并可与水互溶，有利最后溶剂的回收。在反应过程中根据该体系的黏度大小来判定溶剂的用量，然后用亲水性单体对预聚体进行扩链，得到亲水性 WPU，然后加入去离子水，在机械搅拌作用下使之自行乳化而分散于水中，最后真空蒸馏回收溶剂，即可制得 WPU 乳液，在此法中多采用丙酮作为有机溶剂，故称为"丙酮法"。此方法制备出的 WPU 性能稳定、重现性好，但有机溶剂价格高、易挥发、污染自然环境，现在应尽量避免或减少有机溶剂的使用。

8.2.2 预聚体法

首先将含有离子型基团的单体引入聚氨酯主链中，得到亲水性预聚体，由于此预聚体的相对分子质量不高、表观黏度低，可不添加或仅需添加少量的有机溶剂，就可以在机械作用力下分散在水中。在乳化的过程中同时发生扩链聚合，并且也可在乳化的同时在水中添加成盐剂，使之与羧基或氨基发生中和反应，生成可完全电离的亲水型离子基团，以制备出稳定的 WPU。采用预聚体法的工艺操作简便，可实现连续化生产，有机溶剂用量少，可降低环境的污染程度。

8.2.3 熔融分散法

将在熔融状态下，以二异氰酸酯、聚醚或聚酯二元醇低聚物与含叔氮基团的化合物为原料，制备出以—NCO 为端基的预聚体，再加入尿素与预聚体反应生成缩二脲基团。然后，在高温熔融状态下，加入氯代酸胺进行季铵化反应，生成双—缩二脲化合物，此物质是亲水性的离聚物，在水中分散性能好，然后加入甲醛水溶液，生成甲基—缩二脲聚氨酯，最后通过降低该反应体系的 pH 或温度，使得分散相之间发生缩合反应，生成高相对分子质量的 WPU。在该方法的反应过程中不必加入有机溶剂，工艺简单方便操作，但此法需要在高温条件下，需大功率搅拌器，而且甲醛的羟甲基化反应不易控制。

8.2.4 酮亚胺／酮连氮法

将以—NCO 为端基的 WPU 预聚体与潜在的扩链剂发生聚合，所谓潜在的扩链剂是由二胺和联胺与酮类化合物反应分别制备了酮亚胺及酮连氮。由于酮亚胺和酮连氮遇水均会发生分解反应，它们的分解速度均比—NCO 与水的反应速率快，当它们分散水中时，酮亚胺和酮连氮分别分解出二元胺和肼与分散相的亲水性预聚体发生扩链，得到具有很好使用性能的WPU。在该方法的反应过程中的潜在的扩链剂以相应的分解速率出现在分散相的微粒中，使得扩链过程与水分散过程同步发生，并且反应过程进行稳定，但制备工艺过程操作比较复杂，需借助强作用力进行水分散。

8.2.5 封端法

为了避免—NCO 为端基的预聚体遇水发生扩链反应，先将—NCO 保护起来，使其失去活性，然后将此预聚体分散在水中形成乳液。使用时，通过加热的方式使被封闭的—NCO 解封出来，然后以—NCO 为端基的预聚体就会同含活泼氢的物质发生反应，从而形成了致密的涂层。采用封端法制备的 WPU 对基材的黏合性强，并且它的耐水性及耐酸碱性等均较好，在常温下储存稳定。但此方法要求封端剂具有高效性及解封低温性，对工艺条件要求高，并且形成的乳液稳定性较差，残留在乳液中的封端剂会影响胶膜的使用性能。

8.3 制备原料发展概况

异氰酸酯基团（—NCO）易与活泼 H 反应，这是由自身结构性质（共振效应）决定的。因—NCO 电子共振效应的存在，使得—NCO 的电荷分布不均匀，从而有利于亲核试剂及亲电试剂的进攻。—NCO 的共振结构式说明，其自身具有很强的共振效应。具体结构式如图 8-1 所示。

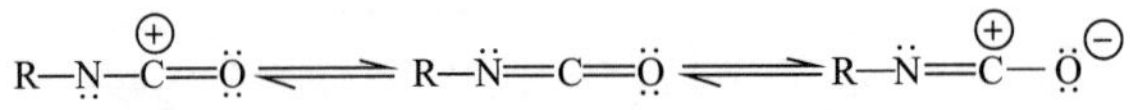

$$R-\overset{+}{N}-\overset{..}{C}=\overset{..}{\overset{..}{O}} \rightleftharpoons R-\overset{..}{N}=\overset{..}{C}=\overset{..}{\overset{..}{O}} \rightleftharpoons R-\overset{..}{N}=\overset{+}{C}-\overset{..}{\overset{..}{O}}{}^{\ominus}$$

图 8-1　异氰酸酯的共振结构式

该特性基团含有 C、N、O 三个原子，电负性强弱依次为 O>N>C，因此，在 N、O 两原子周围的电子云密度大，表现出较强的电负性，使它们成为亲核中心，很容易与亲电子试剂进行反应。而 C 原子处于 N、O 两原子之间，使 C 原子电子云密度降低，从而使 C 原子呈现正电荷，极其容易受亲核试剂的进攻，即非常容易与含有活泼 H 的化合物进行反应。

制备 WPU 首选原料为二异氰酸酯，二异氰酸酯类产品包括甲苯二异氰酸酯（TDI）、二苯基甲烷二异氰酸酯（MDI）等芳香类二异氰酸酯以及六亚甲基二异氰酸酯（HDI）、异佛尔酮二异氰酸酯（IPDI）等脂肪类或脂环类二异氰酸酯。脂肪类或脂环类的二异氰酸酯制备的WPU 耐水性能、耐光性能均比芳香类二异氰酸酯制备的 WPU 性能要好，因此 WPU 产品的储存稳定性能好，国外高质量的 WPU 产品一般均选用脂肪类或脂环类异氰酸酯原料制备而成，然而，芳香类异氰酸酯（TDI）制备的 WPU 相对脂肪类（HDI）制备 WPU 的内聚能大，增加 WPU 对基材的黏附强度，并且我国生产的二异氰酸酯品种少，并且价格较高，一般低档产品选用 TDI。

除了二异氰酸酯，另一个主要原料则为多元醇聚合物，其羟基官能度≥2，分子量在几百至几千之间，一般称此类聚合物为低聚物。一般选用与二异氰酸酯进行反应的低聚多元醇可选聚醚类、聚酯类等。聚酯类的 WPU 强度大、黏合能力强，但聚酯自身的耐水解性能比聚醚差，其储存的稳定期相对聚醚类的 WPU 较短。聚醚类的 WPU 具有耐低温、耐磨、耐水性、柔韧性等优异性能，同时聚醚类低聚物的价格比聚酯类的低，因此我国的 WPU 产品主要以聚醚为主要原料。聚醚二元醇一般为聚乙二元醇（PEG）、聚丙二元醇（PPG）、聚四氢呋喃二元醇（PTMEG）等。PTMEG 制得的 WPU 力学性能及耐水解性均比其他聚醚性低聚物好，但其价格较贵，在制备一般 WPU 产品，PTMEG 不属于考虑范围。

在 WPU 预聚体结构中引入的离子性基团或亲水性链段，能使 WPU 分散在水分散介质中，从而使所制备的 WPU 乳液稳定性好。常用的离子型亲水性单体，一般含有羧酸基团、磺酸基团或仲胺基团，这些基团被引入聚氨酯预聚体的分子结构中，使聚氨酯分子具有能被离子化的功能，如二羟甲基丙酸（DMPA）、乙二胺基乙磺酸钠、二亚乙基三胺等。目前阴离子型亲水性单体使用较多、效果较好，然而含有磺酸基 WPU 乳液的稳定性相对羧基 WPU 的稳定性不够理想。羧基类的亲水性单体主要有以下几种：DMPA、氨基酸、二羧基半酯、二氨基苯甲酸等，其中以 DMPA 为亲水性单体的乳化效果最好，是国内外制备 WPU 常选用的一种原料，这是由于 DMPA 相对分子质量小，少量的 DMPA 就可以提供足量的羧基，并且 DMPA 的侧基—COOH 位于叔碳位置，由于空间位阻效应，在扩链阶段—COOH 与—NCO 反应的机会小，制备出的 WPU 分子链中的羧基浓度高，使 WPU 的自乳化能力强，形成的乳液稳定性高。

WPU 属于硬链段与软链段相嵌的聚合物，硬链段（氨基甲酸酯或脲基等）是异氰酸酯基团与扩链剂反应而形成的基团，小分子扩链剂是不可或缺的原料之一，通常以乙二胺（EDA）、乙二醇（EG）、n-丁二醇（BDO）、n-己二醇（HDO）、乙醇胺、一缩二乙二醇等为扩链剂。

由于羧酸基、磺酸基、叔胺基等基团的电离程度弱，WPU 与水分子的水合作用差，为了提高其电离程度，需要一种能将这些基团生成具有离子功能的物质，此类物质被称为成盐剂。对于阴离子型 WPU 而言，凡是能与阴离子基团进行中和反应的碱性物质都可以作为成盐剂使用，常见的成盐剂有三乙胺（TEA）、氨水、氢氧化钠等。

8.4 国内外研究现状

8.4.1 国外研究现状

聚氨酯始于 20 世纪 30 年代，起初研究为溶剂型聚氨酯，而关于 WPU 的研发始于 20 世纪 40 年代，由德国化学家 Schlack，将二异氰酸酯的预聚体分散于水中，研制出 WPU 的乳液。随后相关研究人员陆续对 WPU 进行了研究探索，1953 年美国的杜邦公司把以—NCO 为端基的聚氨酯预聚体的甲苯溶液分散在水中，并以二元胺作为扩链剂，对聚氨酯预聚体实施扩链制备了 WPU。1967 年 WPU 首次实现工业化生产，1972 年德国拜耳公司将 WPU 作为皮革涂料进行大规模的生产，从此人们对 WPU 有了广泛的认识。随着研究工作者对 WPU 不断的研究和探索，国外的多家公司如美、德、日等国家的一些公司创建多种 WPU 产品，比如美国 Wyandotte 公司的 X 及 E 等系列、德国拜耳公司的 Dispercoll KA 等系列、日本光洋公司的水性乙烯基聚氨酯胶黏剂 KR 系列等。为了进一步完善 WPU 的使用性能，使之能够满足实际应用要求，自 20 世纪 90 年代至今，科学研究工作人员对 WPU 的制备及其分子结构对其使用性能的影响进行了大量的实验研究。

陈（Chen）等采用芳香类二异氰酸酯（MDI）、聚醚类二元醇（PPG）、亲水性单体（DMPA）、小分子扩链剂（BDO）为原料制备出一种阴离子型的 WPU，并选用不同的成盐剂分别对其进行中和，研究了 WPU 的乳液性能及其涂膜的力学性能。沃格特-比恩布里奇（Vogt-Birnbrich）介绍了一种低溶剂的 WPU 制备方法，将 HDO、新戊二醇、己二酸和间苯二酸自制的聚酯类二元醇、DMPA、IPDI 在 80℃反应 5h，直至—NCO 消耗完全，制备了一种阴离子型 WPU 涂料，此反应过程中不需用到有机溶剂。段（Duan）等介绍了一种磺酸基阴离子型 WPU 胶黏剂，制备此胶黏剂包括以下几种原料：至少含有一种多异氰酸酯（IPDI、HDI、TMXDI），至少含有一种脂肪族小分子二醇（BDO、HDO），至少含有一种磺化或者非磺化的聚酯型多元醇，至少含有一种二羟基羧酸或者羧酸盐，中和剂 TEA，扩链剂 EDA，采用预聚体法制备了高的初黏着力、低有机溶剂含量、混溶性能好等特点的 WPU 分散液。塞贝尼克（Sebenik）等以 IPDI、己二酸酯二元醇、DMPA 制备了 WPU 预聚体，然后将丙烯酸甲酯及丙烯酸加入反应体系中，进行自由基聚合反应，形成了核壳结构的聚氨酯——丙烯酸复合乳液，研究了己二酸酯二元醇（软链段）的相对分子质量对所制备其乳液性能的影响。研究结果表明，随着软链段相对分子质量的增大，聚氨酯的种子乳胶粒对丙烯酸酯的接收能力增加，有利于更多的丙烯酸酯扩散到乳胶粒中进行聚合反应，从而生成明显核壳结构的聚氨酯——丙烯酸乳胶粒。佩雷斯-利米菲南（Perez-Limifinana）采用预聚体法制备了阴离子型 WPU，研究了 DMPA 作为亲水性单体用量对 WPU 胶黏剂性能的影响。研究结果表明，随着 DMPA 用量的降低，WPU 的亲水性及其电离稳定性下降，导致了 WPU 的粒径增大，并且硬段比例随着 DMPA 用量的增加而降低，黏度降低，热塑性降低，对 PVC 基材的初黏力和最终黏结强度增高。凡妮莎（Vanesa）等采用丙酮法，以 IPDI、PEG、DMPA、聚碳酸酯二元醇为原料，制备一系列具有不同软硬链段（—NCO/—OH）比例的 WPU 分散液，将其应用在不锈钢涂层。研究结果表明，随着—NCO/—OH 摩尔比例降低，WPU 的平均粒径增大、黏度降低。同时，随着硬链段的比例增加，脲基及氨基甲酸酯的量、WPU 的玻璃化温度及弹性模量增加，而且硬链段比例还会影响 WPU 的黏合性。

8.4.2 国内研究现状

在国内，由沈阳皮革研究所开始对 WPU 材料进行初步的研究。基于 WPU 具有优异的机械力学性能及环保性能，深受广大科学研究工作者的重视，越来越多的高校、研究所及企业陆续对 WPU 进行全面的研究，他们针对 WPU 的工艺，原料选择及组分配比进行研究，为国内 WPU 的研究奠定了一定的理论基础。

张秀花等研究了湿固化聚氨酯皮革涂层剂的制备工艺，以混合聚醚多元醇、TDI 为主要原料，三羟甲基丙烷（TMP）为交联剂，环氧树脂及含有—OH 的丙烯酸树脂为改性剂，制备了一系列湿固化聚氨酯涂饰剂，通过对聚醚二元醇原料的比例、反应温度及交联剂的研究，得出当聚醚 N 210 和聚醚 N 204 按 1：7 的比例加入，交联改性阶段的反应温度在 70~75℃ 范围，n（—NCO）$/n$（—OH）= 1.25，以 TMP 作为交联剂时制备出的聚氨酯涂层剂具有很好的机械力学性能、耐介质等性能，经涂饰后的皮革具有较好的外观及使用性能。李利坤等以 IPDI、聚酯多元醇（PEDA）为主要原料，DMPA 为亲水性单体，改变环氧树脂的种类及用量制备了一系列的改性 WPU，讨论了 DMPA 的用量、环氧树脂的种类及其用量对改性 WPU 乳液性能、胶膜的吸水性能和机械力学性能的影响。实验结果表明，当 DMPA 的质量分数为 4% 及环氧树脂 E-12 的质量分数为 8% 时，所制备出的改性 WPU 乳液和胶膜的性能好。鲍利红等用 PPG、聚二甲基硅氧烷（PDMS）、IPDA、BDO 等为主要原料，在反应温度为 65℃，反应 4h，采用丁酮与二甲苯质量比 1：1 作为溶剂，可得到黏度适中，性能较好的有机硅改性聚氨酯乳液。实验结果表明，随着 PDMS 用量的增加，乳液黏度降低，成膜的热稳定性提高，当 PDMS 质量分数为 10% 时改性聚氨酯膜的水接触角达到最大值。尹力力等采用 IPDI、DMPA、聚丁二烯二醇、端羟基改性聚硅氧烷、丙三醇为交联剂等原料制备出高牢度的改性 WPU，用改性后的 WPU 对皮革进行涂层具有很强的黏合强度，干湿摩擦牢度可达 4 级以上，并且在皮革上成膜，具有优异的色牢度，是一种环保型皮革涂饰剂。杨建军等以聚酯二元醇、TDI、DMPA 等为原料，利用两步法工艺，制备出阴离子型 WPU 乳液，并利用交联剂制得性能良好的双组分 WPU 胶黏剂。实验结果表明，当—COOH 质量分数在 1.6%~1.8%、n（—NCO）$/n$（—OH）比值在 1.3~1.4 时，制备出的阴离子型 WPU 的粒径较小。随着—COOH 用量的增加，乳液的黏度增加，胶膜的吸水性增强。以该 WPU 作为胶黏剂使用，其储存周期较长，不危害人体健康、不污染环境，黏结性能高，对多种塑料复合膜材料的黏结性能适应性强。刘梅等以 IP-DI、PEG、DMPA、TEA 及二乙烯三胺为原料，制备了 WPU 作为印花涂料黏合剂使用，其具有较好的耐电解质及耐酸碱性，并且印染效果与坯布染色相当。徐东平等用 HDI 和聚酯二醇为原料进行预聚体制备，再用 DMPA 进行亲水性单体扩链，通过中和反应、乳化分散、扩链及交联聚合，然后再与丙烯酸酯混合进行共聚合改性，并将改性 WPU 应用于纯棉织物的涂料印花，使织物具有较好的印花牢度及手感。崔锦峰等将干性的亚麻油和二乙醇胺进行胺解反应得到一种中间体，并将其作为 WPU 制备的原料，将所制备的 WPU 作为主成膜剂与水复配溶剂及优质的染料、填充料和助剂进行复配，得到一种可用于丝网印染的常温交联型 WPU 涂料，且该涂料的黏附性强、色泽鲜艳、手感好、不污染环境，是一种环保型丝网印染涂料。谢维斌选用 2,4-TDI 与聚醚二元醇（E220/E210）作为反应原料，DMPA 作为亲水性单体制备出 WPU 的预聚体，然后加入丙烯酸类单体进行聚合反应制备出 WPU，并将其应用在纺织涂层上。谢薇采用 HDI、不同相对分子质量的聚己二酸丁二酯、亲水性单体 N-甲基二乙醇胺、封端剂己内酰胺等原料，通过预聚体法制备出 WPU，研究了 WPU 在纺织整理剂的使用性能。惠正权先用 TDI 与 DMPA 及聚醚多元醇制备出含有亲水性基团的 WPU 预聚体,在预聚体中投入含有—OH 的丙烯酸酯单体进行缩合反应,从而制备出含有双键的 WPU,然后再与其他丙烯酸酯单体共聚合制备出聚氨酯丙烯酸酯。并研究了反应温度、成盐剂种类、单体配比等多种因素对聚氨酯丙烯酸酯聚合的反应速率、乳液性能及胶膜的力学性能、耐介质等性能的影响,从而为制备出高性能的聚氨酯丙烯酸酯涂料奠定一定的理论基础。

目前,国内外已将 WPU 产品应用到许多领域,如在黏合剂、皮革涂层、涂料、造纸施胶、纺织整理剂等领域的应用。关于 WPU 的制备工艺已经非常成熟,近年来多通过引入功能性基团对 WPU 进行改性,使其 WPU 产品的质量档次以及其功能不断得到完善。然而,关于 WPU 在纺织浆料应用领域的研究较少,目前尚处于探索阶段,吕福菊、尤亚秋等尝试将一种 WPU 应用于经纱上浆,表明 WPU 能够有效提高浆纱性能及织造效果,对 WPU 作为浆料研究有一定指导意义。

8.5 水性聚氨酯浆料的制备

8.5.1 水性聚氨酯工艺及原料选择依据

根据已有的关于水性聚氨酯浆料的制备文献,研究者通常选择二异氰酸酯、聚醚二元醇、亲水性单体、小分子扩链剂为反应单体,采用预聚体法制备 WPU,以浆液性能、浆膜力学性能和黏附性能为评价指标,研究水性聚氨酯浆料的分子结构与基本使用性能之间内在的关系。

本章选择芳香类二异氰酸酯(TDI)、脂肪类二异氰酸酯(HDI)、PPG 为软链段,DMPA 为亲水性单体,EDA、EG、BDO 和 HDO 为扩链剂,TEA 为成盐剂。低聚二元醇的相对分子质量影响了它与 TDI 的反应速率。若相对分子质量过小,它和 TDI 的反应速率迅速,容易发生暴聚;若相对分子质量过大,则其反应速率缓慢,耗费反应时间。李庆等研究了 PPG 相对分子质量对反应速率的影响,根据研究结果表明,PPG 的相对分子质量宜选为 1000。

由于 TDI 单体中的—NCO 基团是高度不饱和基团,容易吸引电子云密度低的活泼 H,在制备 WPU 过程中,空气及溶剂中的微量水会损耗部分的—NCO,所以 TDI 单体投放应过量,但 TDI 投入量过多,造成原料浪费,同时化学平衡会被打破,不利于形成高分子量的聚合物。罗古尔斯卡(Rogulska)等的研究表明,TDI 的—NCO 摩尔量与含羟基的物质总摩尔量之比为 1.05,WPU 具有较高的相对分子质量。

8.5.2 原料的预处理

8.5.2.1 二异氰酸酯与水进行反应的方程式

由于—NCO 基团高度不饱和,非常活泼,当遇到水会损耗一部分的—NCO 基团,反应方程式如图 8-2 所示。所以在原料使用前有必要对它进行除水处理,PPG 在 100℃真空箱中脱水 2h;将研磨过后的 DMPA 放在 80℃真空烘箱中干燥 1h,小分子扩链剂及 TEA 丙酮用 4A

分子筛（使用前进行活化）浸泡 2d 去除微量的水分。

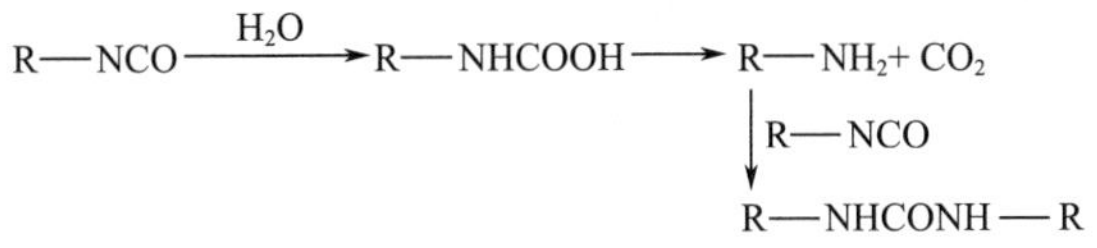

$$R\text{—}NCO \xrightarrow{H_2O} R\text{—}NHCOOH \longrightarrow R\text{—}NH_2 + CO_2$$

$$\downarrow R\text{—}NCO$$

$$R\text{—}NHCONH\text{—}R$$

图 8-2　二异氰酸酯与水的反应方程式

8.5.2.2　反应机理及反应式

—NCO 基团与活泼 H 反应生成氨基甲酸酯，它是聚氨酯的特性结构单元。反应机理如图 8-3 所示，WPU 合成化学方程式如图 8-4 所示。

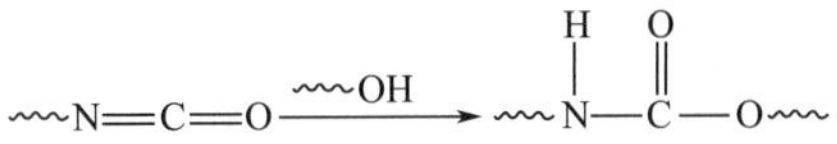

图 8-3　—NCO 基团与活泼 H 的反应机理示意

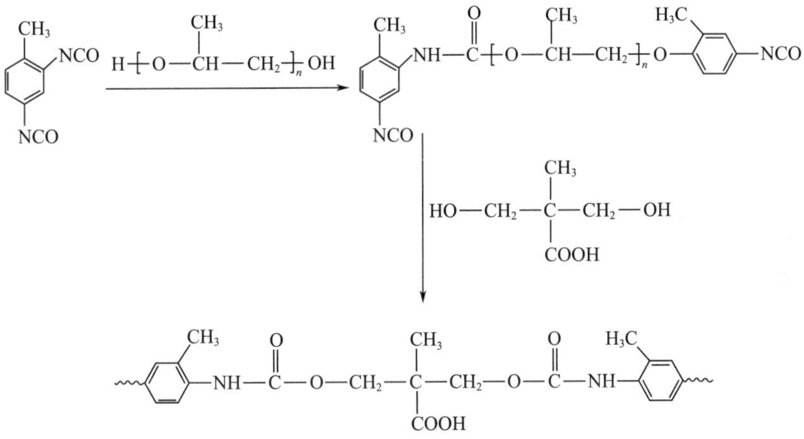

图 8-4　WPU 的合成化学方程式

8.5.3　水性聚氨酯的合成

在氮气保护下，将一定量的 TDI 和 PPG 加入装有搅拌器、回流冷凝管、温度计和氮气导管的 500mL 四口烧瓶中，搅拌均匀后升温至 70℃，反应 1~2h。用二正丁胺进行滴定，判定其反应终点。当达到上述反应终点时，加入 DMPA 和二月桂酸二丁基锡（催化剂），继续反应 1~2h，之后再加入一定量的 BDO 反应 2h，将反应体系降温至 40℃再加入一定量的 TEA 进行中和反应，最后加入一定量的去离子水，高速搅拌，得到 WPU 乳液。在反应过程中，用适量的丙酮控制黏度，防止反应体系的黏度过高，最后减压抽馏去除有机溶剂，得到 WPU 的水溶液或水分散液。

8.6 水性聚氨酯的结构表征

8.6.1 水性聚氨酯的 FTIR 图谱分析

水性聚氨酯的 FTIR 谱图如图 8-5 所示。由此图可以看出，$3300cm^{-1}$ 为—NH 的伸缩振动吸收峰；$2954cm^{-1}$ 为—CH 的伸缩振动吸收峰；$2270cm^{-1}$ 附近的—NCO 吸收峰消失；$1729cm^{-1}$ 为 C═O 吸收峰；$1550cm^{-1}$ 为 N—H 的弯曲振动吸收峰；$1225cm^{-1}$ 为 C—N 伸缩振动吸收峰；$1094cm^{-1}$ 为 C—O—C 伸缩振动吸收峰，即聚合物中含有氨基甲酸酯（—NH-COO—）基团。

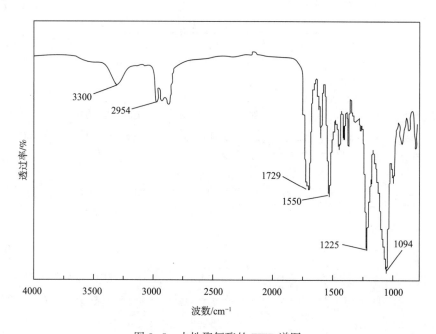

图 8-5　水性聚氨酯的 FTIR 谱图

8.6.2 水性聚氨酯的 ^{1}H-NMR 图谱分析

水性聚氨酯的 ^{1}H-NMR 谱图如图 8-6 所示。分析图中各个峰的化学位移（δ），其具体归属为：$\delta = 12.8$（DMPA 结构单元上—COOH 的氢），$\delta = 9.5\sim9.7$（苯环 4 位—NHCOO—的氢），$\delta = 8.7\sim8.9$（苯环 2 和 6 位—NHCOO—的氢），$\delta = 7.4\sim7.6$（2,6-TDI 苯环的氢），$\delta = 7.0\sim7.2$（2,4-TDI 苯环的氢），$\delta = 4.8\sim5.0$（PPG 结构单元的—CH—的氢），$\delta = 4.0\sim4.3$（BDO 结构单元 α 位—CH$_2$—的氢），$\delta = 3.3\sim3.6$（PPG 结构单元—CH$_2$—的氢），$\delta = 2.0\sim2.2$（TDI 结构单元—CH$_3$ 的氢），$\delta = 1.0\sim1.3$（PPG 与 DMPA 结构单元—CH$_3$、二月桂酸二丁基锡的氢），即分子链中含有原料所对应的结构单元。

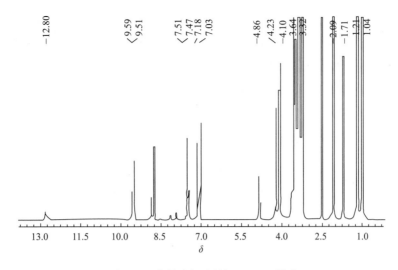

图 8-6　水性聚氨酯的 ¹H-NMR 谱图

8.7　水性聚氨酯浆料的使用性能测试

8.7.1　亲水性单体用量对水性聚氨酯浆料基本性能的影响

亲水性 DMPA 含有羧基，羧基影响着物质的水合作用力，因此，DMPA 含量决定着 WPU 的水溶性能。羧基含量对 WPU 黏度和水溶性的影响见表 8-1。当 DMPA 摩尔分数≤10% 时，则羧基的含量甚少，WPU 与水分子形成的水合作用差，不足以自发分散在水中，静置后 WPU 乳液发生沉淀分层，为此，此 WPU 不具备浆料使用的基本要求。随着 DMPA 摩尔分数的继续增加，羧基的含量随之增加，亲水性基团增多，导致了 WPU 与水分子之间水合能力增加，WPU 与水的相溶性提高，所以浆液的表观黏度增加，外观从乳白分层状到半透明状，浆液的透光率增加。

表 8-1　DMPA 的摩尔含量对浆液性能的影响

DMPA 的摩尔含量/%	含固率/%	表观黏度/(mPa·s)	透光率/%	浆液外观
10	—	—	—	沉淀分层
20	29.1	3.7	54.0	乳白色
30	31.1	4.3	76.3	浅黄色半透明
40	30.1	6.0	80.3	浅黄色半透明

注　DMPA 的摩尔含量为 10% 时，因 WPU 沉淀严重，测定数据无意义；PPG、DMPA、BDO 三者的总物质的量为 1；PPG 摩尔含量为 30%；浆液黏度测定时样品的质量分数为 20%。

表 8-2 反映了 DMPA 的摩尔用量对 WPU 浆膜性能的影响。可见，随着 DMPA 用量的增加，WPU 膜的强度提高，断裂功呈增大趋势，并且吸水率增大，水溶速率加快，但膜的断裂

伸长率减小，磨耗损失大。这是因为随着羧基用量的增加，WPU分子间的范德瓦耳斯力和氢键作用增强，内聚能随之增大，因此，浆膜的断裂强度增大，耐磨性能下降。然而，由于DMPA结构中甲基和羧基位于叔碳位置，鉴于空间位阻效应的存在，阻碍了WPU分子链的内旋转，使得分子链的活动困难，WPU分子链的柔顺性下降，这导致了浆膜的断裂伸长率下降。随着DMPA量的增加，WPU的亲水性能提高，与水分子的水合能力增强，因此，浆膜的吸水性及水溶速率性能好。当DMPA摩尔分数增加到40%时，浆膜吸水性强，浆膜溶胀而发黏。

表8-2　DMPA的摩尔含量对WPU浆膜性能的影响

DMPA的摩尔含量/%	断裂强度/MPa	断裂伸长率/%	断裂功/J	磨耗/（mg/cm²）	吸水率/%	水溶时间/s
20	10.9	205	1.937	0.20	124	345
30	11.9	202	2.076	0.24	160	243
40	13.9	175	2.276	0.52	181	116

注　TDI、PPG、DMPA及BDO单体的摩尔含量同表8-1。WPU浆膜是由WPU与淀粉浆料共混铺制而成，m（WPU）：m（淀粉）之比为60：40。

　　DMPA摩尔用量对涤纶纤维黏附性的影响见表8-3。依据极性相似原则，WPU分子链上的硬段结构中酯基和TDI的苯环结构，与涤纶分子结构相似，导致WPU与涤纶分子之间存在很强的范德瓦耳斯力，这显然有利于提高WPU与涤纶纤维之间的黏附性能。随着DMPA含量的增加，有利于WPU对纤维黏附力提高，但伸长率变化不明显。这是因为随着DMPA用量的增加，制备出的WPU侧基引入的羧基随之增多，使得WPU分子链之间的作用力增强，浆膜的内聚力随之增大，这显然有利于黏附性能的提高。另外，羧基含量的增加，使WPU的水合能力增强，而良好的水溶性有利于它对纤维的润湿与铺展，这显然对提高WPU对纤维的黏附性能有一定作用。由于WPU制备过程先固定了软链段摩尔用量，WPU分子链的柔顺性受DMPA的量影响较小，所以，涤纶纤维的黏附断裂伸长率变化不明显。综合考虑WPU的水溶性、浆膜性能与黏附性能，当DMPA摩尔含量在30%左右时，WPU浆料的使用性能最好。

表8-3　DMPA的摩尔含量对涤纶纤维黏附性能的影响

DMPA的摩尔含量/%	粗纱黏附力		断裂伸长率	
	N	CV/%	%	CV/%
20	140.8	6.80	15.1	5.43
30	142.6	6.42	15.0	6.81
40	148.1	6.56	15.3	3.58

注　TDI、PPG、DMPA及BDO单体的摩尔含量同表8-1。

　　表8-4反映了DMPA摩尔用量对棉纤维黏附性影响。由于WPU含有醚键和亚氨基等基团，使WPU有一定的极性，依据极性相近原则，WPU与棉纤维有一定的黏附性。从表8-4可知，随着DMPA用量的增加，WPU对棉纤维的黏合力增大，这是由于增加WPU水溶性，

有利于浆液对棉纤维的润湿和铺展，这显然有利于 WPU 对棉纤维黏附作用的提高。但是醚键的极性较弱，亚氨基数量较少使得 WPU 与棉纤维形成的氢键能力很弱，导致棉纤维之间的抱合力和小，WPU 对棉纤维黏附性能并不理想。

表 8-4　DMPA 的摩尔含量对棉纤维黏附性能的影响

DMPA 的摩尔含量/%	粗纱黏附力		断裂伸长率	
	N	CV/%	%	CV/%
20	38.5	10.58	6.9	9.06
30	41.8	9.61	6.6	7.73
40	43.6	8.95	6.7	8.60

注　TDI、PPG、DMPA 及 BDO 单体的摩尔含量同表 8-1。WPU 浆膜是由 WPU 与淀粉浆料共混铺制而成。m（WPU）：m（淀粉）之比为 60∶40。

8.7.2　扩链剂结构对水性聚氨酯浆料基本性能的影响

8.7.2.1　官能团对扩链产物性能的影响

二异氰酸酯易与活泼 H 反应，含有活泼 H 的基团可分为氨基、羟基、巯基等。不同基团的反应活性也不相同：氨基 > 羟基 > 巯基，由于巯基反应活性很低，一般选用含有氨基及羟基的扩链剂。不同官能团与二异氰酸酯反应速率不同，形成的 WPU 硬链段的结构也不一样，其结构影响着 WPU 的使用性能。表 8-5 反映了扩链剂的基团变化对 WPU 外观的影响。依据浆液外观可以看出，经 EG 扩链的 WPU 水溶性稳定性好，这说明经 EG 扩链的 WPU 水溶液稳定性能最佳。由于 EDA 的氨基基团具有一定的碱性，这能有效地提高它与异氰酸酯反应的速率，一个伯胺有可能同两个异氰酸酯反应，形成缩二脲，分子之间发生交联，影响了浆液的外观和稳定性。

表 8-5　扩链剂对 WPU 外观的影响

扩链剂	含固率/%	浆液外观
EDA	22.4	沉淀分层
EG	28.4	微带蓝光

官能团种类对浆膜性能的影响见表 8-6。经 EDA 扩链的 WPU 浆膜强度、断裂功、断裂伸长率最大，但浆膜的损耗严重，水溶速率差，而经 EG 扩链的 WPU 浆膜强度、断裂伸长率小，然而，浆膜的水溶速率快、耐磨性能好。这主要是因为 EDA 与 NCO 反应形成脲基，脲基极性比氨基甲酸酯极性强，分子链之间的作用力较强，分子之间的物理交联作用大，阻碍分子链的滑移，因此，形成的浆膜断裂强度高，断裂功最大，断裂伸长率大，但耐磨性差，又由于以 EDA 扩链的 WPU 水溶性差，故其浆膜的水溶速率差。经 EG 扩链的 WPU，只存在氨基甲酸酯，极性相对弱，内聚能较小，浆膜力学性能相对 EDA 扩链的 WPU 较弱，但 EG

扩链的 WPU 水溶性能好，浆膜的水溶速率快。

表 8-6　扩链剂对 WPU 浆膜性能的影响

扩链剂	断裂强度/MPa	断裂伸长率/%	断裂功/J	磨耗/(mg/cm²)	水溶时间/s
EDA	12.2	98.2	1.433	0.56	345
EG	8.1	37.5	0.190	0.30	116

不同的官能团与异氰酸酯基团形成的硬链段不相同，不同的硬链段的极性存在差异，从而影响了这两种不同扩链剂对涤纶的黏附性能。官能团对涤纶黏附性能的影响见表 8-7，可见，扩链剂的官能团种对涤纶有显著影响。经过 EG 扩链的 WPU 对涤纶黏附性相对 EDA 好，由于 EG 扩链的 WPU 水溶性最好，并且 EG 扩链的 WPU 分子结构属于线性结构，有利于它在涤纶表面接触，故其对涤纶纤维黏附性能较好。而经过 EDA 扩链的 WPU 对涤纶黏附性相对 EG 差，一方面是由于 EDA 扩链形成脲基，此基团极性较强，依据相似相容原理，可知使用 EDA 扩链不利于提高 WPU 对涤纶的黏附力；另一方面是因为其水溶性差，不利于浆液在涤纶表面的润湿和铺展，这显然会损害其对涤纶的黏附性能。

表 8-7　扩链剂对涤纶黏附性能的影响

扩链剂	粗纱黏附力		断裂伸长率	
	N	CV/%	%	CV/%
EDA	133.5	7.83	14.3	5.25
EG	145.4	3.90	14.7	3.27

官能团种类对棉纤维黏附性能的影响见表 8-8，可见，扩链剂不同，所制备的 WPU 对棉纤维黏附力也不相同。两种扩链剂对 WPU 与棉纤维之间的黏附力存在显著差异，使用 EDA 扩链比 EG 好。这是由于 EDA 扩链形成脲基，EG 扩链则形成氨基甲酸酯，前者的极性较后者强，依据相似相容原理，可知使用 EDA 扩链有利于提高 WPU 对棉纤维的黏附力。但从黏附强度上来看，WPU 棉纤维黏附不理想。这是由于 WPU 含有极性基团少，与棉纤维形成的次价键能力弱，导致棉纤维之间的抱合力很小，很容易发生相界面的破坏。综合 WPU 的浆液性能、浆膜性、黏附性，EG 更适宜作为制备 WPU 的扩链剂。

表 8-8　扩链剂对棉纤维黏附性能的影响

扩链剂	粗纱黏附力		断裂伸长率	
	N	CV/%	%	CV/%
EDA	47.4	6.10	6.2	7.35
EG	39.9	7.32	6.5	4.76

8.7.2.2　扩链剂二元醇碳链长度对扩链产物性能的影响

二元醇碳链长度影响硬链段密度，影响分子之间的作用力，从而导致 WPU 性能的变化。

表 8-9 反映了二元醇扩链剂的碳链长度对 WPU 浆液性能的影响。随着二元醇扩链剂的碳链长度的增加，WPU 的透光率随之降低、浆液外观由微带蓝色变为乳白色。这是由于烷基具有疏水性，增加扩链剂的碳原子数目会导致 WPU 分子链疏水性的增大，WPU 与水分子之间水合能力差，从而影响了 WPU 浆液的性能。

表 8-9　碳链长度对浆液性能的影响

扩链剂	含固率/%	透光率/%	浆液外观
EG	28.4	80.3	微带蓝光
BDO	25.4	78.5	浅黄色
HDO	25.5	77.5	乳白色

表 8-10 显示了扩链剂的碳链长度对浆膜性能的影响。随着扩链剂的碳链长度增加，浆膜的强度、断裂伸长率、断裂功及耐磨性能均呈先增加后降低的变化趋势。由于经过 EG 扩链的 WPU 亲水性能好，其性能易受到外界环境水分子的影响，相对湿度为 65% 条件下测定的 WPU 浆膜，渗透到浆膜内的水分子会影响到浆膜的强度，故经过 EG 扩链的 WPU 不及 BDO 扩链的浆膜性能。随着扩链剂碳链长度的进一步增加，WPU 水溶性能下降，外界环境对 WPU 的影响较小，分子链中硬段密度相应降低，硬段与硬段之间的氢键作用力减弱，导致内聚力下降，因此，浆膜的强度降低、断裂伸长率及耐磨性能下降。

表 8-10　碳链长度对浆膜性能的影响

扩链剂	断裂强度/MPa	断裂伸长率/%	断裂功/J	磨耗/（mg/cm²）	水溶时间/s
EG	8.1	37.5	0.190	0.30	53
BDO	10.9	256.0	2.033	0.24	231
HDO	5.7	29.4	0.095	0.32	118

表 8-11 反映了扩链剂的碳链长度对涤纶和棉纤维黏附性能的影响。随着扩链剂的碳链长度的增加，WPU 对涤纶和棉纤维的黏附性能均呈先增加后降低的变化趋势。这是因为在浸浆过程中，浆液浸透到纤维内部，浆液干燥之后便在纤维之间和表面形成一层胶层，使得纤维之间的抱合力增加，从而达到对纤维的黏合作用。由于 BDO 扩链的 WPU 浆膜性能最好，所以对涤纶和棉纤维有较好的黏附性。综合 WPU 的浆液性能、浆膜性能、黏附性能，应选择碳链长短适中的 BDO 作为扩链剂。

表 8-11　碳链长度对涤纶和棉纤维黏附性能的影响

扩链剂	对涤纶的黏附力		对棉纤维的黏附力	
	N	CV/%	N	CV/%
EG	145.4	3.90	39.9	7.32
BDO	147.2	6.52	43.8	3.76
HDO	143.4	7.22	39.5	8.21

8.7.3 软链段的用量对水性聚氨酯浆料基本性能的影响

软链段来源是 PPG，PPG 分子链段中含有 C—O—C（醚键），醚键易旋转，从而醚键决定着 WPU 的柔韧性。表 8-12 反映了 PPG 摩尔含量对 WPU 浆液性能的影响。当 PPG 由 20% 增加到 30% 时，WPU 浆液的黏度变化不明显，然而，当 PPG 的摩尔含量增加到 40% 时，WPU 浆液的黏度明显降低。这是由于 PPG 的侧基是甲基，甲基的存在会屏蔽醚键与水分子之间的氢键作用力，同时甲基是疏水性基团，所以 PPG（$M_n = 1000$）呈现疏水状态。显而易见，增加 PPG 的用量导致 WPU 的水溶性变差，从而降低了 WPU 浆液的黏度，也使得浆液外观从半透明到乳白状。

表 8-12 PPG 的摩尔含量对浆液性能的影响

PPG 的摩尔含量/%	含固率/%	表观黏度/(mPa·s)	浆液外观
20	28.4	4.0	深黄色半透明
30	31.1	4.3	浅黄色半透明
40	20.3	2.5	乳白色

注 PPG、DMPA、BDO 三者总物质的量为 1；DMPA 的摩尔含量为 30%；浆液黏度测定时样品的质量分数为 20%。

由表 8-13 可知，PPG 摩尔含量对浆膜性能有显著的影响。随着 PPG 用量的增加，浆膜的强度、磨耗及吸水性都降低，而浆膜的断裂伸长率及浆膜水溶时间先增大后减小。随着 PPG 用量的增加，WPU 的水溶性能降低，所以浆膜的吸水率降低。另外，随着 PPG 用量的增加，WPU 分子链的柔顺性提高，这是浆膜的断裂伸长率开始增加的原因。然而，随着 PPG 用量的继续增加，WPU 分子链中的硬链段所占的比例降低，使得 WPU 分子链之间的范德瓦耳斯力减小，导致了浆膜的内聚能减小，从而使浆膜的强度及磨耗降低，浆膜的耐磨性能有所提高。内聚能过小是造成后面浆膜断裂伸长率下降主要原因。

表 8-13 PPG 的摩尔含量对 WPU 浆膜性能的影响

PPG 的摩尔含量/%	断裂强度/MPa	断裂伸长率/%	断裂功/J	磨耗/(mg/cm²)	吸水率/%	水溶时间/s
20	18.0	109	1.978	0.38	192	228
30	11.9	202	2.076	0.24	160	243
40	5.4	28	0.053	0.23	133	171

注 TDI、PPG、DMPA 及 BDO 单体摩尔含量同表 8-12。

表 8-14 与表 8-15 反映了 PPG 的摩尔含量对涤纶与棉纤维黏附性的影响。随着 PPG 用量的增加，WPU 对涤纶纤维与棉纤维黏附力减小，而断裂伸长率呈增长趋势。这主要是因为 WPU 疏水性随着 PPG 量的增加而增强，导致了 WPU 水溶性变差，这显然不利于 WPU 浆料对纤维渗透，使得其对纤维的黏附性能变差。另外，随着 PPG 用量的增加，硬链段所占的比例减小，WPU 分子之间的范德瓦耳斯力随之减弱，使浆膜的内聚力降低，这显然会损害 WPU

对纤维的黏附能。然而，PPG 用量的增加会提高 WPU 分子链的柔顺性，所以断裂伸长率提高。

表 8-14　PPG 的摩尔含量对涤纶黏附性能的影响

PPG 的摩尔 含量/%	粗纱黏附力		断裂伸长率	
	N	CV/%	%	CV/%
20	148.7	6.90	14.5	4.68
30	142.6	6.42	15.0	6.81
40	139.1	6.65	15.5	4.24

注　TDI、PPG、DMPA 及 BDO 单体摩尔含量同表 8-12。

表 8-15　PPG 的摩尔含量对棉纤维黏附性能的影响

PPG 的摩尔 含量/%	粗纱黏附力		断裂伸长率	
	N	CV/%	%	CV/%
20	43.7	7.80	6.2	7.25
30	41.8	9.61	6.6	7.73
40	34.0	7.79	7.6	7.20

注　TDI、PPG、DMPA 及 BDO 单体摩尔含量同表 8-12。

综合考虑 WPU 的水溶性能、浆膜力学性能以及黏附性能，PPG 的摩尔含量在 30% 左右时，WPU 浆料的应用性能最好。

8.7.4　二异氰酸酯类型对水性聚氨酯浆料基本性能的影响

WPU 是由多异氰酸酯与活泼 H 聚合产生的，WPU 的分子链中含有软链段结构单元和硬链段结构单元。硬链段是由异氰酸酯基团与小分子扩链剂形成的氨基甲酸酯、脲基等基团，此类基团极性大、分子的内聚能大。硬链段在 WPU 分子链中起到了物理交联作用，防止分子链的滑移，从而使 WPU 力学性能较优异。异氰酸酯分类很多，按照分子结构可分为芳香类、脂肪类、脂环类等。

TDI 属于芳香类，此物质含有苯环，使所制备的 WPU 膜的韧性强度较高。然而，HDI 属于脂肪族，此物质含有碳—碳键，相对芳香类而言，它所制备的 WPU 膜柔而不坚，从而使 WPU 胶膜的强度及断裂伸长小。由表 8-16 可知，芳香类的二异氰酸酯形成的浆膜有较好的强度、断裂伸长率及耐磨性。这是由于苯环属于刚性基团，与 HDI 碳—碳链相比较，所制备的 WPU 浆膜力学性能较好。

表 8-16　二异氰酸酯对 WPU 浆膜性能的影响

浆料种类	断裂强度/MPa	断裂伸长率/%	断裂功/J	磨耗/(mg/cm²)
芳香类 WPU	11.9	202	2.076	0.24
脂肪类 WPU	4.7	62.9	0.135	0.35

由表8-17可知，二异氰酸酯类型对纤维的黏附性能影响很大。含有苯环的二异氰酸酯对涤纶的黏附强力大，这是依据相似相容原理，TDI含有的苯环与涤纶的苯环结构相似，并且它形成浆膜的强度比HDI所制备出的WPU浆膜大，所以由TDI所制备的WPU对涤纶比脂肪族HDI的黏附强力要大。反之，TDI所制备出的WPU对棉纤维的黏附性能较差。

表8-17 碳链长度对涤纶和棉纤维黏附性能的影响

浆料种类	对涤纶粗纱的黏附力		涤纶粗纱的断裂伸长率		对纯棉粗纱的黏附力		纯棉粗纱的断裂伸长率	
	N	CV/%	%	CV/%	N	CV/%	%	CV/%
芳香类WPU	142.6	6.42	15.0	6.81	41.8	9.61	6.6	7.73
脂肪类WPU	126.0	7.21	15.2	4.01	52.3	4.70	8.2	8.22

8.7.5 水性聚氨酯与常规浆料基本性能比较

WPU分子结构可调节性强，通过调节WPU分子结构和共聚组分，可制备出满足不同使用性能要求的WPU浆料。由表8-18可知，WPU与常规合成浆料性能相比较，具有优异的伸长率和耐磨性，断裂强度介于PVA与P（MA-AA）之间。WPU属于软硬链段结构组成的嵌段共聚物，软链段是由聚醚二元醇提供的，醚键单键旋转相对碳—碳单键更容易，所以，制备的WPU相对其他两种合成浆料具有优异的柔韧性能，所以浆膜的断裂伸长率及耐磨性能好。WPU主链含有苯环、氨基甲酸酯是极性基团，分子间作用力强，而P（MA-AA）的主链是碳—碳链，所以WPU浆膜强度相对P（MA-AA）能较大。但WPU内聚能主要来源于WPU的硬链段（氨基甲酸酯），硬链段镶嵌在主链中，而部分醇解PVA含有的极性基团羟基及酯基，是可重复的结构单元基团，所以分子之间的作用力强，PVA的浆膜强度相对WPU较大。

表8-18 WPU与常规浆料浆膜性能比较

浆料种类	断裂强度/MPa	断裂伸长率/%	断裂功/J	磨耗/（mg/cm^2）
PVA	18.0	33.1	0.598	0.25
P（MA-AA）	7.7	44.4	0.299	0.63
WPU	11.9	202.0	1.989	0.24

表8-19反映了WPU对涤纶和棉纤维的黏附性能，由此可见，WPU对涤纶可到达聚丙烯酸甲酯对涤纶黏附效果，而且WPU对涤纶黏附性能较PVA的黏附性能好，但WPU对棉纤维的黏附性能不够理想。这是由于PVA含有大量的羟基基团，相比之下PVA对涤纶的黏附性能不及WPU对涤纶的黏附性。WPU对棉纤维的黏附性能差，这是因为WPU含有的氨基较少，醚键的极性弱，故对棉纤维黏附性能小，与其他两种浆料进行比较，发现WPU不适宜对棉纤维进行上浆。

表 8-19 WPU 与常规浆料对涤纶纤维和棉纤维黏附性能的影响

浆料种类	对涤纶的黏附力		对棉纤维的黏附力	
	N	CV/%	N	CV/%
PVA	133.3	9.51	64.5	7.69
P (MA-AA)	141.8	7.92	64.7	6.96
WPU	142.6	6.42	41.8	9.61

8.8 水性聚氨酯/淀粉混合浆料的使用性能测试

8.8.1 混合浆料的黏度

本节以四种原料 TDI、PPG、DMPA、BDO（其摩尔比为 1.05/0.30/0.30/0.40）合成出的 WPU 为例，探讨 WPU/淀粉混合浆料的使用性能。表 8-20 反映了 WPU 对淀粉浆液黏度的影响。随着 WPU 用量的增加，淀粉浆液的黏度降低。这主要是因为 WPU 的黏度比淀粉浆液的黏度低得多的缘故，增加 WPU 的用量，必然会降低淀粉浆液的黏度，另外，WPU 可以与淀粉大分子链上的羟基形成氢键，降低淀粉大分子链自身的氢键缔合，使淀粉大分子链活动能力增强，在外界剪切力的作用下，分子链之间的相对运动容易，所以淀粉的黏度降低。

表 8-20 WPU 占比对淀粉浆液黏度的影响

WPU 质量占比/%	0	5	10	15	20
表观黏度/(mPa·s)	12.0	11.5	10.0	9.5	8.0

8.8.2 混合浆料的浆膜力学性能

在浆料使用过程中，单一浆料很难完全满足上浆要求，为了充分发挥各自浆料的优点，通常将几种浆料共混使用，达到满意的上浆效果。

表 8-21 显示了 WPU 的用量对混合浆料浆膜力学性能的影响。可见，WPU 的加入对淀粉浆膜断裂强度影响显著。随着 WPU 的加入，浆膜的断裂强度逐渐下降，当 WPU 的用量 ≥15% 时，淀粉浆膜的断裂强度大幅度下降。这主要是由于 WPU 分子链存在于淀粉分子链之间，阻止了淀粉羟基之间形成氢键，降低淀粉自身氢键缔合作用，从而使淀粉大分子堆砌而不能形成有序的排列，淀粉大分子之间的作用力减弱，因此，共混膜的断裂强度降低。

表 8-21 WPU 质量占比对混合浆料浆膜力学性能的影响

WPU 质量占比/%	断裂强度/MPa	断裂伸长率/%	断裂功/J	磨耗/(mg/cm²)
0	32.9	2.3	0.046	0.53
5	31.7	5.2	0.076	0.43

WPU 质量占比/%	断裂强度/MPa	断裂伸长率/%	断裂功/J	磨耗/（mg/cm²）
10	31.3	6.4	0.081	0.30
15	30.9	7.9	0.096	0.55
20	23.7	10.7	0.073	0.61

随着 WPU 用量的增加，共混浆膜的伸长率随之增加。一方面是因为 WPU 分子链存在于淀粉分子链上之间，阻止了淀粉羟基之间形成氢键，降低淀粉自身氢键缔合作用，分子之间作用力下降，淀粉大分子链的活动能力增强，所以淀粉浆膜的断裂伸长率提高。另一方面，将 WPU 与淀粉进行共混，WPU 分散在淀粉连续相中，鉴于 WPU 本身是很好的弹性体，对外界作用力有很好的缓冲作用，从而 WPU 对淀粉浆膜的柔韧性有很大的改善作用，提高了淀粉浆膜的断裂伸长率。

随着 WPU 用量的增加，共混浆膜的断裂功呈现先增加后减小的变化趋势。断裂功不仅与自身内聚能有关，还与自身断裂伸长能力有关，断裂功是浆膜承受外界作用力与抗拉伸长能力的综合评价。当 WPU 用量≤15%时，随着 WPU 用量的增加，断裂功增大，虽然淀粉浆膜的强度有所下降，但断裂伸长率却大幅度提高，所以断裂功仍然表现为增大的趋势。然而，随着 WPU 用量的继续增加，浆膜的强度下降幅度增大，因而导致断裂功减小。

WPU 用量对共混浆膜的耐磨性亦有显著影响。随着 WPU 的用量增加，共混物的耐磨性先提高后下降。耐磨性能是浆膜的断裂强度、断裂伸长率及浆膜的韧性综合体现。随着 WPU 用量的增加，浆膜的柔韧性能提高，导致其耐磨性能有所提高；然而当 WPU 用量超过 15%时，浆膜的强度大幅度下降，容易被外界硬物通过摩擦刮去，耐磨性下降。

8.8.3　混合浆料的黏附性能

表 8-22 反映了 WPU 与淀粉共混物对涤纶及棉纤维的黏附性能的影响。由该表可知，随着 WPU 用量的增加，共混物对涤纶的黏附力逐渐增强；但当用量达到 15%时，共混物对涤纶的黏附力达到饱和，进一步提高 WPU 的用量，黏附力并没有增大。共混物对涤纶黏附性力增加，一方面是因为 WPU 分子结构含有苯环以及酯基，依据相似相容原理，WPU 对涤纶有很好的黏附力，增加它的用量，显然也可以增加共混物对涤纶的黏附性。另一方面是因为共混物的黏度降低，浆液对纤维的渗透能力增强，显然也有利于黏附力的增加。然而，随着 WPU 用量的增加，WPU 与淀粉共混形成的浆膜强度降低，即浆料自身内聚力随之降低，如果过量加入 WPU，内聚破坏发生的可能性就会大幅度提高，这显然会损害共混物对涤纶的黏附性能。相对 WPU 与淀粉共混物对涤纶黏附性能影响的效果，WPU 与淀粉共混物对棉纤维黏附性能的影响并不明显。主要是由于 WPU 与纤维素自身分子结构的差异，这种差异很难在 WPU 与棉纤维之间形成较强的黏附力。随着 WPU 用量的增加，浆液浸透能力的改善和在纤维之间形成的胶层脆性的下降都有助于增大这种黏附力，但浆料自身内聚力的下降则会抵消这种有益的作用。所以，WPU 对淀粉与棉纤维之间黏附力的改善不大，不适合用在纯棉浆

纱之中。

表 8-22　**WPU 质量占比对混合浆料在涤纶与棉纤维黏附性能的影响**

WPU 质量占比/%	对涤纶的黏附力		对棉纤维的黏附力	
	N	CV/%	N	CV/%
0	115.4	8.87	55.5	5.39
5	127.4	6.92	55.7	8.25
10	129.0	6.32	56.0	8.87
15	131.9	8.97	58.9	5.44
20	127.9	9.57	56.2	6.57

参考文献

[1] ZHENG J, LUO J X, ZHOU D W. Preparation and properties of non-ionic polyurethane surfactants [J]. Colloids and Surfaces A: Physicochem Eng Aspects, 2010, 363: 16-21.

[2] ZHANG S B, MIAO W, ZHOU Y. Reaction study of water-borne polyurethanes based on isophorone diisocyanate, Dimethylol propionic acid, and poly (hexane neopentyl adipate glycol) [J]. Journal of Applied Polymer Science, 2004, 92 (1): 161-164.

[3] SUBRAMANI S, LEE M, CHEONG I W, et al. Synthesis and characterization of water-borne crosslinked silylated polyurethane dispersions [J]. Journal of Applied Polymer Science, 2005, 98 (2): 620-631.

[4] CAO X D, CHANG P R, HUNEAULT M A. Preparation and properties of plasticized starch modified with poly (ε-caprolactone) based waterborne polyurethane [J]. Carbohydrate Polymers, 2008, 71 (1): 119-125.

[5] KIM B K. Aqueous polyurethane dispersions [J]. Colloid & Polymer Science, 1996, 274 (7): 599-611.

[6] KIM B K, KIM T K, JEONG H M. Aqueous dispersion of polyurethane anionomers from H_{12}MDI/IPDI, PCL, BD, and DMPA [J]. Journal of Applied Polymer Science, 1994, 53 (3): 371-378.

[7] ARUNA P, KUMAR D B R. Anionomeric waterborne Poly (urethane semicarbazide) dispersions and their adhesive properties [J]. Journal of Applied Polymer Science, 2008, 110 (5): 2833-2840.

[8] CAKIC S M, STAMENKOVIC J V, DJORDJEVIC D M, et al. Synthesis and degradation profile of cast films of PPG-DMPA-IPDI aqueous polyurethane dispersions based on selective catalysts [J]. Polymer Degradation and Stability, 2009, 94 (11): 2015-2022.

［9］ SHIMIZU T, HIGASHIURA S, OHGUCHI M. Preparation of an acrylics-grafted polyester and its aqueous dispersion ［J］. Journal of Applied Polymer Science, 1999, 72 （14）: 1817-1825.

［10］ PATEL A, PATEL C, PATEL M G, et al. Fatty acid modified polyurethane dispersion for surface coatings: Effect of fatty acid content and ionic content ［J］. Progress in Organic Coatings, 2010, 67 （3）: 255-263.

［11］ 谭正德, 陈中华, 杨晓宁. 聚醇型阴离子水性聚氨酯胶粘剂的制备与表征 ［J］. 化学与粘合, 2007, 29 （6）: 395-400.

［12］ CHEONG I W, KONG H C, AN J H, et al. Synthesis and characterization of Polyurethane-urea nanoparticles containing methylenedi-p-phenyl diisocyanate and isophorone diisocyanate ［J］. Journal of Polymer Science, 2004, 42 （17）: 4353-4369.

［13］ ANITA B, MARINELLA L. Aqueous Polyurethane Dispersions: A comparative study of polymerization processes ［J］. Journal of Applied Polymer Science, 2003, 88 （3）: 716-723.

［14］ 吕维忠, 涂伟萍, 陈焕钦. 阳离子水性聚氨酯的研究进展 ［J］. 皮革化工, 2003, 20 （2）: 10-14.

［15］ 陈建福, 李晓一, 张卫英, 等. 水性聚氨酯的合成与改性研究 ［J］. 化工科技, 2009, 17 （1）: 56-59.

［16］ 刘玉磊. 水性聚氨酯的合成及在纺织品中的应用 ［J］. 江苏纺织, 2010 （11）: 19-22.

［17］ 盛茂桂, 邓桂琴. 新型聚氨酯树脂涂料生产技术与应用 ［M］. 广州: 广东科技出版社, 2001: 60-61.

［18］ SUBRAMANI S, CHEONG I W, KIM J H. Chain extension studies of water-borne polyurethanes from methyl ethylketoxime/ε-caprolactam-blocked aromatic isocyanates ［J］. Progress in Organic Coatings, 2004, 51 （4）: 329-338.

［19］ HOWARD G T. Biodegradation of polyurethane: A review ［J］. International Biodeterioration & Biodegradation, 2002, 49 （4）: 245-252.

［20］ 吕维忠, 涂伟萍, 陈焕钦. 单组分阴离子水性聚氨酯 ［J］. 高分子通报, 2001 （6）: 60-65.

［21］ CHATTOPADHYAY D K, RAJU K. Structural engineering of polyurethane coatings for high performance applications ［J］. Progress in Polymer Science, 2007, 32 （3）: 352-418.

［22］ DIETERICH D. Aqueous emulsions, dispersions and solutions of polyurethanes; synthesis and properties ［J］. Progress in Organic Coatings, 1981, 9 （3）: 281-340.

［23］ WOLFGANG H, RUDOLF H, WALTER M, et al. Adhesive and use of the adhesive for the formation of bonds ［P］. US Patent: 4870129, 1989-09-26.

［24］ JUERGENL F, DIETMAR S. Polyoxyalkylenether having hydroxyl and sulfonate groups and their use in the preparation of dispersable polyurethanes ［P］. US Patent: 4927961, 1990-05-22.

［25］ GEORGE C R, RAZMIK V B. Aqueous dispersions ［P］. US Patent：4927876, 1990-05-22.

［26］ CHEN Y, CHEN Y L. Aqueous dispersions of polyurethane anionomers：Effects of counterca-tion ［J］. Journal of Applied Polymer Science, 1992, 46（3）：435-443.

［27］ VOGT-BIRNBRICH B. Novel synthesis of low VOC polymeric dispersions and their application in waterborne coatings ［J］. Progress in Organic Coatings, 1996, 29（1-4）：31-38.

［28］ DUAN Y L, MICHAEL J D, SONJA S. Aqueous amomc poly（urethane/urea）dispersions ［P］. US Patent：5703158, 1997-12-30.

［29］ DUAN Y L, SONJA S, JILIAN H I, et al. Water-based polyurethanes for footwear ［P］. US Patent：5872182, 1999-02-16.

［30］ SEBENIK U. Seeded semibatch emulsion copolymerization of methyl methacrylate and butyl ac-rylate using polyurethane dispersion：effect of soft segment length on kinetics ［J］. Colloids and Surfaces A：Physicochemical and Engineering Aspects, 2004, 233（1）：51-62.

［31］ PEREZ-LIMIFINANA M A, FRANCISCA A A, ARIA M T P, et al. Characterization of water-borne polyurethane adhesives containing different amounts of ionic groups ［J］. International Journal of Adhesion & Adhesives, 2005, 25（6）：507-517.

［32］ VANESA G P, VICTOR C, MANUEL C, et al. Waterborne polyurethane dispersions obtained with polycarbonate of hexanediol intended for use as coatings ［J］. Progress in Organic Coat-ings, 2011, 71（2）：136-146.

［33］ 沈玉山. 聚氨酯在皮革工业中的应用 ［J］. 精细化工, 1995, 12（2）：2-5.

［34］ 张蕾, 吴晓青, 张文才, 等. 聚氨酯树脂在环保方面的应用与研究 ［J］. 中国粘胶剂, 2008, 17（2）：45-51.

［35］ 张秀花, 王菊花, 裴文. 湿固化聚氨酯皮革涂饰剂的合成及工艺研究 ［J］. 化工生产与技术, 2009（6）：28-30.

［36］ 李利坤. 环氧树脂改性水性聚氨酯的制备及其性能研究 ［J］. 聚氨酯工业, 2010, 25（1）：42-45.

［37］ 鲍利红, 李英. 有机硅改性聚氨酯合成革涂饰剂的合成及性能 ［J］. 精细化工, 2009, 26（7）：697-711.

［38］ 尹力力, 杨文堂, 樊丽辉, 等. 有机硅改性聚氨酯树脂皮革涂饰剂 SPU-01 ［J］. 皮革与化工, 2010, 27（4）：29-32.

［39］ 杨建军, 吴庆云, 张建安, 等. 塑料复合膜用水性聚氨酯胶粘剂的研制 ［J］. 塑料工业, 2003（8）：46-48.

［40］ 刘梅, 贺江平, 雷键. 水性聚氨酯涂料印花粘合剂的合成与应用 ［J］. 印染助剂, 2009, 26（9）：45-47.

［41］ 徐东平. PUA 乳液的合成及在涂料印花中的应用 ［J］. 聚氨酯工业, 2003, 18（1）：38-41.

［42］崔锦峰，杨保平，周应萍，等．常温交联型水性聚氨酯的合成及其在水性丝网印染涂料中的应用［J］．印染助剂，2005，22（6）：18-20.

［43］谢维斌．水性聚氨酯改性及其在织物涂层上的应用［D］．苏州：苏州大学纺织与服装工程学院，2004.

［44］谢薇．水性聚氨酯织物整理剂的合成及应用性能研究［D］．上海：东华大学纺织学院，2007.

［45］惠正权．涂料用水性聚氨酯树脂合成及性能研究［D］．无锡：江南大学化学与材料工程学院，2007.

［46］尤亚秋．SQ-1浆料用于涤棉混纺品种的上浆实践［J］．棉纺织技术，2007，35（12）：43-45.

［47］吕福菊，祝志峰．水性聚氨酯浆料的合成与性能［J］．纺织学报，2011，32（11）：64-68.

［48］吕福菊，祝志峰．水性聚氨酯对淀粉浆料的改性作用［J］．棉纺织技术，2012，40（7）：4-7.

［49］SPROCKHOEVEL M C，WETTER A G，WUPPERTAL K F D. Process for the production of polyurethane urea resin dispersions［P］．US Patent：20100048811，2010-05-25.

［50］王久芬，陈孝飞，陈小春．自乳化阴离子型水性聚氨酯的合成研究［J］．中北大学学报：自然科学版，2007，28（2）：143-147.

［51］李庆，樊增禄，豆春霞．反应型水性聚氨酯固色剂的合成及性能［J］．印染，2009（24）：1-5.

［52］ROGULSKA M，KULTUS A，PODKOSCIELNY W. Studies on thermoplastic polyurethanes based on new diphenylethane-derivative diols. II. Synthesis and characterization of segmented polyurethanes from HDI and MDI［J］．Europe Polymer Journal，2007，43（4）：1402-1414.

［53］YANG J W，WANG Z M，ZENG Z H，et al. Chain-extended polyurethane-acrylate ionomer for UV-curable waterborne coatings［J］．Journal of Applied Polymer Science，2002，84（10）：1818-1831.

第9章 荧光纺织浆料

9.1 概述

经纱上浆时，吸附在纱线上的浆液会分成两个部分，一部分被覆在纱线的表面形成浆膜，另一部分则浸透到纱线的内部。上浆工艺要求浆液能吸附于纱体周围，兼具浸透与被覆，这是提升浆纱质量、节约浆料用量的重要保证，故浆液的浸透性和被覆性成为上浆工艺设计的重中之重，很大程度上决定了浆纱质量的优劣。

浆纱切片的横截面从外到内由三部分构成：浆膜、浆纱的已浸透部分及未浸透部分［图9-1 (a)］。目前，纺织行业内对浆液的浸透性和被覆性测试一般是通过先行制作浆纱切片，再将切片浸入显色剂着色，用普通光学显微镜观察着色后切片的表面形貌，然后用显微镜投影仪、面积积分仪或剪纸称重（以绘制纸张的重量替代面积）测算出浆液的浸透率、被覆率和浆膜完整率三个指标，其计算方法分别由式（9-1）、式（9-2）、式（9-3）及图9-1 (a) 所示。

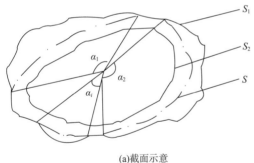
(a)截面示意

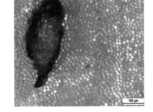
(b)用I_2-KI染色

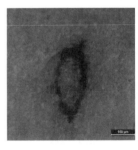
(c)用I_2-H_3BO_3染色

图9-1 浆纱切片截面示意图及分别用 I_2-KI 和 I_2-H_3BO_3 显色剂染色的经淀粉和 PVA 上浆纱线的截面照片

$$A = (S - S_2)/S \times 100\% = (G - G_2)/G \times 100\% \qquad (9-1)$$

式中：A 为浸透率；S 为原纱的截面积；S_2 为浆纱未被浸透部分的截面积；G 为绘制原纱截面的纸张质量；G_2 为绘制浆纱未被浸透部分截面的纸张质量。

$$B = (S_1 - S)/S \times 100\% = (G_1 - G)/G \times 100\% \qquad (9-2)$$

式中：B 为被覆率；S_1 为浆纱的截面积；G_1 为绘制浆纱截面的纸张质量。

$$F = \sum \alpha_i /360° \times 100\% \qquad (9-3)$$

式中：F 为浆膜完整率；α_i 为各处浆膜所包围原纱的角度。

上述显色测定法存在着较大的局限性。第一，目前给浆纱切片着色的显色剂主要有两种：碘—碘化钾和碘—硼酸试剂，分别用于两种主要纺织浆料——淀粉和 PVA 浆纱的着色。然而，工业界所使用的浆料种类日益增多，除淀粉和 PVA 外，还有聚丙烯酰胺、纤维素衍生物、动植物胶及壳聚糖（CS）等，现有的浆纱质量评定方法却未能提供上述浆料的对应显色剂。第二，由于混纺纱占据的市场份额越来越大，相应的浆料多为共混浆，若仍坚持采用显色剂着色法，就必须用到两种（或以上）的显色剂且须保证这些显色剂在混合后不可反应变色，亦不可干扰其他显色剂在对应纤维上的正常着色。显然，要同时满足这些要求，依据现有技术尚存较大难度。第三，普通光学显微镜分辨力有限，一般只能放大到 400 倍，拍摄的浆纱切片照片模糊不清［图 9-1（b）和图 9-1（c）］，尤其是浆膜与浆纱的已浸透部分，因浸没于显色剂后都会显色，两部分交界处区分难度大，这就导致在计算浸透率、被覆率及浆膜完整率时存在较大误差。另外，对于色纺纱（尤其是中深色纱）而言，因受原纱本身颜色的干扰，无论采用何种浆料上浆，通过显色剂着色来观察浆纱切片的各部分组成都不甚可行。现行浆液浸透和被覆性测定方法中存在的诸多问题严重影响着浆纱质量的评定，这就解释了为何浆液浸透和被覆性如此重要而最近十年国内外学界却鲜有相关报道。在国家发展智能制造、振兴实体经济的背景下，这一问题已然成为纺织浆纱性能评估的技术瓶颈，其背后蕴藏的科学问题亟待科技工作者予以解决。

在有关浆液浸透和被覆性的评定过程中，纺织领域的研究和检测人员常因受到现行方法的局限而难以得到准确结论。有鉴于此，金（Jin）逐步将研究重点转向开发一类具有普适性的检测用功能性浆料——荧光浆料，即将标记有荧光基团的聚合物用作纺织浆料，尝试利用荧光显微镜测定荧光浆料水溶液对各类纱线的浸透和被覆性能。因荧光显微镜的激发光源为紫外光/蓝光，波长短，分辨力显著高于普通光学显微镜。在明场中，依据浆膜的可见光透光率显著高于原纱截面的原理，故易于识别浆纱切片截面中浆膜与浆纱已浸透部分的边界；在紫外光/蓝光照射下，浆膜与浆纱已浸透部分会发出一定强度的荧光，浆纱未浸透部分则因无荧光发出而形成暗斑，故浆纱未浸透部分也易被识别。因此，凭借此法可便利、准确获得浆液的浸透率、被覆率以及浆膜完整率。

9.2 荧光标记浆料用聚合物的国内外研究进展

9.2.1 国内研究进展

浆料的本质是一种黏合剂，是纺织工业领域消耗量仅次于纤维的第二大高分子材料，仅我国每年就要消耗 55 万吨。纺织浆料按照来源可分为生物基高分子与合成高分子两大类，前者的代表是淀粉、壳聚糖、纤维素衍生物等，而后者的代表则为 PVA、聚丙烯酸、水溶性聚酯等。到目前为止，除王征科、金恩琪课题组外，尚未见国内外有关于将荧光标记聚合物用作纺织浆料的报道。然而，自 20 世纪 60 年代以来，已有不少学者将小分子荧光化合物引入不同种类聚合物的侧链、链端以制备荧光聚合物，研究已涉及材料科学、生命科学、医学和化学等诸多领域，其中不少种类的聚合物都可用于经纱上浆，故这些研究成为合成制备荧光纺织浆料的有益参考。

9.2.2 国外研究进展

2012 年，奇特拉（Chitra）等通过纳米级壳聚糖上的氨基与罗丹明 6G 的相互作用制备出荧光壳聚糖，XRD 显示了壳聚糖纳米颗粒的非晶态性质，TEM 测得该纳米颗粒的粒径在 50nm 左右。FTIR 检测结果证实，罗丹明染料与壳聚糖纳米粒子之间发生了化学反应。紫外分光光度计显示荧光壳聚糖纳米粒的激发光和发射光的波长分别为 525nm 和 557nm。

2013 年，萨卡尔（Sarkar）等通过取代反应将 PEI 分子通过萘酰亚胺部分介入壳聚糖主链上制备出荧光壳聚糖接枝聚乙烯亚胺（PEI）共聚物。Sarkar 等以 4-溴-1,8-萘酐为荧光探针，该探针荧光强度高，光稳定性好，萘酰亚胺环中还含有可调节的溴官能团。在 N/P（氮磷比）为 1.0 时，PEI 取代度为 37.6 的壳聚糖接枝共聚物对 DNA 具有较好的络合能力。在接枝到壳聚糖的分子链之后，PEI 的细胞毒性大幅降低，即使在高浓度下（300μg/mL），共聚物上的细胞存活率也都在 50% 以上。所以，荧光壳聚糖接枝聚乙烯亚胺共聚物可作为低毒生物标记物、药物或基因的载体使用。

2013 年，德·梅罗（De Melo）等介绍了静电纺聚乙烯醇/聚吡咯—氧化锌荧光纤维的制备方法，并利用紫外可见光谱、傅里叶变换红外光谱、荧光和扫描电子显微镜对其进行了表征。ZnO-NPs 的发射荧光在 390nm 处发生猝灭，而此类有机—无机杂化纤维在 526nm 处则有清晰的绿色可见光发射。SEM 图像显示，纤维平均直径为 324nm，表面质量良好。因为沿纤维的电荷传输受到紫外线的强烈影响，故此种荧光纤维的欧姆行为是光敏感的。由于这是一种可逆的效应，并且在入射的紫外光被关闭后电阻原值会迅速恢复，这类有机—无机纤维可以在制备聚合物基微纳米光电器元件中得到有效应用。

2013 年，亨宁（Hennig）等用不同物质的量的异硫氰酸荧光素氨基衍生物标记了不同接枝率的甲基丙烯酸甲酯—丙烯酸接枝共聚物的颗粒表面。通过吸收光谱、稳态和时间分辨荧光光谱（包括荧光各向异性的测量）对所得荧光聚合物颗粒进行了分析。结果表明，随着表面荧光基团浓度的增加，荧光强度总体呈下降的趋势，原因可归结于聚集导致荧光猝灭。Hennig 提出了一种激发能在同一荧光基团之间迁移直至转移到非荧光团簇作为能量陷阱的机制，表面荧光基团浓度的增加会提高相同荧光团之间能量转移的可能性和能量转移到非荧光聚集体的可能性。此外，这一机制也适用于荧光蛋白结合物，显示出荧光发射强度对荧光基团标记的非线性依赖性。

2014 年，卡维森豪伊（Kaewsaneha）等将异硫氰酸荧光素（FITC）通过共价键连接到壳聚糖（CS）修饰的磁性高分子纳米粒子上，制备出具有磁性和荧光双功能的纳米粒子 CS-FITC。制备的磁性荧光高分子纳米粒子 CS-FITC 成功地用于标记 HeLa、Hep G2 和 K562 细胞等活体和血液相关癌细胞。纳米粒子在不同培养时间的细胞毒性试验表明，细胞活力高（>90%），亦无形态学改变。共聚焦显微镜显示，纳米粒子能分别在 2h 和 3h 内穿过 K562 细胞和 HeLa、Hep G2 细胞的细胞膜，并在细胞质内滞留至少 24h，合成的磁性荧光高分子纳米粒子 CS-FITC 有望作为细胞追踪技术应用于临床治疗。

2017 年，巴贝利（Barbieri）等采用负载尼罗红（NR）荧光染料的互穿聚合物网络

（IPN）PNIPAAm/海藻酸钠制备了同时具有流体非接触温度传感性和流动跟踪性的微珠。将壳聚糖包覆在新型 IPN 微球上，以适当调节粒子在水中的渗透性。通过荧光光谱法研究了荧光示踪剂的热致变色响应，证明 NR 荧光发射强度比 PNIPAAm 在较低临界溶液温度时高 20 倍。这些发现证实荧光壳聚糖包覆 PNIPAAm/海藻酸钠微球在粒子图像测速中的潜力。

2019 年，哈提巴（Khattab）等研制了一种实用的荧光试纸，用于氨和胺蒸气的有效识别。制备的试纸条是在纤维素纸支撑基材上涂覆了分子印迹壳聚糖纳米粒子的复合物，具有用于水相和气相氨/胺识别的人工荧光受体位点。制备出的荧光纤维素作为"开启"荧光传感器，用于氨气和有机胺蒸气的检测。采用含有荧光素的壳聚糖纳米粒作为荧光探针分子，在室温和常压下，传感器根据氨水浓度在 0.13~280ppm 范围内做出线性响应。荧光纤维素显色平台的反应依赖于荧光探针的酸碱特性效应，将荧光素分子质子化后固定在壳聚糖纳米粒中，在纳米环境中只能显示微弱的荧光。当与氨/胺蒸气结合时，荧光素活性位点被脱质子，并且由于暴露于这些碱性物质而显示出更高的"开启"荧光。这种荧光壳聚糖纳米粒子的制备方法简单，适用于液态或蒸汽状态下氨/胺的监测。

2019 年，安布罗西奥（Ambrosio）等提出了一种制备 PVA/PVAc 球形荧光微粒的有效方法。其在足够浓度荧光小分子罗丹明 6G 存在的前提下投入醋酸乙烯（VAc）单体，然后进行聚合、皂化，制备了罗丹明 6G 负载量为 1.9%（质量分数）的微球。这些微球具有良好的球形度，尺寸分布在 20~1550μm 的范围内，并用紫外可见光谱和荧光光谱法分别测定了微球的荧光强度。结果表明，微球能显示出较强的荧光，并且在水流中也可探测到。

2020 年，彭伯顿（Pengpumkiat）等介绍了一种新型的用于氰化物检测的膜基一次性井板的制作方法，以壳聚糖包裹的最大发射波长为 520nm 的 CdTe 量子点（CS-QD520）为荧光团。用铜（Ⅱ）对 CS-QD520 纳米颗粒进行了特殊淬火，并将淬火后的 CS-QD520（Cu-CS-QD520）沉积在玻璃微纤维过滤器（GF/B）上，随后氰化物离子的引入引发荧光回复。"信号开启"荧光与氰化物浓度呈现线性相关关系，在 38.7~200μmol/L 范围内，检测下限为 11.6μmol/L。该分析被纳入基于膜的孔板中，以提高样品测试量。三层纸/玻璃微纤维孔板先用激光切割机切割，再用聚己内酯（PCL）作为黏合剂在低成本的层压机上组装而成。该研究系统优化了检测条件，可应用于饮用水中氰化物的快速、准确、低成本分析。

9.2.3 国内研究进展

2008 年，关（Guan）研究了一种简便的将荧光素（通过其环氧衍生物）标记在天然淀粉上的方法及其对温度/pH 的荧光响应性质。在 DMSO 中，以 NaH 为催化剂，通过荧光素与环氧氯丙烷的反应首次合成了 3-环氧丙氧基荧光素（EPF），并将淀粉与 EPF 开环反应制备了淀粉荧光素（ST-EPF）。测试结果表明，ST-EPF 具备与荧光素类似的温度/pH 敏感性，并能获得较高的长期稳定性和快速的平衡响应。ST-EPF 在 0~60℃ 范围内，相对荧光强度与温度呈良好的线性关系，在 0~12.0 范围内，相对荧光强度与 pH 呈非线性关系，此类 ST-EPF 有望成为温度/pH 测定的光学传感器。

2016 年，王（Wang）采用表面引发原子转移自由基聚合（ATRP）的"接枝自"方法，制备了聚（2-甲基丙烯酰氧乙基磷酰胆碱）共轭红色荧光壳聚糖纳米粒子（GCC-pMPC）。首先，该团队制备了表面含有多个氨基和羟基的戊二醛交联红色荧光壳聚糖纳米粒子（GCC-NPs），然后与 2-溴代异丁酸反应生成 GCC-Br，用 GCC-Br 为引发剂，通过 ATRP 将聚 MPC（pMPC）刷接枝到 GCC-NPs 表面。与聚乙二醇化纳米粒子相比，两性离子聚合物修饰纳米粒子具有更好的细胞摄取性能。此外，制备的 GCC-pMPC 具有良好的水分散性、生物相容性和光稳定性，使其具有较大的长期示踪应用潜力。更为重要的是，GCC-pMPC 活细胞成像的成功将极大地促进其在生物医药领域的应用。

2016 年，李（Li）以苹果酸和草酸铵为原料，采用热解法制备了碳纳米颗粒（CNPs），在淀粉中加入少量的 CNPs 可使其具有显著的颜色可调性。基于这一现象，制备了一种用于检测无孔表面潜在指纹的环保型荧光淀粉粉末。用该粉末制备的不同非多孔表面的指纹图谱在紫外光激发下显示出清晰的荧光图像。用此类淀粉粉末作荧光标记的方法简便、快速、环保。实验结果证明了该方法的有效性，使其能够在法医学中得到实际应用。

2018 年，Li 制备了一种新型纳米荧光淀粉，即淀粉-3-环氧丙氧基荧光素（ST-EF）。首先，通过荧光素和环氧氯丙烷之间的亲核取代反应制备 3-环氧丙氧基荧光素（EF）。然后，通过开环反应将荧光素连接到木薯淀粉的分子链上合成 ST-EF，测定了 ST-EF 的取代度（DS），研究了 ST-EF 在水中的荧光性质。结果表明，纳米荧光淀粉具有较强的荧光性质，因此它可以作为荧光聚合物应用于多个领域，特别是生物医学领域。

2018 年，施（Shi）报道了一种基于淀粉—多巴胺共轭物和聚乙烯亚胺在温和的实验条件下（包括空气气氛、水溶液、无催化剂和室温）自聚合制备荧光有机纳米粒子（FONs）的新方法。采用不同的表征技术，对合成的淀粉基 FONs 的形貌、化学结构和光学性质进行了研究。生物评价结果表明，这些淀粉基 FONs 具有良好的生物相容性和荧光成像性能。更重要的是，这一新方法还可以推广到制备其他具有不同结构和功能的多糖基聚合物 FONs。因此，该研究为发光碳水化合物聚合物的制备及生物医学应用开辟了一条新的途径。

2018 年，张（Zhang）为了满足组织工程和临床治疗对干细胞的迫切需求，设计了一种简单、低成本的酸溶/碱固化自球成型方法，实现了干细胞三维膨胀微球支架的大规模自动制备。Zhang 选用壳聚糖作为微球支架的主体，3%氧化石墨烯作为增强剂，京尼平作为荧光发生器，制备了壳聚糖/氧化石墨烯复合微球。复合微球的直径约为 400μm，适合干细胞扩散。这些具有良好生物相容性的复合微球能够支持细胞的扩散、生长和增殖。培养 5 天后，微球上的细胞总数几乎增加了 4 倍。最重要的是，微球可以保持细胞性状。培养 7 天后，几乎所有细胞仍能表达人脐带间充质干细胞的主要标志物。复合微球具有良好的力学性能，能够支持干细胞的长时间扩增。在介质中浸泡时强度高，降解可控，膨胀率低。此外，其自身荧光也使得观察和跟踪干细胞在微球支架表面的行为更加方便。该研究为壳聚糖/氧化石墨烯复合微球的大规模制备提供了一种有效的方法，且易于工业化生产，具有较大的药用价值和临床应用价值。

2019 年，熊（Xiong）等开发了一种硝基芳香化合物的精密检测方法。硝基芳香化合物，特别是 2,4,6-三硝基苯酚（TNP），是一类具有很强生物毒性和爆炸风险的有机物。因此，检测 2,4,6-三硝基苯酚具有重要的现实意义和科学意义。该研究以壳聚糖为基质，制备了三种荧光功能化壳聚糖。当 TNP 和/或对硝基苯酚（4-NP）存在时，这些荧光壳聚糖传感器会产生显著的荧光猝灭，使壳聚糖对 TNP 和 4-NP 的检测具有选择性和敏感性。研究结果表明，将富电子部分引入荧光壳聚糖中，可获得灵敏的检测能力，其识别能力的浓度下限可低至 0.28μmol/L，荧光基团的引入对壳聚糖的凝胶性能影响不大。

2001 年，唐本忠等在实验过程中发现硅杂环戊二烯（Siloles）分子在溶液状态下不发光，而在聚集态和固态时具有很强的荧光，故将此现象命名为 AIE 效应。此后，AIE 效应逐渐成为先进光电功能材料领域的研究热点，其独特、反常的发光行为吸引了众多科学家的关注。目前，此类材料在光动力治疗、荧光传感、生物成像、爆炸物探测等领域显示出巨大的应用潜力。在发现 Siloles 的 AIE 性质后，唐本忠将丁二烯、富烯及简单的乙烯双键作为共轭中心，用多个可旋转的苯环与之相连。该类化合物及其衍生物都具有明显的 AIE 性质。其中四苯乙烯（TPE）及其衍生物由于其结构简单，合成方便，成为现阶段 AIE 效应研究中最常用的分子。

王征科等在制备出 TPE 反应活性较高的衍生物四苯乙烯—异硫氰酸酯（TPE-ITC）后，成功将 TPE 引入壳聚糖的分子链上，从而获得壳聚糖荧光探针。通过观察发现，该探针在溶液状态下并无荧光效应，在聚集态时 AIE 效应则十分显著且能保持较长时间，适用于生物医药领域中的细胞示踪。

9.2.4 关于荧光标记浆料用聚合物制备的主要问题

纵观国内外有关荧光标记浆料用聚合物的研究现状可知，有多种途径可制取具有良好荧光性能的聚合物（如壳聚糖、淀粉、PVA）。但是，若直接将上述荧光聚合物用作浆液浸透性与被覆性检测用纺织浆料仍然存在较多的问题。首先，现代经纱上浆工程是在水系中进行的，然而，大多数用于标记聚合物的荧光分子都包含芳香烃，疏水性强，故需要对标记率进行严格控制，否则会对聚合物的水溶性造成损害。其次，由于浆纱的终端性能（如强伸性、耐磨性、毛羽贴服性）是浆液浸透性和被覆性的直接体现，故一种聚合物在经过荧光标记后，其浆纱的终端性能不应与其未标记时差异过大，否则此荧光浆料就无法真实反映其未标记试样浆液的浸透性与被覆性，这就使得荧光标记失去了意义。所以，若要制备能够用于准确检测浆液浸透性与被覆性的纺织浆料，除了要求其具备足够的荧光强度及耐光漂白能力，还要求荧光基团的引入不可削弱此浆料的水溶性，也不可显著改变其浆纱的终端性能。这就要求研究者在制备荧光浆料时，既要慎重选择用于荧光标记的小分子品种，又要在满足荧光强度要求的基础上严格控制标记率，不可导致浆料原有使用性能发生显著改变。

9.3 萘系衍生物标记壳聚糖与 PVA 荧光浆料的分子结构设计、制备及性能研究

9.3.1 研究概述

法国科学家布拉康诺（Braconnot）在 1811 年最早从霉菌中发现了甲壳质，其后又将甲壳

质与浓度较高的 KOH 溶液共煮，发现了壳聚糖，使之具备了实用价值。然而，由于当时科研手段的局限性，有关壳聚糖的研究进展十分缓慢，直到 20 世纪 50 年代，人们才对壳聚糖的化学结构、物化性质和制备方法有较为清晰的认识与了解。我国从 20 世纪 50 年代末期开始对壳聚糖的制备和应用进行研究，1958 年，我国的纺织专家就已经将壳聚糖在经纱上浆工程中作为浆料使用，以之代替当时供应紧张的淀粉。自 2020 年初以来，受蝗灾诸因素影响，多个国家限制粮食出口，随着世界性的"粮食危机"日益严峻，"上浆不用粮"的需求越发迫切，壳聚糖浆料因此受到纺织工业界人士越来越多的关注。作为甲壳质的衍生物，此类浆料具有耐磨性好、纤维黏附性强和成膜性良好等多种特点，本身也有较好的生物活性和抗菌作用，是一种发展潜力巨大的生物基浆料。令人遗憾的是，时至今日，现有浆纱质量评定方法中仍未能提供壳聚糖浆料的对应显色剂，由此导致人们无法测定壳聚糖浆液的浸透性和被覆性，这成为壳聚糖浆料性能检测中的一大难题。

多年来，PVA 一直是消耗量占首位的合成纺织浆料，仅在我国每年就要消耗 6 万吨左右，是市场上现有的总体使用性能最佳的浆料品种。但是，目前只有一种给 PVA 浆纱切片着色的显色剂：碘—硼酸试剂。现行方法中用到的普通光学显微镜分辨力有限，拍摄的浆纱切片截面照片模糊不清［图 9-1（c）］，尤其是浆膜与纱线的被浆液浸透部分，在遇碘—硼酸试剂后均显蓝紫色，两部分交界处通过肉眼观察区分的难度大，这就直接导致在计算浸透率、被覆率时存在较大误差，然而，因显色剂着色法是依靠颜色来辨别切片截面的各组成部分，又迫使检测人员不得不使用分辨力较低的普通光学显微镜。由此可见，依靠传统显色剂着色法评估 PVA 浆液浸透性和被覆性的方法存在较大局限，实用性很差。

苝（perylene）系衍生物结构稳定，荧光量子产率高，价格十分低廉，作为功能荧光分子材料，一直是人们关注的热点。因此，针对两大常用纺织浆料——壳聚糖（CS）和 PVA，开发经苝四甲酸（PTCA）标记的具有良好荧光特性的检测用改性 CS 和 PVA 浆料对 CS 和 PVA 浆液浸透性、被覆性无法或难以测定问题的解决具有重要的意义。

9.3.2　苝系衍生物标记壳聚糖与 PVA 荧光浆料的制备

9.3.2.1　CS-苝衍生物的制备

本节以 PTCA/CS 投料摩尔比为 1/970 时的工艺为例，描述合成 CS-苝的一般过程。首先，将无水 LiCl（9.7770g）在 60℃剧烈搅拌下溶解于 120mL DMAc 中，形成 LiCl/DMAc 复合溶剂（LiCl 的质量分数为 8%）。然后，将 0.5286g CS（结构单元：0.0032mol）、0.0244g DMAP（催化剂）和 0.2476g DCC（脱水剂）加入 120mL 的 LiCl/DMAc 复合溶剂中得到溶液 A。另外，将 0.0214g PTCA 溶解在 100mL 的 DMAc 中得到溶液 B。然后，将 6.6mL 的 PTCA/DMAc 溶液（溶液 B）转移至溶液 A 中。将混合物在 100℃下回流 1.5h，然后冷却至环境温度。溶液用乙醇沉淀，10000r/min 离心，用乙醇彻底洗涤。将 CS-苝沉淀溶解于稀醋酸（0.1mol/L）中，再置于蒸馏水中透析 24h 除去未反应的试剂，将 CS-苝冷冻干燥、粉碎并储存在干燥器中。CS-苝的合成路线如图 9-2 所示。

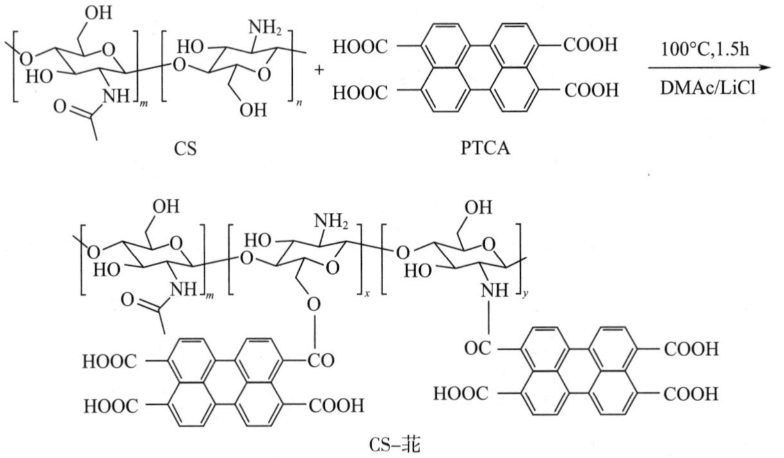

图 9-2　CS-芘的合成路线图

9.3.2.2　PVA-芘衍生物的制备

本节以 PTCA/PVA 投料摩尔比为 1/4905 时的工艺为例，描述合成 PVA-芘的一般过程。首先，将 4.3560g PVA（结构单元：0.0981mol）、0.2928g DMAP（催化剂）和 2.9712g DCC（脱水剂）加入 120mL DMAc 中得到溶液 A，再将 0.0428g PTCA 溶解于 100mL DMAc 中得到溶液 B，将 20mL PTCA/DMAc 溶液（溶液 B）转移至溶液 A 中。将混合物在 100℃ 回流 1.5h，然后冷却至室温。溶液用乙醇沉淀，10000r/min 离心，用乙醇彻底洗涤。将 PVA-芘沉淀溶解于蒸馏水中，在蒸馏水中透析 24h 除去未反应的试剂，将 PVA-芘冷冻干燥、粉碎并储存于干燥器中。PVA-芘的合成路线如图 9-3 所示。

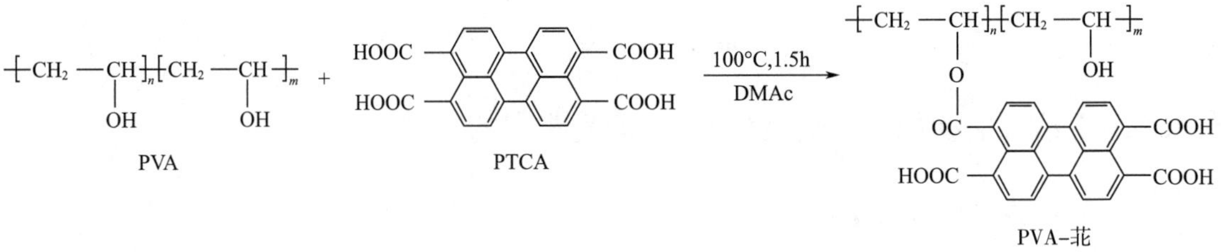

图 9-3　PVA-芘的合成路线

9.3.3　芘系衍生物标记壳聚糖与 PVA 荧光浆料浆液浸透性与被覆性的测试

首先用哈氏纤维切片器将浆纱切成厚度不大于 $20\mu m$ 的切片，用荧光显微镜分别在明场和蓝色激发光下拍摄浆纱切片横截面照片。参见图 9-1（a），S、S_1 和 S_2 区域分别在明场和蓝色激发光下划定，并通过 Photoshop 软件测量出各区域面积，根据式（9-1）、式（9-2）、式（9-3）分别计算出浸透率、被覆率和浆膜完整率。

9.3.4 苝系衍生物标记壳聚糖与 PVA 荧光浆料的结构表征

9.3.4.1 ^{1}H-NMR 表征结果

未标记 CS 和 CS-苝的 ^{1}H-NMR 表征结果如图 9-4 所示。4.8ppm 左右的化学位移对应于溶剂（D$_2$O）的质子峰，除含有未标记的 CS 的化学位移峰 [图 9-4（a）]，如在 2.9~4.1ppm 范围内 CS 主链中的甲基和亚甲基，CS-苝衍生物的谱图中在 7.0~8.0ppm 范围内出现了新的化学位移，此位移可被认为是苝芳环中的质子峰。当 PTCA 与 CS 的投料摩尔比小于 1/970 时，CS-苝的标记率很低，故无法在 ^{1}H-NMR 谱图中观测到 CS-苝上苝的质子峰。

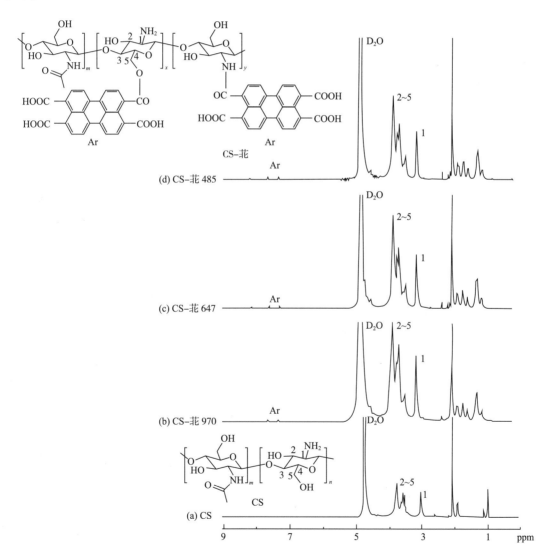

图 9-4　未标记 CS、CS-苝 970、CS-苝 647 及 CS-苝 485 的 ^{1}H-NMR 谱图

（以 PTCA/CS 投料摩尔比为 1/970 合成出的 CS-苝样品的编号为 CS-苝 970，以此类推，本章以下图表同）

　　未标记 PVA 和 PVA-芘的¹H-NMR 表征结果如图 9-5 所示。大约 2.5ppm 和 3.3ppm 处的化学位移分别对应于溶剂（DMSO-d6）和残余水的质子峰。除了含有未标记 PVA 的化学位移，如 3.5~4.5ppm 和 0.9~1.5ppm 处分别对应羟基和烷基链上质子的位移峰，在 PVA-芘的谱图中发现了 7.0~8.0ppm 范围内出现了新的化学位移，此位移可以认为是芘芳环中的质子

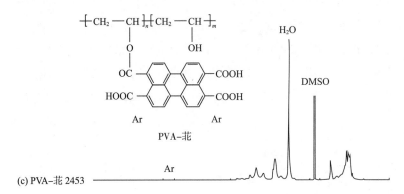

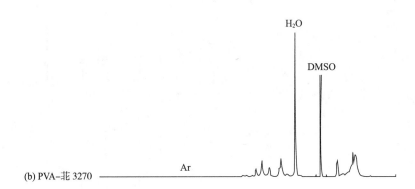

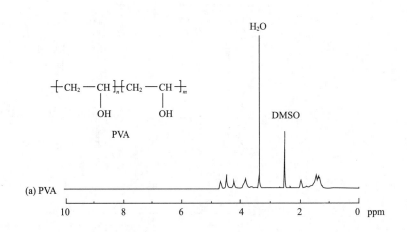

图 9-5　未标记 PVA、PVA-芘 3270 及 PVA-芘 2453 的¹H-NMR 谱图

（以 PTCA/PVA 投料摩尔比为 1/3270 合成出的 PVA-芘样品的编号为 PVA-芘 3270，以此类推，本章以下图表同）

峰。当 PTCA 与 PVA 的投料摩尔比小于 1/3270 时，PVA-芘的标记率很低，故无法在 ^{1}H-NMR 谱图中观测到 PVA-芘上芘的质子峰。

9.3.4.2 FTIR 表征结果

未标记 CS 和 CS-芘的 FTIR 表征结果如图 9-6 所示。由此图可以观察到，由于 CS 中酰胺 I 和酰胺 II 的特征吸收带，在 1660cm^{-1} 和 1550cm^{-1} 处出现了对应的特征峰。CS-芘的 FTIR 谱图显示，除了含有未标记 CS 的吸收谱带外，1250cm^{-1} 处还出现了一个新的特征峰，其对应的是 PTCA 羧基中不对称 C—O 伸缩振动峰，此处的峰证实了芘基团被标记在 CS 大分子上。当 PTCA 与 CS 的投料摩尔比小于 1/970 时，CS-芘的标记率很低，故无法在 FTIR 谱图中观测到 CS-芘上芘基团的羧基中不对称 C—O 伸缩振动峰。

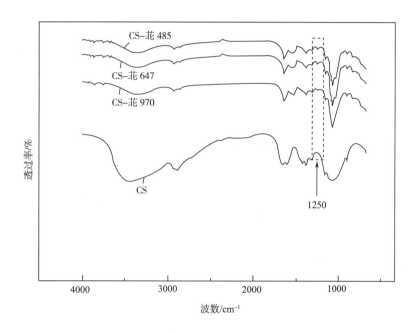

图 9-6　未标记 CS、CS-芘 970、CS-芘 647 及 CS-芘 485 的 FTIR 谱图

未标记 PVA 和 PVA-芘的 FTIR 表征结果如图 9-7 所示。可以观察到，由于 PVA 上羟基的拉伸振动，在 3250~3350cm^{-1} 范围内出现了一个较宽的吸收峰。与 CS-芘类似，在 PVA-芘的红外光谱中，除了包含有未标记 PVA 的全部吸收带外，1265cm^{-1} 处还出现了一个新的特征峰，其对应的是 PTCA 羧基中不对称 C—O 伸缩振动峰，此处的峰证实了芘基团被标记在 PVA 大分子上。

9.3.4.3 UV-visible 表征结果

由于 CS-芘和 PVA-芘衍生物的标记率较低，因此必须用紫外-可见分光光度计对其标记率和标记效率进行测定。PTCA 溶液浓度与其吸光度的关系、CS-芘和 PVA-芘衍生物的标记率和标记效率、PTCA 与 CS、PVA 的投料和实际重量比等数据如图 9-8、表 9-1 和表 9-2 所示。衍生物标记率随投料时 PTCA 与 CS、PVA 结构单元摩尔比的增加而增加，而标记效率则逐渐降低。

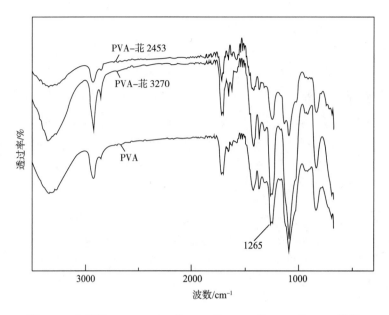

图 9-7　未标记 PVA、PVA-芘 3270 及 PVA-芘 2453 的 FTIR 谱图

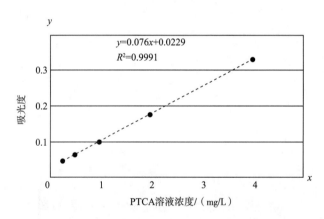

图 9-8　PTCA 溶液浓度与最大吸收波长下（$\lambda_{max} = 478$nm）吸光度的关系

表 9-1　不同 PTCA/CS 结构单元投料摩尔比时 CS-芘的标记率（*DL*）和标记效率（*EL*）

CS-芘编号	CS-芘溶液浓度/（mg/L）	吸光度	芘在溶液中的浓度/（mg/L）	投料时 PTCA/CS 的质量比/‰	PTCA/CS 的实际质量比/‰	*DL*/%（摩尔分数）	*EL*/%
CS-芘 3880	5000	0.224	2.645	0.665	0.53	0.0204	79.5
CS-芘 1940	4300	0.354	4.355	1.33	1.01	0.0389	75.9
CS-芘 970	4106	0.561	7.078	2.66	1.73	0.0667	65.0
CS-芘 647	4250	0.790	10.094	3.99	2.38	0.0918	59.6
CS-芘 485	4938	1.136	14.646	5.32	2.97	0.1145	55.8

表 9-2 不同 PTCA/PVA 结构单元投料摩尔比时 PVA-芘的 *DL* 和 *EL*

PVA-芘编号	CS-芘溶液浓度/(mg/L)	吸光度	芘在溶液中的浓度/(mg/L)	投料时 PTCA/CS 的质量比/‰	PTCA/CS 的实际质量比/‰	*DL*/%（摩尔分数）	*EL*/%
PVA-芘 9810	1000	0.075	0.686	0.98	0.686	0.0071	70.0
PVA-芘 6540	1000	0.097	0.975	1.47	0.975	0.0101	66.3
PVA-芘 4905	1000	0.117	1.238	1.96	1.238	0.0128	63.2
PVA-芘 3270	1000	0.157	1.764	2.94	1.764	0.0183	60.0
PVA-芘 2453	1000	0.197	2.291	3.92	2.291	0.0238	58.4

CS 与 PTCA 的酯化和酰胺化反应位点分别为羟基和氨基，而 PVA 与 PTCA 的酯化反应位点则为羟基。值得注意的是，CS 中的羟基和氨基、PVA 中的羟基的数量都是有限的。随着 PTCA 所占投料比的增加，CS、PVA 的反应位点逐渐被占据，PTCA 与 CS、PVA 的反应变得更加困难。结果表明，随着 PTCA 投料浓度的增加，标记效率呈逐步下降的趋势。

9.3.5 芘系衍生物标记壳聚糖与 PVA 荧光浆料的性能测试

9.3.5.1 荧光强度

在可见光和紫外光下，CS 和 CS-芘溶液的照片以及不同 *DL* 值的 CS-芘的荧光强度分别如图 9-9 和图 9-10 所示。从两图中可以看出，荧光强度先是随着 CS-芘的 *DL* 值的增加而增强，当 *DL* 为 0.0667%（摩尔分数）时达到最大值，然后开始下降。

(a)可见光

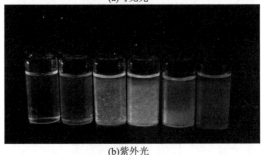
(b)紫外光

图 9-9 可见光和紫外光照射下未标记 CS 与 CS-芘溶液照片

（自左向右依次为未标记 CS、CS-芘 3880、CS-芘 1940、CS-芘 970、CS-芘 647 及 CS-芘 485）

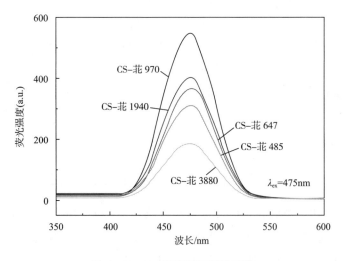

图 9-10　CS-芘溶液的荧光光谱

PTCA 是一种广泛应用于荧光材料的聚集诱导猝灭（ACQ）发光材料，若在大分子上标记适量的芘基团，就可赋予大分子良好的荧光性能。例如 CS-芘，该类衍生物的荧光强度与其 DL 值直接相关。因此，在用芘标记 CS 时，CS-芘的荧光量子产率先随着分子上含有的芘基团数量的增加而上升。但由于 ACQ 现象的出现，当 DL 超过 0.0667%（摩尔分数）时，荧光量子产率降低。因此，0.0667%（摩尔分数）可被认为是芘开始聚集的临界 DL。在做荧光强度测试时，CS-芘溶液的浓度为 1g/L。在 CS-芘完全分散均匀以及 DL 达到临界值 ［即0.0667%（摩尔分数）］ 的情况下，一分子芘占据约 411184nm³ 的立方空间（棱长：74.35nm）。共轭 ACQ 发光材料聚集的主要原因是芘与芘之间的 π-π 堆积作用，π-π 堆积作用的发生距离在 0.34~0.40nm 范围内。显然，在 CS-芘的 DL 达到临界 DL 时，芘与芘之间的平均距离远大于 0.40nm。因此可以推测，在芘基团浓度达到产生 π-π 堆积作用的范围前，CS-芘溶液中已发生 ACQ 现象。产生 ACQ 现象的原因是由于缺乏空间约束，使得芘经历了强烈的热运动。因此，即使在较大的空间内，芘基团之间也可能发生碰撞产生 π-π 堆积作用，从而产生 ACQ 现象。

不同 DL 值的 PVA-芘的荧光强度如图 9-11 所示。从图中可以看出，荧光强度先是随着 PVA-芘的 DL 值的增加而增强，当 DL 为 0.0128%（摩尔分数）时达到最大值，然后开始下降。

PVA-芘衍生物的荧光强度与其 DL 值密切相关。因此，在用芘标记 PVA 时，其荧光量子产率先随着分子上含有的芘基团数量的增加而上升。但由于 ACQ 现象的出现，当 DL 超过 0.0128%（摩尔分数）时，荧光量子产率开始降低。因此，0.0128%（摩尔分数）可被认为是在 PVA-芘衍生物溶液中芘开始聚集的临界 DL。在做荧光强度测试时，PVA-芘溶液的浓度为 1g/L。在 PVA-芘完全分散均匀以及 DL 达到临界值 ［即 0.0128%（摩尔分数）］ 的情况下，一分子芘占据约 576269nm³ 的立方空间（棱长为 83.18nm）。显然，在 PVA-芘的 DL 达到临界 DL 时，芘与芘之间的平均距离远大于芘基团 π-π 堆积作用的发生距离。由此可推测，同 CS-芘溶液类似，在芘基团的浓度达到产生 π-π 堆积作用的范围前，PVA-芘溶液中亦发生了 ACQ 现象。

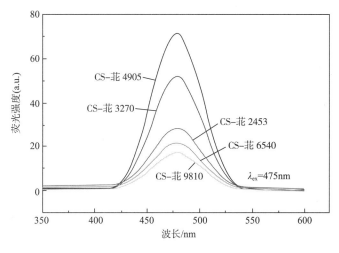

图 9-11 PVA-芘溶液的荧光光谱

9.3.5.2 浆液浸透性和被覆性分析

在荧光显微镜下，用 CS-芘上浆后的纯棉浆纱切片横截面照片如图 9-12 所示。如上所述，在明场和蓝光激发下，可分别识别出浆膜部分和纱线未被浆液浸透部分。可采用 Photoshop 等图像处理软件，直接获取浆膜、纱线未被/已被浆液浸透三个部分的面积。此后，根据公式计算出用于评估浆液浸透性和被覆性的三个指数——浸透率（P）、被覆率（C）和浆膜完整率（I），具有不同 DL 值的 CS-芘浆纱的三个指数如图 9-13 所示。浆液的浸透率和被覆率均随 CS-芘的 DL 值的增加而增加，当 DL 值为 0.0667%（摩尔分数，即 CS-芘 970）时达到最大值，而后开始下降。对于浆膜完整率，DL 值未产生显著的影响，均在 89.6% 左右。

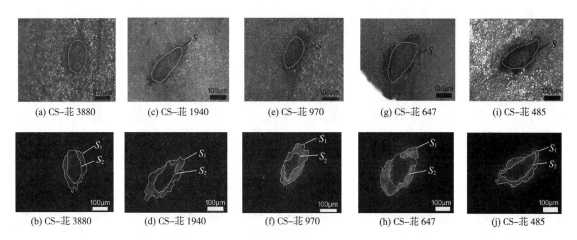

图 9-12 明场和蓝光激发下 CS-芘 3880、CS-芘 1940、CS-芘 970、
CS-芘 647 和 CS-芘 485 浆纱切片横截面照片

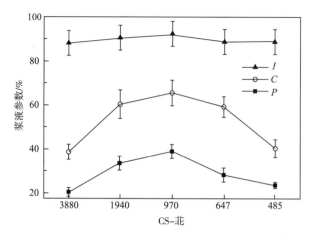

图 9-13　CS-芘浆液的浸透率（P）、被覆率（C）和浆膜完整率（I）

采用相同的浆纱机和工艺参数利用 CS-芘荧光浆料对同一种经纱进行上浆。因此，所有 CS-芘浆液的三个指标在理论上应该是相似的。然而，由图 9-13 可知，随着 CS-芘的 DL 值的提升，其浆液浸透率和被覆率均呈抛物线变化。一方面，当 DL 值低于临界值［即 0.0667%（摩尔分数）］时，CS-芘分子链中没有足够的芘荧光基团，发光强度不够。因此，利用荧光显微镜在明场和蓝光激发下观察到的浆膜和纱线被浆液浸透部分面积均小于其实际面积。浆液的浸透率和被覆率分别按式（9-1）和式（9-2）计算而得，由这两个方程可以看出，浆液浸透部分和浆膜面积越小，浸透率和被覆率越低；另一方面，当 DL 值高于临界值时，浸透率和被覆率反而开始下降，这是由于芘基团 ACQ 现象的发生。结果，浸透率和被覆率均低于实际值。显然，只有具有适中 DL 值［0.0667%（摩尔分数）］的 CS-芘衍生物才适合作为功能性浆料来评价浆液的浸透性和被覆性。对于浆膜完整率，由式（9-3）可知，在明场下观察到的浆膜包覆角与浆膜面积并无直接关联，因此具有不同 DL 值的 CS-芘的浆膜完整率非常相似。

在荧光显微镜下，用 PVA-芘上浆后的纯棉浆纱切片横截面照片如图 9-14 所示，具有不

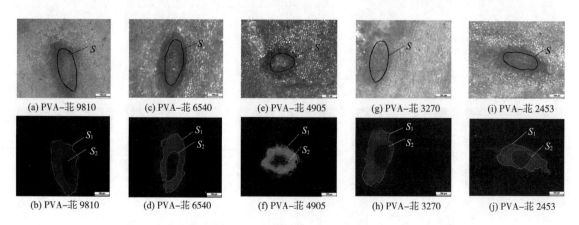

图 9-14　明场和蓝光激发下 PVA-芘 9810、PVA-芘 6540、PVA-芘 4905、
PVA-芘 3270 和 PVA-芘 2453 浆纱切片横截面照片

同 DL 值的 PVA-芘浆纱的浸透率、被覆率和浆膜完整率三个指数如图 9-15 所示。浆液的浸透率和被覆率均随 PVA-芘的 DL 值的增加而增加，当 DL 值为 0.0128%（摩尔分数，即 PVA-芘 4905）时达到最大值，而后开始下降。对于浆膜完整率，DL 值未产生显著的影响，均在 95.9% 左右。

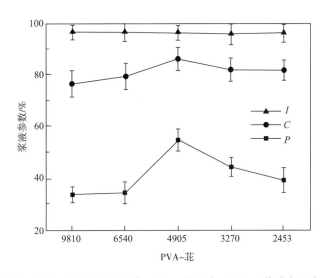

图 9-15　PVA-芘浆液的浸透率（P）、被覆率（C）和浆膜完整率（I）

由图 9-15 可知，随着 PVA-芘的 DL 值的提升，其浆液浸透率和被覆率均呈抛物线变化。一方面，当 DL 值低于临界值［即 0.0128%（摩尔分数）］时，PVA-芘分子链中没有足够的芘荧光基团，发光强度不够。因此，利用荧光显微镜在明场和蓝光激发下观察到的浆膜和纱线被浆液浸透部分面积均小于其实际面积，如前文所述，浆液浸透部分和浆膜面积越小，浸透率和被覆率越低；另一方面，当 DL 值高于临界值时，浸透率和被覆率反而开始下降，这也是由于芘基团 ACQ 现象的发生。结果，浸透率和被覆率均低于实际值。显然，只有具有适中 DL 值［0.0128%（摩尔分数）］的 PVA-芘衍生物才适合作为功能性浆料评价浆液的浸透性和被覆性。对于浆膜完整率而言，由于在明场下观察到的浆膜包覆角与浆膜面积并无直接关联，故具有不同 DL 值的 PVA-芘的浆膜完整率较为接近。

9.3.5.3　未标记 CS、PVA 与 CS-芘、PVA-芘浆纱使用性能比较

通过对未标记 CS、PVA 和具有适宜 DL 值［即 0.0667%（摩尔分数）、0.0128%（摩尔分数）］的 CS-芘、PVA-芘纯棉浆纱主要使用性能（拉伸断裂强度、伸长率、耐磨性、毛羽贴服性能）的对比试验，验证了芘基团的标记对 CS、PVA 浆纱使用性能的影响是否显著。如果采用荧光标记法对某种浆料的浆纱使用性能造成了明显的改变，那么用其荧光改性产品来评价其未改性时浆液的浸透性和被覆性就将失去实用意义。

表 9-3~表 9-6 分别显示了未标记 CS、PVA 和具有适宜 DL 值的 CS-芘、PVA-芘浆纱的力学性能及对于不同长度毛羽的贴服性能。由表可知，CS-芘、PVA-芘分别与未标记 CS、PVA 浆纱具有相似的使用性能。浆纱的主要使用性能在很大程度上取决于浆液的浸透性和被

覆性。因此，未标记与用芘基团做适当标记的 CS、PVA 浆纱较为接近的使用性能表明，未标记和已标记的浆液具有对棉纱相似的浸透性和被覆性。在这种情况下，CS-芘、PVA-芘浆液的浸透性和被覆性可以分别视为未标记 CS、PVA 浆液性能的真实反映。

表 9-3　原纱及未标记 CS 与 CS-芘 970 浆纱的力学性能

纱线类型	断裂强力		断裂伸长率		耐磨次数	
	cN	CV/cN	%	CV/%	次	CV
原纱	311	13.24	6.06	0.2329	31	3.23
未标记 CS 浆纱	397	26.40	5.09	0.5361	50	4.48
CS-芘 970 浆纱	390	24.87	5.00	0.4855	49	4.88

表 9-4　原纱及未标记 CS 与 CS-芘 970 浆纱上不同长度的毛羽数量

纱线类型	3～4mm 毛羽数量	4～5mm 毛羽数量	5～6mm 毛羽数量	6～7mm 毛羽数量	7～8mm 毛羽数量	8～9mm 毛羽数量
原纱	112.5	33.1	12.8	6.8	5.9	4.2
未标记 CS 浆纱	73.1	24.1	9.6	4.4	4.1	1.5
CS-芘 970 浆纱	77.8	26.1	9.9	4.3	4.2	1.4

表 9-5　原纱及未标记 PVA 与 PVA-芘 4905 浆纱的力学性能

纱线类型	断裂强力		断裂伸长率		耐磨次数	
	cN	CV/cN	%	CV/%	次	CV
原纱	311	13.24	6.06	0.2329	31	3.23
未标记 PVA 浆纱	404	14.16	5.87	0.1563	2685	370
PVA-芘 4905 浆纱	398	15.31	5.79	0.1861	2666	360

表 9-6　原纱及未标记 PVA 与 PVA-芘 4905 浆纱上不同长度的毛羽数量

纱线类型	3～4mm 毛羽数量	4～5mm 毛羽数量	5～6mm 毛羽数量	6～7mm 毛羽数量	7～8mm 毛羽数量	8～9mm 毛羽数量
原纱	112.5	33.1	12.8	6.8	5.9	4.2
未标记 PVA 浆纱	5.2	3.5	2.0	1.8	0.8	0
PVA-芘 4905 浆纱	5.5	3.6	2.2	2.0	0.9	0

9.4 异硫氰酸标记壳聚糖与 PVA 荧光浆料的分子结构设计、制备及性能研究

9.4.1 研究概述

异硫氰酸荧光素（FITC）是目前应用最为广泛的荧光素，有很强的吸湿性，是一种生化试剂，也是一种医学诊断药物，可对由细菌、病毒和寄生虫等所致疾病进行快速诊断。FITC能与各种抗体蛋白结合，结合后的抗体不会丧失与一定抗原结合的特异性，并在碱性溶液中仍有强烈的绿色荧光，加酸后析出沉淀，荧光消失。FITC 纯品为黄色或橙黄色结晶粉末，易溶于甲醇、乙醇等溶剂。FITC 有两种异构体，其中异构体Ⅰ型在效率、稳定性与蛋白质结合力等方面都更优良。FITC 呈现明亮的黄绿色荧光，在冷暗干燥处可保存多年，其主要优点是人眼对其呈现的黄绿色较为敏感、便于识别。

由于目前还没有适用于 CS 浆液浸透性与被覆性的检测方法，用碘-硼酸显色剂着色法测定出的 PVA 浆液的浸透性与被覆性指标存在很大误差，故一般只能通过浆纱的力学性能、毛羽贴服性能等间接指标进行推测。有鉴于此，本章提出采用 FITC 对 CS、PVA 进行标记，在制备出相应的荧光产品后，解决 CS、PVA 浆料浸透性与被覆性准确测定的问题。其原理是利用 CS 分子链上的氨基、羟基与 PVA 分子链上的羟基能够与 FITC 的异硫氰根（N=C=S—）产生共价结合制备得到 CS-F 与 PVA-F 荧光产物。目前国内外已有研究者将 CS-F 用于抗菌产品、药物载体及生物体内的荧光探针等，但除了本课题组的前期探索外，尚无人将 FITC 荧光标记法用于纺织领域浆料浆液浸透性与被覆性的测定。因此，开发经 FITC 标记的具有良好荧光特性的检测用改性浆料对 CS、PVA 浆液浸透性、被覆性无法或难以测定问题的解决具有积极意义。

9.4.2 异硫氰酸标记壳聚糖与 PVA 荧光浆料的制备

9.4.2.1 CS-F 衍生物的制备

本节以 FITC/CS 投料摩尔比为 1/9420 时的工艺为例，描述合成 CS-F 的一般过程。在200mL 含 1%CS 的 0.1mol/L 乙酸溶液中，加入 200mL 乙醇，再缓慢加入 250μL 的 2mg/mL 的FITC 乙醇溶液。室温条件下，将用于反应的烧瓶包裹上铝箔纸制造避光条件反应 12h 后，再用适量 0.2mol/L NaOH 溶液中和至 pH = 7~8 左右析出 CS 沉淀物。然后，CS 沉淀物以10000r/min 离心 15min，用体积比为 7/3 的乙醇/水溶液洗涤，共离心 5 次。离心后 FITC 标记CS 再溶解于 0.1mol/L 稀醋酸中，置于暗处用蒸馏水透析 72h，换 4 次水/天，冷冻冻实后，冷干得到 CS-F 产物。CS-F 的合成路线如图 9-16 所示。

9.4.2.2 PVA-F 衍生物的制备

本节以 FITC/PVA 投料摩尔比为 1/7008 时的工艺为例，描述合成 PVA-F 的一般过程。

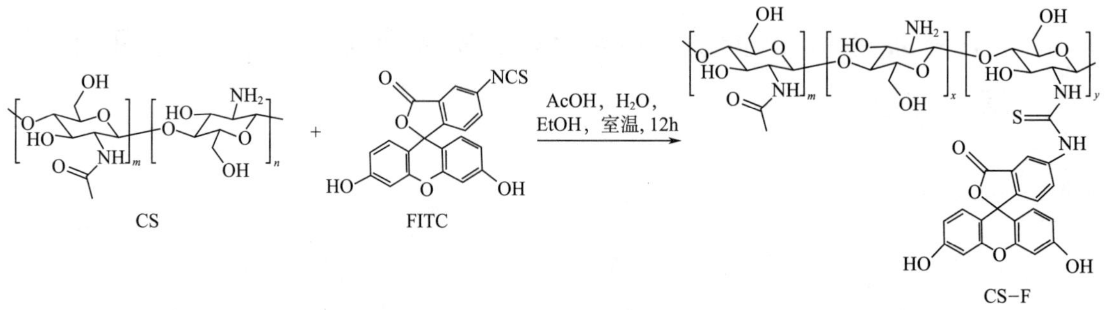

图 9-16 CS-F 的合成路线

首先称取 2.0g PVA，将其加入容量为 100mL 的三颈烧瓶中，再量取 20mL 的 DMSO，待 PVA 溶解于 DMSO 后，磁力搅拌下使瓶内温度上升至 95℃。称取 2.5mg FITC 放入烧杯中，再向该烧杯中加入 3mL DBT*DL* 和 4mL DMSO 的混合溶液，待 FITC 充分溶解后，加至上述 PVA 的 DMSO 溶液。此时开始计时，95℃下反应 5h，然后冷却至室温。溶液用乙醇沉淀，10000r/min 离心，用乙醇彻底洗涤。将 PVA-F 沉淀溶解于蒸馏水中，在蒸馏水中透析 72h 除去未反应的试剂，将 PVA-F 冷冻干燥、粉碎并储存于干燥器中。PVA-F 的合成路线如图 9-17 所示。

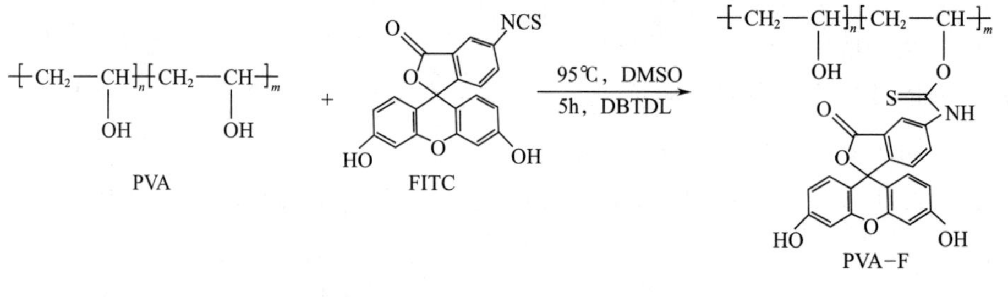

图 9-17 PVA-F 的合成路线

9.4.3 异硫氰酸标记壳聚糖与 PVA 荧光浆料的结构表征

9.4.3.1 ¹H-NMR 表征结果

未标记 CS 和 CS-F 的 ¹H-NMR 表征结果如图 9-18 所示。4.8ppm 左右的化学位移对应于溶剂（D₂O）的质子峰，除含有未标记的 CS 的化学位移峰，如在 2.9~4.1ppm 范围内 CS 主链中的甲基和亚甲基，CS-F 衍生物的谱图中在 6.5~7.5ppm 范围内出现了新的化学位移，此位移可被认为是荧光素芳环中的质子峰。当 FITC 与 CS 的投料摩尔比小于 1/2355 时，CS-F 的标记率很低，故无法在 ¹H-NMR 谱图中观测到 CS-F 荧光素芳环上的质子峰。

未标记 PVA 和 PVA-F 的 ¹H-NMR 表征结果如图 9-19 所示。大约 2.5ppm 和 3.3ppm 处的化学位移分别对应于溶剂（DMSO-d6）和残余水的质子峰。除了含有未标记 PVA 的化学

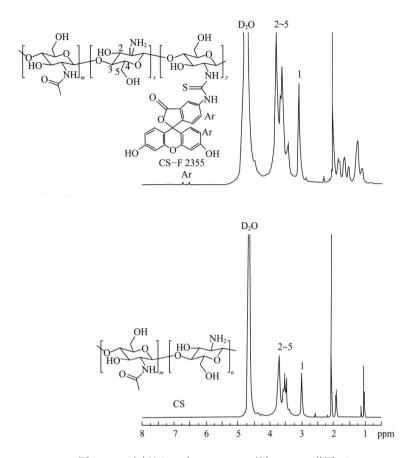

图 9-18　未标记 CS 和 CS-F 2355 的 ^{1}H-NMR 谱图

（以 FITC/CS 投料摩尔比为 1/2355 合成出的 CS-F 样品的编号为 CS-F 2355，以此类推，以下图表同）

位移，如 3.5~4.5ppm 和 0.9~1.5ppm 处分别对应羟基和烷基链上质子的位移峰，在 PVA-F 的谱图中发现了 6.5~7.5ppm 范围内出现了新的化学位移，此位移可认为是荧光素芳环中的质子峰。当 FITC 与 PVA 的投料摩尔比小于 1/2336 时，PVA-F 的标记率很低，故无法在 ^{1}H-NMR 谱图中观测到 PVA-F 荧光素芳环上的质子峰。

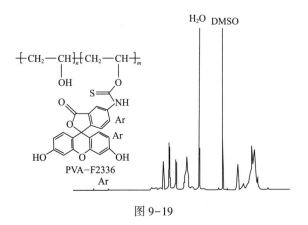

图 9-19

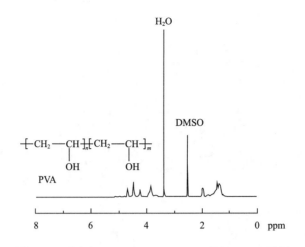

图 9-19 未标记 PVA 和 PVA-F 2336 的 ^{1}H-NMR 谱图

（以 FITC/PVA 投料摩尔比为 1/2336 合成出的 PVA-F 样品的编号为 PVA-F 2336，以此类推，以下图表同）

9.4.3.2 UV-visible 表征结果

由于 CS-F 和 PVA-F 衍生物的标记率较低，因此必须用紫外-可见分光光度计对其标记率和标记效率进行测定。FITC 溶液浓度与其吸光度的关系、CS-F 和 PVA-F 衍生物的标记率和标记效率、FITC 与 CS、PVA 的投料和实际重量比等数据如图 9-20、表 9-7 和表 9-8 所示。衍生物标记率随投料时 FITC 与 CS、PVA 结构单元摩尔比的增加而增加，而标记效率则逐渐降低。

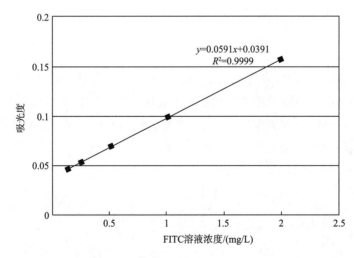

图 9-20 FITC 溶液浓度与最大吸收波长下（$\lambda_{max} = 438\text{nm}$）吸光度的关系

CS 分子上的亲核试剂为氨基和羟基，而 PVA 分子上的亲核试剂则为羟基。值得注意的是，CS 中的氨基和羟基、PVA 中的羟基的数量都是有限的。随着 FITC 所占投料比的增加，CS、PVA 和 FITC 发生亲核加成反应的位点逐渐被占据，FITC 与 CS、PVA 的亲核加成反应变得更加困难。结果表明，随着 FITC 投料浓度的增加，标记效率呈逐步下降的趋势。

表 9-7 不同 **FITC/CS** 结构单元投料摩尔比时 **CS-F** 的 *DL* 和 *EL*

CS-F 类型	CS-F 溶液浓度/ (mg/L)	吸光度	FITC 在溶液中的浓度/ (mg/L)	FITC/CS 的质量比/‰	FITC/CS 的实际质量比/‰	DL/% (摩尔分数)	EL/%
CS-F 18840	1000	0.0436	0.076	0.125	0.076	0.00323	60.8
CS-F 9420	1000	0.0478	0.147	0.250	0.147	0.00625	58.8
CS-F 4710	1000	0.0557	0.281	0.500	0.281	0.0119	56.2
CS-F 2355	1000	0.0709	0.538	1.00	0.538	0.0228	53.8

表 9-8 不同 **FITC/PVA** 结构单元投料摩尔比时 **PVA-F** 的 *DL* 和 *EL*

PVA-F 类型	PVA-F 溶液浓度/ (mg/L)	吸光度	FITC 在溶液中的浓度/ (mg/L)	FITC/PVA 的质量比/‰	FITC/PVA 的实际质量比/‰	DL/% (摩尔分数)	EL/%
PVA-F 14015	1000	0.0493	0.173	0.625	0.173	0.00197	27.7
PVA-F 7008	1000	0.0582	0.323	1.25	0.323	0.00368	25.8
PVA-F 3504	1000	0.0742	0.594	2.50	0.594	0.00676	23.8
PVA-F 2336	1000	0.0880	0.827	3.75	0.827	0.00942	22.1

9.4.4 异硫氰酸标记壳聚糖与 PVA 荧光浆料的性能测试

9.4.4.1 荧光强度

不同 *DL* 值 CS-F 溶液的荧光强度如图 9-21 所示。从图中可以看出，荧光强度先是随着 CS-F 的 *DL* 值的增加而增强，当 *DL* 值为 0.00625%（摩尔分数）时达到最大值，然后开始下降。

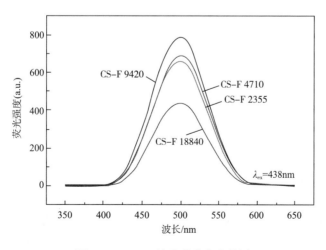

图 9-21 CS-F 溶液的荧光光谱图

FITC 是目前应用最为广泛的一种 ACQ 荧光材料，若在大分子上标记适量的 FITC，就可赋予大分子良好的荧光性能。例如 CS-F，该类衍生物的荧光强度与其 DL 值紧密相关。因此，在用荧光素标记 CS 时，CS-F 的荧光量子产率先随着分子上含有的荧光素基团数量的增加而上升。但由于 ACQ 现象的出现，当 DL 值超过 0.00625%（摩尔分数）时，荧光量子产率降低。因此，0.00625%（摩尔分数）可被认为是 FITC 开始聚集的临界 DL 值。在做荧光强度测试时，CS-F 溶液的浓度为 1g/L。在 CS-F 完全分散均匀以及 DL 值达到临界值〔即 0.00625%（摩尔分数）〕的情况下，一分子 FITC 占据约 4393300nm³ 的立方空间（棱长为 163.70nm）。共轭 ACQ 发光材料聚集的主要原因是 FITC 之间的 π-π 堆积作用，π-π 堆积作用的发生距离在 0.34~0.40nm 范围内。显然，在 CS-F 的 DL 值达到临界 DL 值时，FITC 之间的平均距离远大于 0.40nm。因此可以推测，在荧光素基团浓度达到产生 π-π 堆积作用的数值前，CS-F 溶液中已发生 ACQ 现象。产生 ACQ 现象的原因是由于缺乏空间约束，使得 FITC 经历了强烈的热运动。因此，即使在较大的空间内，FITC 之间也可能发生碰撞产生 π-π 堆积作用，从而产生 ACQ 现象。

不同 DL 值的 PVA-F 的荧光强度如图 9-22 所示。从图中可以看出，荧光强度先是随着 PVA-F 的 DL 值的增加而增强，当 DL 值为 0.00368%（摩尔分数）时达到最大值，然后开始下降。

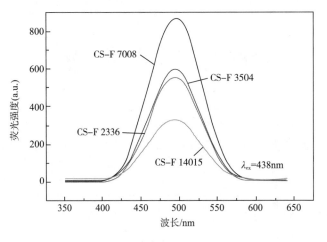

图 9-22　PVA-F 溶液的荧光光谱图

PVA-F 衍生物的荧光强度与由其 DL 值决定。因此，在用 FITC 标记 PVA 时，其荧光量子产率先随着分子上含有的荧光素基团数量的增加而上升。但由于 ACQ 现象的出现，当 DL 值超过 0.00368%（摩尔分数）时，荧光量子产率开始降低。因此，0.00368%（摩尔分数）可被认为是在 PVA-F 衍生物溶液中 FITC 开始聚集的临界 DL 值。在做荧光强度测试时，PVA-F 溶液的浓度为 1g/L。在 PVA-F 完全分散均匀以及 DL 值达到临界值的情况下，一分子 FITC 占据约 1988400nm³ 的立方空间（棱长为 125.69nm）。显然，在 PVA-F 的 DL 值达到临界 DL 值时，FITC 之间的平均距离远大于 FITC 基团 π-π 堆积作用的发生距离。由此可推测，同 CS-F 溶液类似，在 FITC 基团浓度达到产生 π-π 堆积作用的范围前，PVA-F 溶液中也发生 ACQ 现象。

9.4.4.2 浆液浸透性和被覆性分析

在荧光显微镜下，用 CS-F 上浆后的纯棉浆纱切片横截面照片如图 9-23 所示。如上所述，在明场和蓝光激发下，可分别识别出浆膜部分和纱线未被浆液浸透部分。根据式 (9-1)、式 (9-2) 和式 (9-3) 计算出用于评估浆液浸透性和被覆性的三个指数——浸透率 (P)、被覆率 (C) 和浆膜完整率 (I)，具有不同 DL 值的 CS-F 浆纱的三个指数如图 9-24 所示。如此图所示，浆液的浸透率和被覆率均随 CS-F 的 DL 值的增加而增加，当 DL 值为 0.00625%（摩尔分数，即 CS-F 9420）时达到最大值，而后开始下降。对于浆膜完整率，DL 值未产生显著的影响，均在 71.5% 左右。

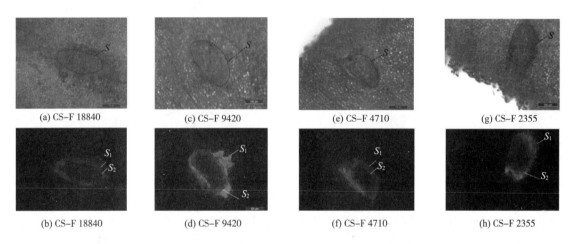

图 9-23　明场和蓝光激发下 CS-F 18840、CS-F 9420、CS-F 4710 和 CS-F 2355 浆纱切片横截面照片

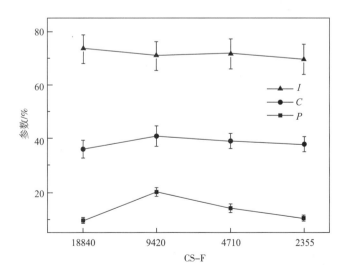

图 9-24　CS-F 浆液的浸透率（P）、被覆率（C）和浆膜完整率（I）

由图 9-24 可知，随着 CS-F 的 *DL* 值的提升，其浆液浸透率和被覆率均呈抛物线变化。一方面，当 *DL* 值低于临界值［即 0.00625%（摩尔分数）］时，CS-F 分子链中没有足够的荧光素荧光基团，发光强度不够。因此，利用荧光显微镜在明场和蓝光激发下观察到的浆膜和纱线被浆液浸透部分面积均小于其实际面积，而浆液浸透部分和浆膜面积测定值越小，浸透率和被覆率越低；另一方面，当 *DL* 值高于临界值时，浸透率和被覆率反而开始下降，这是由于 FITC 基团 ACQ 现象的发生。结果，浸透率和被覆率均低于实际值。显然，只有具有适中 *DL* 值［0.00625%（摩尔分数）］的 CS-F 衍生物才适合作为功能性浆料来评价浆液的浸透性和被覆性。明场下，研究者观察到的浆膜包覆角与浆膜面积并无直接关联，因此具有不同 *DL* 值的 CS-F 的浆膜完整率无显著差别。

在荧光显微镜下，用 PVA-F 上浆后的纯棉浆纱切片横截面照片如图 9-25 所示。如上所述，在明场和蓝光激发下，可分别识别出浆膜部分和纱线未被浆液浸透部分，具有不同 *DL* 值的 PVA-F 浆纱的三个指数如图 9-26 所示。如图所示，浆液的浸透率和被覆率均随 PVA-F 的 *DL* 值的增加而增加，当 *DL* 值为 0.00368%（摩尔分数，即 PVA-F 7008）时达到最大值，而后开始下降。对于浆膜完整率，*DL* 值未产生显著的影响，均在 94.3% 左右。

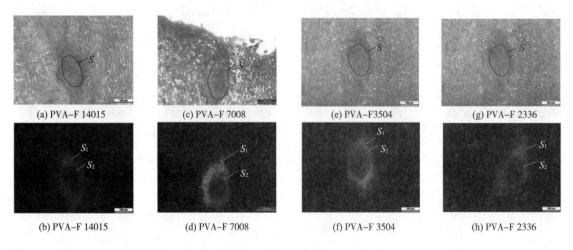

(a) PVA-F 14015　　(c) PVA-F 7008　　(e) PVA-F3504　　(g) PVA-F 2336

(b) PVA-F 14015　　(d) PVA-F 7008　　(f) PVA-F 3504　　(h) PVA-F 2336

图 9-25　明场和蓝光激发下 PVA-F 14015、PVA-F 7008、PVA-F 3504 和 PVA-F 2336 浆纱切片横截面照片

由图 9-26 可知，随着 PVA-F 的 *DL* 值的提升，其浆液浸透率和被覆率均呈抛物线变化。一方面，当 *DL* 值低于临界值［即 0.00368%（摩尔分数）］时，PVA-F 分子链中没有足够的 FITC 基团，发光强度不够。因此，利用荧光显微镜在明场和蓝光激发下观察到的浆膜和纱线被浆液浸透部分面积均小于其实际面积，如前文所述，浆液浸透部分和浆膜面积越小，浸透率和被覆率越低；另一方面，当 *DL* 值高于临界值时，浸透率和被覆率反而开始下降，这也是由于 FITC 基团 ACQ 现象的发生。结果，浸透率和被覆率均低于实际值。显然，只有具有适中 *DL* 值［0.00368%（摩尔分数）］的 PVA-F 衍生物才适合作为功能性浆料评价浆液的浸透性和被覆性。就浆膜完整率而言，由于在明场下观察到的浆膜包覆角与浆膜面积无直接关联，故具有不同 *DL* 值的 PVA-F 的浆膜完整率较为接近。

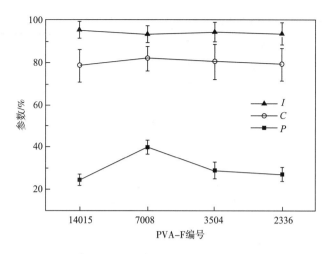

图9-26　PVA-F浆液的浸透率（P）、被覆率（C）和浆膜完整率（I）

9.4.4.3　未标记 CS、PVA 与 CS-F、PVA-F 浆纱使用性能比较

通过对未标记 CS、PVA 和具有适宜 DL 值 [即 0.00625%（摩尔分数）、0.00368%（摩尔分数）] 的 CS-F、PVA-F 纯棉浆纱主要使用性能的对比试验，验证了 FITC 基团的标记对 CS、PVA 浆纱使用性能是否会产生显著影响。表9-9~表9-12 分别显示了未标记 CS、PVA 和具有适宜 DL 值的 CS-F、PVA-F 浆纱的力学性能及对于不同长度毛羽的贴服性能。由表可知，CS-F、PVA-F 分别与未标记 CS、PVA 浆纱具有相似的使用性能。浆纱的主要使用性能在很大程度上取决于浆液的浸透性和被覆性。因此，未标记与用 FITC 基团做适当标记的 CS、PVA 浆纱较为接近的使用性能表明，未标记和已标记的浆液具有对棉纱相似的浸透性和被覆性。在这种情况下，CS-F、PVA-F 浆液的浸透性和被覆性可以分别视为未标记 CS、PVA 浆液性能的真实反映。

表9-9　原纱及未标记 CS 与 CS-F 9420 浆纱的力学性能

纱线类型	断裂强力		断裂伸长率		耐磨次数	
	cN	CV/cN	%	$CV/\%$	次	CV
原纱	311	13.24	6.06	0.2329	31	3.23
未标记 CS 浆纱	397	26.40	5.09	0.5361	50	4.48
CS-F 9420 浆纱	398	10.41	5.17	0.5157	48	2.56

表9-10　原纱及未标记 CS 与 CS-F 9420 浆纱上不同长度的毛羽数量

纱线类型	3~4mm 毛羽数量	4~5mm 毛羽数量	5~6mm 毛羽数量	6~7mm 毛羽数量	7~8mm 毛羽数量	8~9mm 毛羽数量
原纱	112.5	33.1	12.8	6.8	5.9	4.2
未标记 CS 浆纱	73.1	24.1	9.6	4.4	4.1	1.5
CS-F 9420 浆纱	75.5	22.1	9.8	4.8	4.0	1.6

表 9-11　原纱及未标记 PVA 与 PVA-F 7008 浆纱的力学性能

纱线类型	断裂强力		断裂伸长率		耐磨次数	
	cN	CV/cN	%	CV/%	次	CV
原纱	311	13.24	6.06	0.2329	31	3.23
未标记 PVA 浆纱	404	14.16	5.87	0.1563	2685	370
PVA-F 7008 浆纱	397	17.50	5.70	0.2152	2622	125

表 9-12　原纱及未标记 PVA 与 PVA-F 7008 浆纱上不同长度的毛羽数量

纱线类型	3~4mm 毛羽数量	4~5mm 毛羽数量	5~6mm 毛羽数量	6~7mm 毛羽数量	7~8mm 毛羽数量	8~9mm 毛羽数量
原纱	112.5	33.1	12.8	6.8	5.9	4.2
未标记 PVA 浆纱	5.2	3.5	2.0	1.8	0.8	0
PVA-F 4905 浆纱	5.7	3.7	2.1	2.2	0.9	0

9.5　基于 AIE 效应的 CS-TPE 荧光浆料的分子结构设计、制备及性能研究

9.5.1　研究概述

当荧光显微镜的光源为紫外光时，其波长短，分辨力会显著高于普通光学显微镜。在明场中，依据浆膜的可见光透光率显著高于原纱截面的原理，故易于识别浆纱切片截面中浆膜与浆纱已浸透部分的边界；在紫外光照射下，浆膜与浆纱已浸透部分会发出一定强度的荧光，浆纱未浸透部分则因无荧光发出而形成暗斑，故浆纱未浸透部分也易被识别。因此，凭借此法可得浸透率、被覆率以及浆膜完整率。然而，诸如 FITC 一类的传统荧光发光化合物，通常在溶液状态下具有很强的发光效率，而在聚集或固体状态时，其荧光会大幅减弱甚至消失，即出现聚集导致荧光淬灭（ACQ）现象。FITC 标记壳聚糖荧光浆料亦有此缺点，在利用荧光显微镜观测浆纱切片的过程中发现，切片的荧光会随着时间的推移逐渐减弱，致使所得结果可能与真实情况存在一定差距。鉴于 ACQ 分子的固有缺陷，采用聚集诱导发光（AIE）分子很可能作为提升浆纱荧光标记稳定性的重要途径之一。

在常见浆料中，无论是生物基高分子（如 CS、淀粉）还是合成高聚物（如 PVA、聚丙烯酰胺），其分子链上都包含大量的羟基或氨基。而经典 AIE 单元 TPE-ITC 分子上—N＝C＝S 中的 C 具有高度的亲电性，能够与氨基、羟基、β-羰基等亲核试剂发生亲核加成反应，生成相应的硫脲。依据 FITC 标记 CS 荧光浆料的研究成果可推知，以 TPE-ITC 作为反应物，不仅可使 TPE 引至 CS 的分子链上生成荧光探针，只要反应条件适宜，TPE 同样能被引至 PVA、淀粉、聚丙烯酰胺等浆料的分子链上生成相应的荧光探针，基于其固有的 AIE 效应，可为准确

评价浆纱的浸透和被覆性提供物质保证,且可避免 ACQ 标记荧光浆料易受光漂白的缺陷。本节以 TPE 标记壳聚糖荧光浆料为例,讨论 AIE 效应荧光浆料的制备、表征与应用性能。

9.5.2 CS-TPE 荧光浆料的制备

9.5.2.1 TPE-ITC 的制备

TPE-ITC 为经典的 AIE 荧光分子,TPE-ITC 加合物,即 1-[4-(异硫氰酸甲酯)苯基]-1,2,2-三苯基乙烯,TPE-ITC 的合成路线如图 9-27 所示。

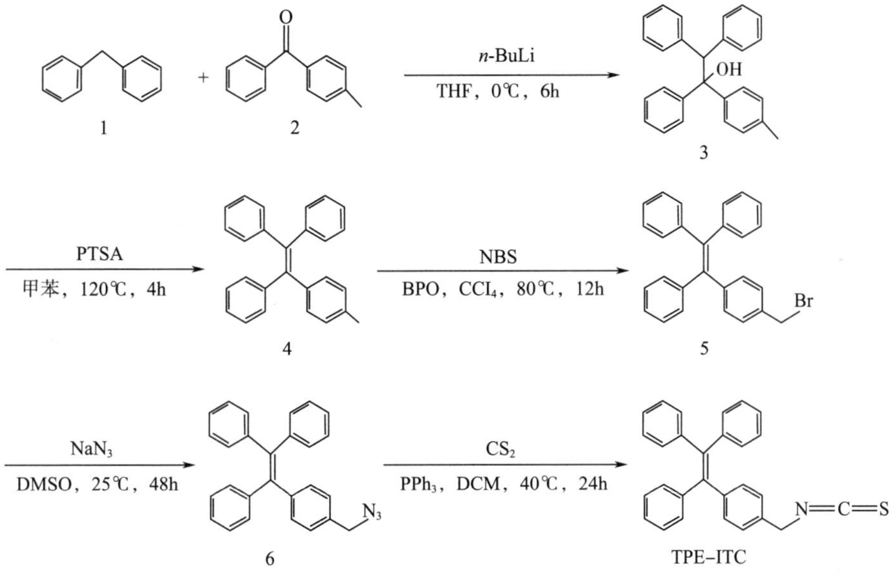

图 9-27 TPE-ITC 合成路线

9.5.2.2 CS-TPE 衍生物的制备

将天然 CS 加入双颈烧瓶中,并在真空条件下进行抽气,并用干燥的氮气冲洗三次。将 15mL DMSO 加入烧瓶中,并在 60℃ 下搅拌 24h 使 CS 充分溶解。向烧瓶中添加一定量的 TPE-ITC(其与 CS 结构单元的投料摩尔比在 5%～25% 范围内),并将所得混合物搅拌 24h,反应完成后,加入丙酮使 CS-TPE 产品沉淀析出。产品在高速(10000r/min)离心作用下,采用蒸馏水洗涤 5 次,丙酮洗涤 3 次,然后溶解在 0.1mol/L 的稀醋酸中。采用 10% 氢氧化钠溶液使 CS-TPE 沉淀析出,过滤后用蒸馏水充分洗涤,直到 pH 变为中性。最终,CS-TPE 产品在真空干燥后存贮待用。CS-TPE 的制备路线如图 9-28 所示。

9.5.3 CS-TPE 荧光浆料浆液浸透性与被覆性的测试

首先用哈氏纤维切片器将 CS-TPE 浆纱切成厚度不大于 20μm 的切片,用荧光显微镜分别在明场和 UV 激发光下拍摄浆纱切片横截面照片。参见图 9-1(a),S、S_1 和 S_2 区域分别在明场和 UV 激发光下划定,并通过 Photoshop 软件测量出各区域面积,根据式(9-1)、式(9-2)、式(9-3)分别计算出浸透率、被覆率和浆膜完整率。

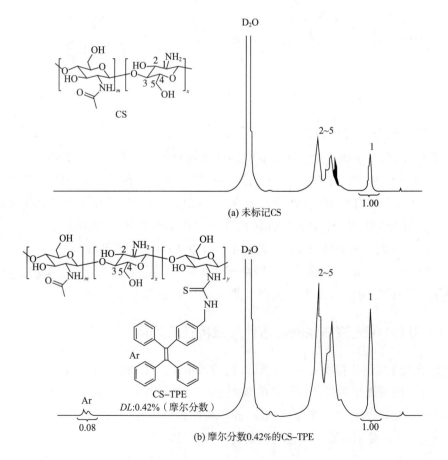

图 9-28　CS-TPE 的合成路线

9.5.4　CS-TPE 荧光浆料的结构表征

9.5.4.1　¹H-NMR 表征结果

未标记 CS 和具有较大差别 *DL* 值的 CS-TPE 的¹H-NMR 图谱如图 9-29 所示。CS-TPE 的苯环质子化学位移出现在 7.30~6.90ppm 之间，这个新的化学位移峰证实了 TPE 已被成功标记至 CS 分子链上。

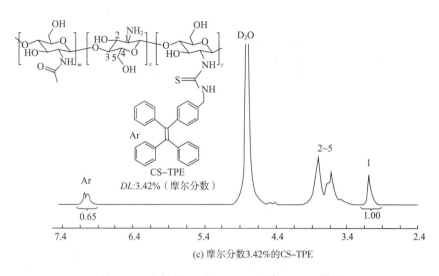

(c) 摩尔分数3.42%的CS-TPE

图 9-29　未标记 CS 和 CS-TPE 的 ^{1}H-NMR 谱图

9.5.4.2　元素分析结果

用元素分析（EA）法测定未标记 CS 和 CS-TPE 的碳、氢、氮、硫元素含量。根据 ^{1}H-NMR 得到的 DL 值和 EA 测定的未标记 CS 中四种元素的含量，计算出 CS-TPE 理论上各元素的含量见表 9-13。除氢和氮元素外，TPE-CS 的碳、硫元素含量均高于天然 CS，这是由于天然 CS 中不含硫，碳含量也要比 TPE 低得多。按照元素分析法测定出的 CS-TPE 各元素含量与理论计算值基本吻合。

表 9-13　未标记 CS 与 CS-TPE 的元素含量

CS 类型	C/%（质量分数）		H/%（质量分数）		N/%（质量分数）		S/%（质量分数）	
	EA 测得值	理论计算值	EA 测得值	理论计算值	EA 测得值	理论计算值	EA 测得值	理论计算值
未标记 CS	39.73	—	7.08	—	7.28	—	0	—
CS-TPE 1#	40.02	39.91	6.93	7.07	7.10	7.26	0.04	0.03
CS-TPE 2#	41.38	41.22	6.85	7.02	7.02	7.15	0.38	0.27

注　CS-TPE 1# 和 2# 分别指 DL 为 0.42%（摩尔分数）和 3.42%（摩尔分数）的样品，以下图表同。

9.5.4.3　耐光漂白性测试结果

图 9-30 显示了 CS-TPE 和 CS-F 荧光浆料粉末在紫外光下用相机拍摄的照片。与 CS-F 形成鲜明对比的是，随着 DL 的增加，CS-TPE 发出的荧光强度提升，显示了 CS-TPE 的 AIE 特性。CS-TPE 和 CS-F 溶液在光漂白前后的图像如图 9-31 所示，荧光分光光度计也用于量化表示 CS-TPE 和 CS-F 溶液在光漂白前后的荧光强度的变化，如图 9-31 和图 9-32 所示。

从紫外光下照片和荧光光谱可以看出，CS-TPE 溶液的荧光强度在紫外光照射后略有下降，而 CS-F 溶液的荧光衰减十分明显。CS-TPE 具有较好的光稳定性的原因是其聚集态的工作浓度较高。如图 9-33 所示，在浆纱生产、浆液浸透和被覆性测定过程中，如经纱上浆、浆纱切片制备、荧光显微镜下观察切片等，都不可能远离光线。如果浆料发生荧光猝灭，在浆

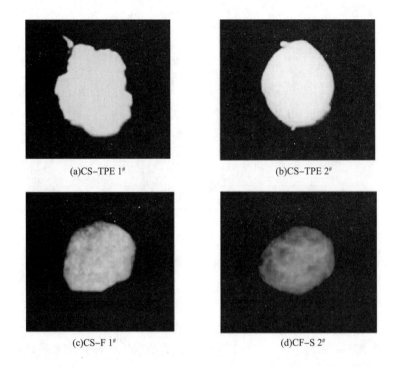

图 9-30　CS-TPE 1#、CS-TPE 2#、CS-F 1#和 CS-F 2#浆料粉末在相同 UV 光（365nm）下的照片

[CS-F 1#和 2#分别指 DL 值为 0.00625%（摩尔分数）和 0.0228%（摩尔分数）的样品]

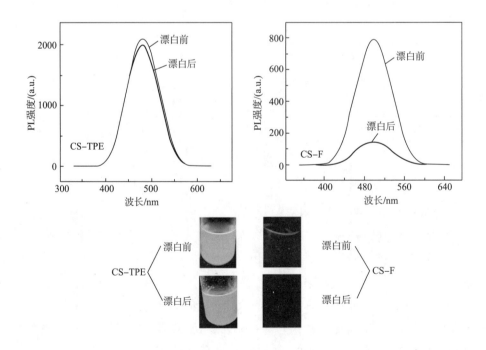

图 9-31　CS-TPE 2#和 CS-F 1#溶液在光漂白前后的荧光光谱及 UV 光（365nm）下照片

（CS-TPE 和 CS-F 的激发光波长分别为 338nm 和 438nm，下图同）

纱切片截面各部分界定时会严重偏离实际。因此，除了具有较强的荧光强度外，良好的耐光漂白性是应用荧光浆料准确测定浆液浸透性和被覆性的另一先决条件。

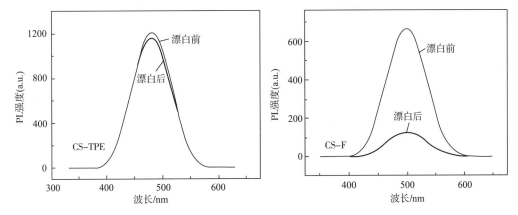

图 9-32 CS-TPE 1# 和 CS-F 2# 溶液在光漂白前后的荧光光谱

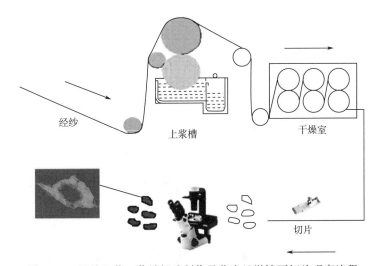

图 9-33 经纱上浆、浆纱切片制作及荧光显微镜下切片观察流程

9.5.4.4 水溶性及水溶稳定性测试结果

通过对 CS 浆料在稀醋酸中溶解性的观察，发现未标记 CS 的完全溶解时间与 CS-F 相近，但比 CS-TPE 短。CS-TPE 的 DL 值越高，完全溶解时间越长。图 9-34 显示了一周内 CS 溶液的沉淀率。根据每天的沉淀量，CS 浆料的溶解稳定性顺序为：未标记 CS ≈ CS-F > CS-TPE 1# > CS-TPE 2#。

由于 TPE 中苯基的疏水性很强，CS-TPE 的 DL 值过高会显著降低 CS 的水溶性。现代经纱上浆工艺是在水相中进行的，因此良好的水溶性或水分散性是聚合物用作纺织浆料的先决条件。因此，CS-TPE 的 DL 值未必总是越高越好。只要发射的荧光能满足荧光显微镜下的观测要求，CS-TPE 荧光浆料就能满足测试需要。结果表明，DL 值为 0.42%（摩尔分数）和 3.42%（摩尔分数）的 CS-TPE 均能在 95℃下 1h 内完全溶解，满足一般上浆要求。FITC 也

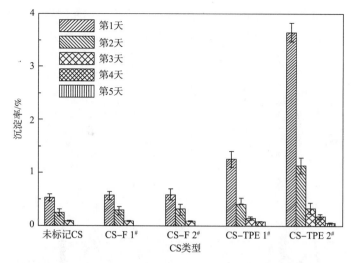

图 9-34　未标记 CS、CS-F 和 CS-TPE 衍生物在一周内的沉淀率

（从第 4 天以后再未发现未标记 CS 和 F-CS 沉淀；从第 6 天以后再未发现 CS-TPE 沉淀）

是疏水的，但 CS-F 由于其极低的 DL 值而保持了良好的溶解性和溶解稳定性。因此，FITC 标记对 F-CS 溶解性和溶解稳定性的影响可以忽略不计。

9.5.4.5　浆液浸透性与被覆性测试结果

图 9-35 和图 9-36 显示了用 CS-TPE、CS-F 上浆的纯棉经纱的横截面图像。在明场下，可以识别切片截面的浆膜部分；在紫外光场下，可以识别出未被浆液浸透的切片截面部分。表 9-14 列出了 CS-TPE 和 CS-F 浆液的浸透率、被覆率和浆膜完整率。

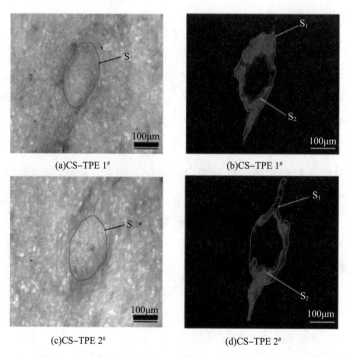

(a)CS-TPE 1#　　　　　　　　(b)CS-TPE 1#

(c)CS-TPE 2#　　　　　　　　(d)CS-TPE 2#

图 9-35　明场和 UV 光激发下 CS-TPE 1# 和 CS-TPE 2# 浆纱切片的截面照片

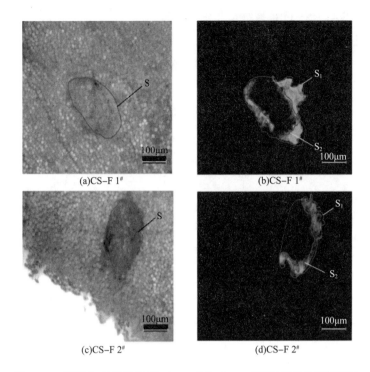

图 9-36 明场和蓝光激发下 CS-F 1# 和 CS-F 2# 浆纱切片的截面照片

在相同的上浆机和工艺参数下，用荧光 CS 对同一种棉纱进行上浆。因此，所有 CS 荧光浆料的三项指标在理论上应该是相似的。然而，如表 9-14 所示，CS-TPE 浆液的浸透率和被覆率均高于 CS-F。其原因在于，在较长的浆纱生产和浸透性、被覆性测定过程中，由于 CS-F 易发生荧光猝灭，浆膜和切片截面已浸透部分的测量面积小于实际值。另外，由于具有高 DL 值的 CS-F 浆料的 ACQ 现象更严重，其浸透率和被覆率都比低 DL 值的 CS-F 浆料低。造成 ACQ 现象的原因是由于分子间电子振动的相互作用导致了非辐射能量转换，如典型的 π-π 堆积。相比之下，AIE 分子（如 TPE、硅杂环戊二烯和二苯基二苯并呋喃酮）在聚集后被发现能发射强烈的荧光，十分便于肉眼观察，AIE 现象主要归因于分子内旋转受限作用（RIR）。由此可见，CS-TPE 比 CS-F 更适合作为荧光浆料来辅助研究者评定浆液的浸透性和被覆性。

表 9-14　CS-TPE 和 CS-F 浆液的浸透率（P）、被覆率（C）和浆膜完整率（I）

CS 类型	P		C		I	
	%	$CV/\%$	%	$CV/\%$	%	$CV/\%$
CS-TPE 1#	23.2	7.64	45.5	5.50	75.2	5.99
CS-TPE 2#	25.0	5.82	47.5	5.16	75.1	6.16
CS-F 1#	20.1	8.34	40.6	8.19	71.0	7.80
CS-F 2#	10.3	10.88	38.0	8.01	69.4	7.91

9.5.4.6 未标记 CS 与 CS-TPE 浆纱使用性能比较

通过对未标记 CS、CS-TPE 1#和 2#纯棉浆纱主要使用性能的对比试验，验证 TPE 标记对 CS 浆纱使用性能产生的影响。表 9-15 及表 9-16 分别显示了未标记 CS 和 CS-TPE 浆纱的力学性能和毛羽贴服性能。如表所示，未标记 CS、CS-TPE 1#和 2#浆纱具有相似的使用性能。浆纱的主要使用性能在很大程度上取决于浆液的浸透性和被覆性。因此，未标记与用 TPE 做适当标记的 CS 浆纱较为接近的使用性能表明，未标记和已标记的浆液具有对棉纱相似的浸透性和被覆性。在这种情况下，CS-TPE 浆液的浸透性和被覆性可视为未标记 CS 浆液性能的真实反映。

表 9-15　原纱及未标记 CS 与 CS-TPE 浆纱的力学性能

纱线类型	断裂强力		断裂伸长率		耐磨次数	
	cN	CV/cN	%	CV/%	次	CV
原纱	311	13.24	6.06	0.2329	31	3.23
未标记 CS 浆纱	397	26.40	5.09	0.5361	50	4.48
CS-TPE 1#浆纱	387	15.91	5.32	0.3256	51	4.16
CS-TPE 2#浆纱	381	22.97	5.40	0.2500	54	3.99

表 9-16　原纱及未标记 CS 与 CS-TPE 浆纱上不同长度的毛羽数量

纱线类型	3~4mm 毛羽数量	4~5mm 毛羽数量	5~6mm 毛羽数量	6~7mm 毛羽数量	7~8mm 毛羽数量	8~9mm 毛羽数量
原纱	112.5	33.1	12.8	6.8	5.9	4.2
未标记 CS 浆纱	73.1	24.1	9.6	4.4	4.1	1.5
CS-TPE 1#浆纱	67.3	21.8	8.3	4.8	3.5	1.2
CS-TPE 2#浆纱	66.1	22.7	9.5	4.1	3.7	1.3

参考文献

[1] BISMARK S, ZHU Z F, BENJAMIN T. Effects of differential degree of chemical modification on the properties of modified starches：Sizing [J]. Journal of Adhesion, 2018, 94（2）：97-123.

[2] LI W, ZHU Z F, WANG X, et al. Electroneutral quaternization and sulfosuccination of cornstarch for improving the properties of its low-temperature sizing to viscose yarns [J]. Indian Journal of Fibre & Textile Research, 2018, 43（3）：285-294.

[3] SHEN S Q, ZHU Z F, LIU F D. Introduction of poly［（2-acryloyloxyethyl trimethyl ammonium chloride）-co-（acrylic acid）］branches onto starch for cotton warp sizing [J]. Carbohy-

drate Polymers, 2016, 138: 280-289.

[4] 范雪荣, 荣瑞萍, 纪惠军. 纺织浆料检测技术 [M]. 北京: 中国纺织出版社, 2007.

[5] 仲岑然. 基于计算机图像处理的浆液浸透性测试 [J]. 棉纺织技术, 2010, 38 (1): 41-43.

[6] 余晓明, 武继松. 基于 MATLAB 的浆纱浸透率和被覆率的测量 [J]. 武汉科技学院学报, 2009, 22 (6): 12-14.

[7] JIN E Q, WANG Z K, HU Q L, et al. Perylene-based fluorescent sizing agent for precise evaluation of permeability and coating property of sizing paste [J]. Advanced Fiber Materials, 2020, 2 (5): 279-290.

[8] JIN E Q, WANG Z K, LI M L, et al. Fluorescent sizing agents based on aggregation-induced emission effect for accurate evaluation of permeability and coating property [J]. Fibers and Polymers, 2021, 22 (5): 1218-1227.

[9] LI M L, JI Z H, ZOU Z Y, et al. Preparation and application performance of fluorescein isothiocyanate-labeled fluorescent starch and polyvinyl alcohol for warp sizing [J]. Journal of Donghua University (Eng Ed), 2021, 38 (5): 424-433.

[10] BISMARK S, ZHU Z F. Amphipathic starch with phosphate and octenylsuccinate substituents for strong adhesion to cotton in warp sizing [J]. Fibers and Polymers, 2018, 19 (9): 1850-1860.

[11] LI M L, JIN E Q, QIAO Z Y, et al. Effects of graft modification on the properties of chitosan for warp sizing [J]. Fibers and Polymers, 2015, 16 (5): 1098-1105.

[12] 白刚, 陆佳明, 刘晶. 海藻酸钠/CMC 复配浆料物理性能及喷墨印花性能研究 [J]. 绍兴文理学院学报, 2015 (9): 20-22.

[13] 石煜, 沈兰萍, 阳智. PVA 浆料对纯棉纱上浆性能的影响研究 [J]. 纺织科学与工程学报, 2019 (3): 19-23.

[14] WANG H, JIN X, CUI J W. Study of organic/inorganic hybrid nanoparticles in sizing agents for mechanism and effect of fiber adhesion [J]. Advanced Materials Research, 2013, 821: 511-517.

[15] LI M L, JIN E Q, QIAO Z Y, et al. Effects of alkyl chain length of aliphatic dicarboxylic ester on degradation properties of aliphatic-aromatic water-soluble copolyesters for warp sizing [J]. Fibers and Polymers, 2018, 19 (3): 538-547.

[16] PANDIDURAI J, JAYAKUMAR J, SENTHILKUMAR N, et al. Effects of intramolecular hydrogen bonding on the conformation and luminescence properties of dibenzoylpyridine-based thermally activated delayed fluorescence materials [J]. Journal of Materials Chemistry C: Materials for Optical and Electronic Devices, 2019, 7 (42): 13104-13110.

[17] CHITRA K, ANNADURAI G. Synthesis and characterization of dye coated fluorescent chitosan nanoparticles [J]. Journal of Academia and Industrial Research, 2012, 1 (4): 199-202.

[18] SARKAR K, DEBNATH M, KUNDU P P. Preparation of low toxic fluorescent chitosan-graft-polyethyleneimine copolymer for gene carrier [J]. Carbohydrate Polymers, 2013, 92 (2): 2048-2057.

[19] DE MELO E F, ALVES K G B, JUNIOR S A, et al. Synthesis of fluorescent PVA/polypyrrole-ZnO nanofibers [J]. Journal of Materials Science, 2013, 48 (10): 3652-3658.

[20] HENNIG A, HATAMI S, SPIELES M, et al. Excitation energy migration and trapping on the surface of fluorescent poly (acrylic acid)-grafted polymer particles [J]. Photochemical & Photobiological Sciences, 2013, 12 (5): 729-737.

[21] KAEWSANEHA C, JANGPATARAPONGSA K, TANGCHAIKEEREE T, et al. Fluorescent chitosan functionalized magnetic polymeric nanoparticles: cytotoxicity and in vitro evaluation of cellular uptake [J]. Journal of Biomaterials Applications, 2014, 29 (5): 761-768.

[22] BARBIERI M, CELLINI F, CACCIOTTI I, et al. In situ temperature sensing with fluorescent chitosan-coated PNIPAAm/alginate beads [J]. Journal of Materials Science, 2017, 52 (20): 12506-12512.

[23] KHATTAB T A, KASSEM N F, ADEL A M, et al. Optical recognition of ammonia and amine vapor using "Turn-on" fluorescent chitosan nanoparticles imprinted on cellulose strips [J]. Journal of Fluorescence, 2019, 29 (3): 693-702.

[24] AMBROSIO L, VERON M G, SILIN N, et al. Synthesis and characterization of fluorescent PVA/PVAc-rodhamine microspheres [J]. Materials Research, 2019, 22 (4): e20190133.

[25] PENGPUMKIAT S, WU Y, SUMANTAKUL S, et al. A membrane-based disposable well-plate for cyanide detection incorporating a fluorescent Chitosan-CdTe quantum dot [J]. Analytical Sciences, 2020, 36 (2): 193-199.

[26] GUAN X L, SU Z X. Synthesis and characterization of fluorescent starch using fluorescein as fluorophore: potential polymeric temperature/pH indicators [J]. Polymers for Advanced Technologies, 2008, 19 (5): 385-392.

[27] WANG K, FAN X L, ZHANG X Y, et al. Red fluorescent chitosan nanoparticles grafted with poly (2-methacryloyloxyethyl phosphorylcholine) for live cell imaging [J]. Colloids and Surfaces, B: Biointerfaces, 2016, 144: 188-195.

[28] LI H R, GUO X J, LIU J, et al. A synthesis of fluorescent starch based on carbon nanoparticles for fingerprints detection [J]. Optical Materials, 2016, 60: 404-410.

[29] LI H C, ZHANG B, LU S Y, et al. Synthesis and characterization of a nano fluorescent starch [J]. International Journal of Biological Macromolecules, 2018, 120: 1225-1231.

[30] SHI Y G, XU D Z, LIU M Y, et al. Room temperature preparation of fluorescent starch nanoparticles from starch-dopamine conjugates and their biological applications [J]. Materials Science & Engineering, C: Materials for Biological Applications, 2018, 82: 204-209.

[31] ZHANG S, MA B J, WANG S C, et al. Mass-production of fluorescent chitosan/graphene ox-

ide hybrid microspheres for in vitro 3D expansion of human umbilical cord mesenchymal stem cells [J]. Chemical Engineering Journal, 2018, 331: 675-684.

[32] XIONG S Y, MARIN L, DUAN L, et al. Fluorescent chitosan hydrogel for highly and selectively sensing of p-nitrophenol and 2, 4, 6-trinitrophenol [J]. Carbohydrate Polymers, 2019, 225: 115253.

[33] LUO J D, XIE Z L, LAM J W Y, et al. Aggregation-induced emission of 1-methyl-1, 2, 3, 4, 5-pentaphenylsilole [J]. Chemical Communications, 2001, 18: 1740-1741.

[34] MANGHNANI P N, WU W B, XU S D, et al. Visualizing photodynamic therapy in transgenic zebrafish using organic nanoparticles with aggregation-induced emission [J]. Nano-Micro Letters, 2018, 10 (4): 61/1-61/9.

[35] ZOU Q Q, TAO F R, WU H T, et al. A new carbazole-based colorimetric and fluorescent sensor with aggregation induced emission for detection of cyanide anion [J]. Dyes and Pigments, 2019, 164: 165-173.

[36] WANG Y F, ZHANG T B, LIANG X J. Aggregation-induced emission: Lighting up cells, revealing life [J]. Small, 2016, 12 (47): 6451-6477.

[37] MAHENDRAN V, PASUMPON K, THIMMARAYAPERUMAL S, et al. Tetraphenylethene-2-pyrone conjugate: aggregation induced emission study and explosives sensor [J]. Journal of Organic Chemistry, 2016, 81 (9): 3597-3602.

[38] TANG B Z, XIE N, LAM J W Y. Composition and synthesis of aggregation-induced emission materials and their use [P]. PCT Int Appl, WO 2015018322A1, 2015-02-12.

[39] ZHAO Y H, LUO Y Y, WANG H, et al. A new fluorescent probe based on aggregation induced emission for selective and quantitative determination of copper (Ⅱ) and its further application to cysteine detection [J]. ChemistrySelect, 2018, 3: 1521-1526.

[40] TANG B Z, ZHAO N, CHEN S J, et al. AIE bioprobes emitting red or yellow fluorescence [P]. PCT Int Appl, WO 2017080413A1, 2017-05-18.

[41] LI W L, HUANG D, WANG J, et al. A novel stimuli-responsive fluorescent elastomer based on an AIE mechanism [J]. Polymer Chemistry, 2015, 6 (47): 8194-8202.

[42] WANG Z K, CHEN S J, LAM J W Y, et al. Long-term fluorescent cellular tracing by the aggregates of AIE bioconjugates [J]. Journal of the American Chemical Society, 2013, 135 (22): 8238-8245.

[43] WANG Z K, YANG L, LIU Y L, et al. Ultra long-term cellular tracing by fluorescent AIE bioconjugate with good water solubility over a wide pH range [J]. Journal of Materials Chemistry B, 2017, 5 (25): 1-7.

[44] GODEK M, MAKAL A, PLAZUK D. Functionalization of the "Bay Region" of perylene in reaction with 1-arylalk-2-yn-1-ones catalyzed by trifluoromethanesulfonic acid: One-step approach to 1-acyl-2-alkylbenzo [ghi] perylenes [J]. Journal of Organic Chemistry, 2018,

83 (22): 14165-14174.

[45] RUBINSON K A, RUBINSON J F. Contemporary Instrumental Analysis [M]. Beijing: Science Press, 2003.

[46] YU Z, WU Y, LIAO Q, et al. Self-assembled microdisk lasers of perylenediimides [J]. Journal of the American Chemical Society, 2015, 137 (48): 15105-15111.

[47] ROY B, NOGUCHI T, TSUCHIYA Y, et al. Molecular recognition directed supramolecular control over perylene-bisimide aggregation resulting in aggregation induced enhanced emission (AIEE) and induced chiral amplification [J]. Journal of Materials Chemistry C: Materials for Optical and Electronic Devices, 2015, 3 (10): 2310-2318.

[48] KUMAR P, SRIVASTAVA R. FITC conjugated polycaprolactone-glycol-chitosan nanoparticles containing the longwave emitting fluorophore IR 820 for in-vitro tracking of hyperthermia-induced cell death [J]. BioRxiv, Bioengineering, 2018, Preprint: 1-20.

[49] SALDIAS C, DIAZ D D, BONARDD S, et al. In situ preparation of film and hydrogel bio-nanocomposites of chitosan/fluorescein-copper with catalytic activity [J]. Carbohydrate Polymers, 2018, 180: 200-208.

[50] SHAO K, HAN B Q, DONG W, et al. Pharmacokinetics and biodegradation performance of a hydroxypropyl chitosan derivative [J]. Journal of Ocean University of China, 2015, 14 (5): 888-896.

[51] JENEKHE S A, QSAHENI J A. Excimers and exciplexes of conjugated polymers [J]. Science, 1994, 265 (5173): 888-896.

[52] SOMMEN G. Phenyl isothiocyanate: A very useful reagent in heterocyclic synthesis [J]. Synlett, 2004, 7: 1323-1324.